Autumn Edition
2022 vol.58

CONTENTS

封面攝影　回里純子回里純子
藝術指導　みうらしゅう子

手作的季節，秋天到來！

U0051721

作品・INDEX

此符號標示的作品，代表「可自行下載&列印含縫份紙型」。詳細說明請至P.05確認。

BAG

No.40
P.32・斜肩包
作法｜P.86

No.38
P.30・尼龍後背包
作法｜P.84

No.34
P.29・滾邊肩背包
作法｜P.82

No.28
P.19・橢圓底2way包
作法｜P.80

No.24
P.16・半月型迷你波士頓包
作法｜P.76

No.06
P.07・牛仔圓滾包
作法｜P.105

No.01
P.06・牛仔包
作法｜P.60

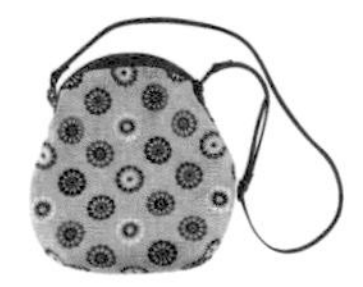
No.46
P.37・鋁管口金豆豆包
作法｜P.95

No.45
P.36・單側口袋橫長托特包
作法｜P.94

No.43
P.35・兩摺方包
作法｜P.92

No.42
P.34・掀蓋飾片方形包
作法｜P.91

No.41
P.33・方形後背包
作法｜P.88

POUCH&CASE

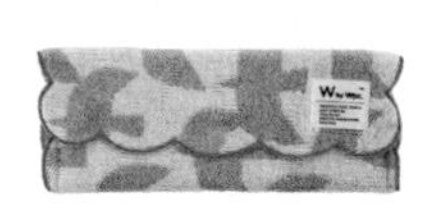
No.13
P.10・毛巾牙刷包
作法｜P.93

No.11
P.09・手帕束口包
作法｜P.09

No.10
P.09・毛巾手帕波奇包
作法｜P.67

No.09
P.08・手帕袱紗
作法｜P.90

No.03
P.07・牛仔工具盒
作法｜P.63

No.02
P.06・牛仔波奇包
作法｜P.62

No.48
P.42・單柄包
作法｜P.98

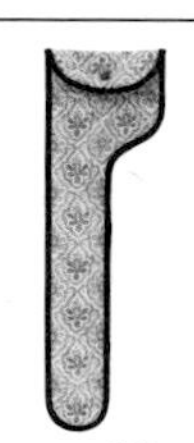
No.33
P.28・尺套
作法｜P.79

No.30
P.28・口袋波奇包
作法｜P.77

No.29
P.19・L型拉鍊錢包
作法｜P.75

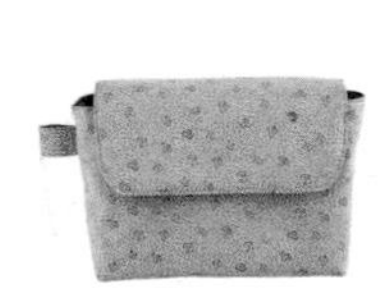

No.27
P.19・拉鍊夾層波奇包
作法｜P.78

No.23
P.16・口金針線包
作法｜P.73

No.15
P.11・毛巾傘套
作法｜P.69

No.51
P.48・南瓜束口包
作法｜P.104

No.50
P.48・黑貓波奇包
作法｜P.100

No.47
P.41・裁縫手提包
作法｜P.96

No.44
P.35・時尚彈片口金波奇包
作法｜P.93

No.39
P.31・隨身手機包
作法｜P.83

No.37
P.29・圓底束口波奇包
作法｜P.81

ZAKKA

No.12
P.10・掛式連身裙擦手巾
作法｜P.64

No.08
P.08・手帕針插
作法｜P.69

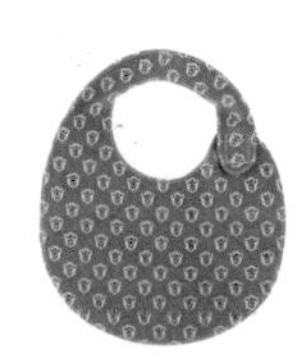
No.07
P.08・手帕圍兜
作法｜P.61

No.05
P.07・牛仔充電口袋
作法｜P.70

No.04
P.07・牛仔隔熱手套
作法｜P.63

No.53
P.49・秋刀魚波奇包
作法｜P.65

No.21
P.13・針織室內鞋
作法｜P.70

No.20
P.13・針織脖圍
作法｜P.71

No.19
P.12・針織抱枕套
作法｜P.71

No.18
P.12・針織狐狸君
作法｜P.68

No.17
P.12・針織茶壺保溫罩
作法｜P.67

No.16
P.11・毛巾寵物床
作法｜P.66

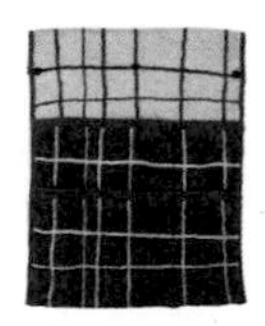

No.14
P.10・毛巾壁掛收納袋
作法｜P.69

No.36
P.29・圓針插
作法｜P.68

No.35
P.29・方針插
作法｜P.68

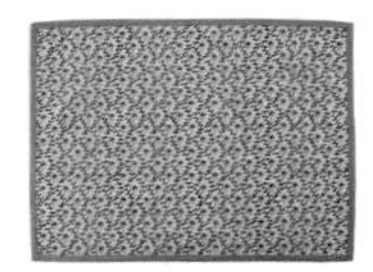

No.32
P.28・方餐墊
作法｜P.66

No.31
P.28・方杯墊
作法｜P.66

No.26
P.17・餐墊
作法｜P.74

No.25
P.17・杯墊
作法｜P.74

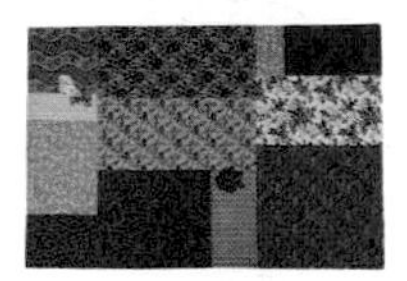

No.22
P.15・蓋毯&收納帶
作法｜P.72

No.57
P.58・牛仔圍裙
作法｜P.59

No.56
P.51・麥穗&瞿麥花手帕
作法｜P.52

No.55
P.50・秋日風物掛飾
作法｜P.102

No.54
P.50・辣椒掛飾
作法｜P.101

No.52
P.49・南瓜針插M・S
作法｜P.101

No.49
P.48・鬼屋茶壺保溫套
作法｜P.90

E
P.40・零錢包
作法｜別冊 P.40

D
P.38・化妝箱
作法｜別冊 P.39

C
P.36・雙拉鍊波奇包
作法｜別冊 P.37

B
P.34・支架口金化妝包
作法｜別冊 P.35

ZIPPER

A
P.33・四角粽型迷你小物包
作法｜別冊 P.33

直接列印含縫份紙型吧！

本期刊載的部分作品，
可以免費自行列印含縫份的紙型。

- 不需要攤開大張紙型複寫。
- 因為已含縫份，列印後只需沿線剪下，紙型就完成了！
- 提供免費使用。萬一不小心遺失一部分，也能輕鬆再次下載。

進入
"COTTON FRIEND PATTERN SHOP"
https://cfpshop.stores.jp/

※QR code與網址也會標示於該作品的
作法頁中。

改造推薦提案

無需購買材料也能享受手作樂趣！
身邊的素材是寶物！

本單元特蒐了「想改造的素材」前四名：牛仔褲、手帕、毛巾、針織衫，一起運用沉眠於眾人身旁的優秀素材，進行令人驚喜的改造好點子吧！

波奇包背面側

布包背面側

MHL.

布包側身的布標

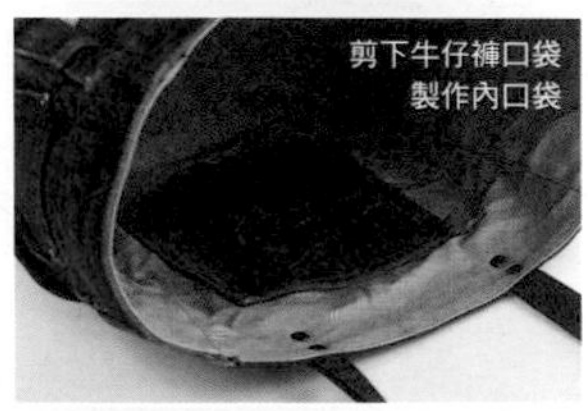

剪下牛仔褲口袋
製作內口袋

牛仔褲的改造選品

NO.01 ITEM｜牛仔包
作 法｜P.60

NO.02 ITEM｜牛仔波奇包
作 法｜P.62

保留牛仔褲的口袋、腰帶環、鉚釘等部位的設計，活用製作成布包＆波奇包。
加入條紋圖案的配布，帶入柔和的印象。並以皮帶作為布包提把，為作品點綴上極具牛仔褲特色的亮點。

NO.01

NO.02

攝影＝回里純子　造型＝西森萌　妝髮＝タニジュンコ　模特兒＝橫田美憧

NO.01至NO.02創作者

冨山朋子　@popozakka

「裁布的重點，是活用口袋、布標或鉚釘等具有牛仔褲特色的部位。再與手邊的零碼布組合，就能協調出柔和的氛圍！」

NO.04

NO.03

NO.06

NO.05

NO.06 ITEM | 牛仔圓滾包
作 法 | P.105

以渾圓的袋形引人注目的圓形包。使用牛仔褲的褲管製作而成，且將脇邊縫線配置在中心，作為裝飾重點。

NO.05 ITEM | 牛仔充電口袋
作 法 | P.70

為手機充電時，是否曾有過充電線下垂造成困擾的時候呢？試試看直接使用牛仔褲口袋，輕便收納＆充電吧！

NO.04 ITEM | 牛仔隔熱手套
作 法 | P.63

將改造牛仔褲時剩餘的零碼布再利用製作！內裡夾入接著鋪棉，以增加隔熱效果與厚度。能享受以喜愛印花布拼接的樂趣。

NO.03 ITEM | 牛仔工具盒
作 法 | P.63

利用牛仔褲的褲腳，只需車縫底部就能完成的簡單工具袋。
最適合裝入文具、裁縫工具或雜貨等物品，並可依內容物改變翻摺幅度。

No.07至08創作者

赤峰清香　@sayakaakaminestyle

「手帕的魅力，在於擁有市售印花布沒有的圖案與質感。由於是以零碼布的感覺來進行改造，即便是新手應該也很容易完成挑戰。」

手帕的改造選品

No.07 ITEM｜手帕圍兜
作 法｜P.61

柔軟的手帕很適合作為寶寶圍兜的布材。由於寶寶的脖圍因人而異，因此請一邊確認尺寸一邊製作。

No.09

No.08

針插的底部，使用的是果醬罐蓋子。

No.09 ITEM｜手帕袱紗
作 法｜P.90

少有使用機會的精美刺繡手帕，若只是收著就太可惜了！雖然是無裡布、僅簡單縫合的袱紗，但靠著豪華的刺繡，引人注目的效果一級棒！

No.08 ITEM｜手帕針插
作 法｜P.69

圓滾滾的可愛針插是使用手帕×果醬罐蓋子的組合製作而成。作為底部的蓋子是可以防止針穿透的好物，填充針插內裡的則是羊毛。

提案 改造推薦

NO.11 ITEM｜手帕束口包
作 法｜P.09

將2條不同尺寸的手帕重疊車縫的束口袋。不裁剪手帕，保留原有的滾邊快速完成！

NO.10 ITEM｜毛巾手帕波奇包
作 法｜P.67

使用25×25cm毛巾手帕的拉鍊波奇包。直接活用手帕滾邊接縫拉鍊，一條手帕就能作出漂亮的成品。

NO.11手帕束口包的作法

材料 手帕A 48cm×48cm 1條／手帕B 43cm×43cm 1條／圓繩 粗0.3cm 130cm

完成尺寸 直徑約30cm

原寸紙型 無

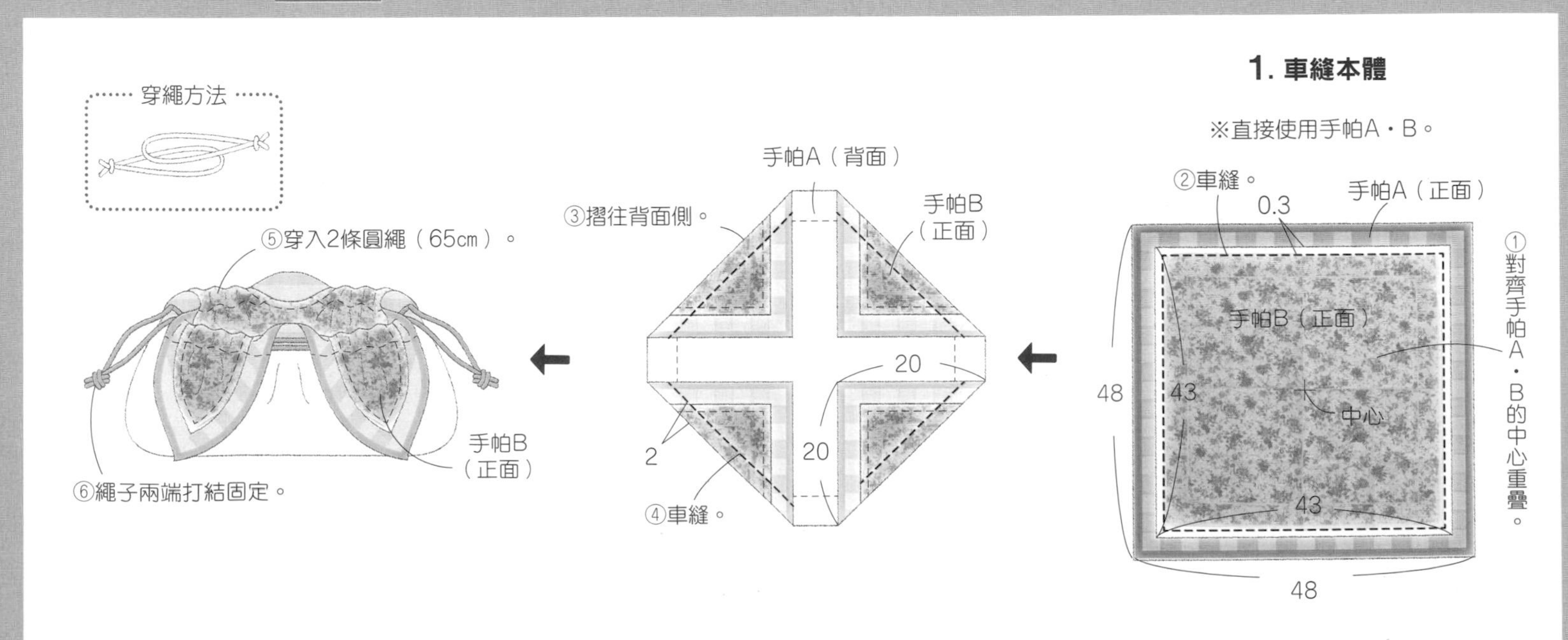

1. 車縫本體
※直接使用手帕A・B。
②車縫。
0.3
手帕A（正面）
①對齊手帕A・B的中心重疊。
手帕B（正面）
中心
48
43
43
48
手帕A（背面）
③摺往背面側。
手帕B（正面）
20
20
2
④車縫。
穿繩方法
⑤穿入2條圓繩（65cm）。
手帕B（正面）
⑥繩子兩端打結固定。

No.12 創作者

加藤容子 @yokokatope

「彷彿帶有縫製娃娃洋裝般樂趣的掛式連身裙擦手巾。雖然充滿昭和風情（笑），卻是能夠同時享受製作＆使用雙重樂趣的作品。」

毛巾的改造選品

No.12 ITEM｜掛式連身裙擦手巾
作 法｜P.64

以剪半的洗臉毛巾作為裙子，上衣則使用Liberty布料製作。由於能以塑膠四合釦開關，因此也能夠輕鬆取下清洗。

No.14

No.13

No.14 ITEM｜毛巾壁掛收納袋
作 法｜P.69

使用2條洗臉毛巾，製作成壁掛收納袋。以塑膠四合釦簡單拆卸的設計，若是髒了也方便整條清洗，相當衛生。

No.13 ITEM｜毛巾牙刷包
作 法｜P.93

直接使用一條方巾，製作成有蓋收納包。只需車縫兩側＆加上壓釦的簡易度也是吸引人之處。

NO.16 ITEM｜毛巾寵物床
作 法｜P.66

使用2條浴巾製作的寵物床。塞入填充棉至蓬滿柔軟吧！這是適合小型犬的舒適尺寸。

NO.15 ITEM｜毛巾傘套
作 法｜P.69

方便裝入淋濕的摺傘隨身攜帶。只要將傘收入其中，讓方巾吸收傘上的水氣，包包內部就不會被弄溼了！

塑膠四合釦（免工具式）的安裝方式

塑膠四合釦：無需特殊工具也能安裝的塑膠製四合釦。
輕巧不會生鏽，適合需要經常洗滌的物品。
若挑選金屬風格面釦的款式，可呈現出如金屬般的厚重感。

凹側
面釦
釦腳
母釦
凸側
面釦
釦腳
公釦

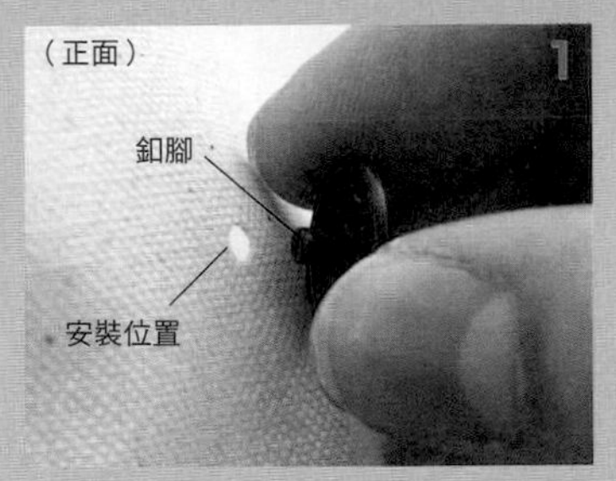
（正面）
1
釦腳
安裝位置

以錐子等工具在安裝位置戳洞，將塑膠四合釦面釦的釦腳從正面側插入。

（背面）
2
釦腳

釦腳朝上，放置在平坦處。

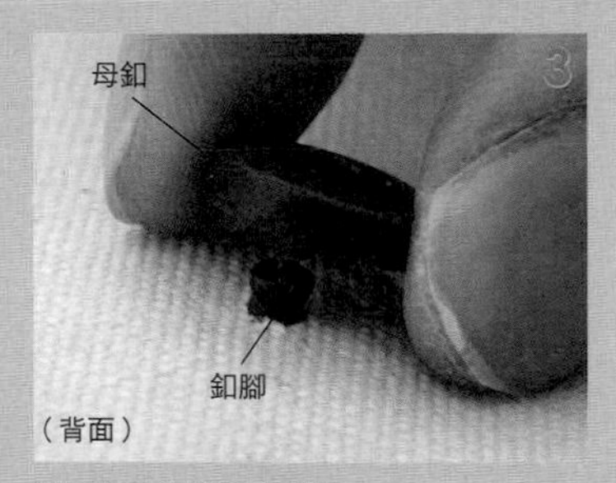
母釦
3
釦腳
（背面）

將母釦孔洞插入釦腳。

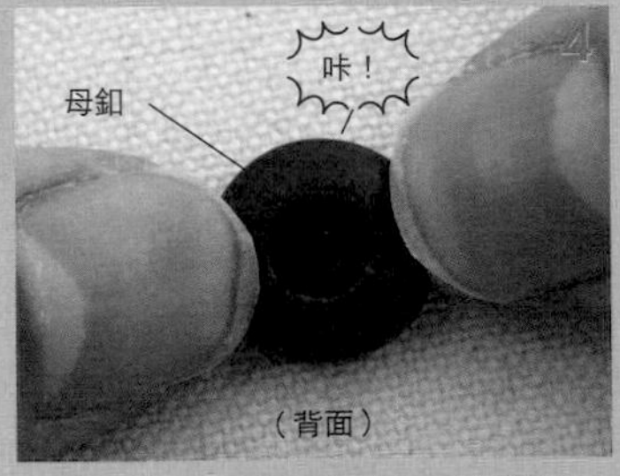
4
母釦
咔！
（背面）

以雙手由上垂直按壓母釦，直到發出咔的聲音為止。

線軸
（背面）

若是不好壓合，利用線軸按壓就能不費力地安裝。

公釦

凸側
面釦

母釦

凹側 面釦

公釦側也以相同方式安裝。

No.17至18創作者

くまだまり

「依據毛衣織法的不同，有些種類的毛衣會從切邊漸漸脫線，此時事先在布邊塗上防綻液比較好喔！」

No.17

ITEM｜針織茶壺保溫罩
作法｜P.67

以毛衣袖子製作的茶壺保溫罩。除了在縮口處穿入皮繩，因針織素材的伸縮性而能貼合壺身的特點也很優秀。

No.19

No.18

No.19

ITEM｜針織抱枕套
作法｜P.71

將費爾島圖案的時尚開襟衫身片裁製成枕套。並直接利用前開鈕釦，方便取放枕心。

No.18

ITEM｜針織狐狸君
作法｜P.68

使用密織毛衣製作狐狸玩偶本體，蓬鬆的觸感更加討人喜愛。再以No.17茶壺保溫罩使用的針織衫剩餘的袖子，為小狐狸製作衣服吧！

改造推薦提案

No.21 ITEM｜針織室內鞋
作 法｜P.70

表布使用毛衣，裡布則使用搖粒絨，製作出適合寒冷季節的室內鞋。鞋底使用了合成皮，在防滑性也下了功夫。

No.20 ITEM｜針織脖圍
作 法｜P.71

接縫了兩種顏色的毛衣，製作成脖圍。根據穿戴方式的不同，還能享受織紋＆顏色變化的雙重配置樂趣。

流蘇的作法

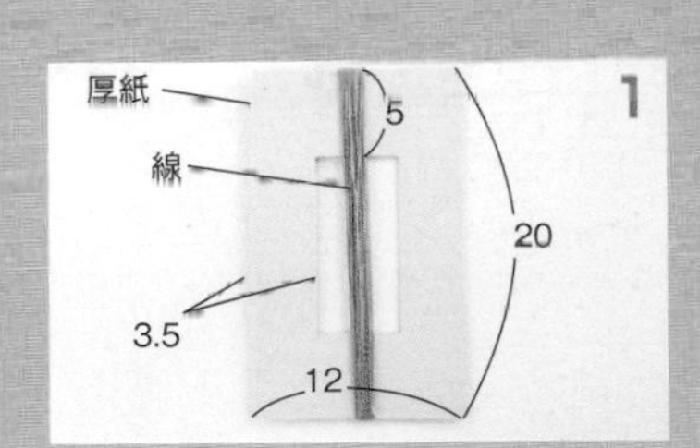
1
厚紙
線
5
20
3.5
12
如圖示裁剪厚紙，繞線20至30圈。

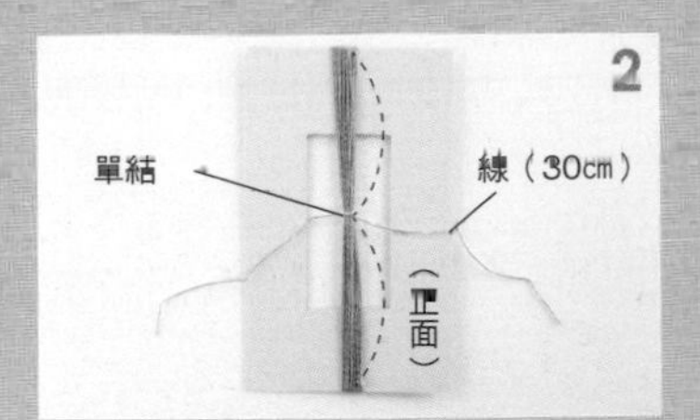
2
單結
線（30cm）
（正面）
另外準備一條線（30cm），在中心打單結。

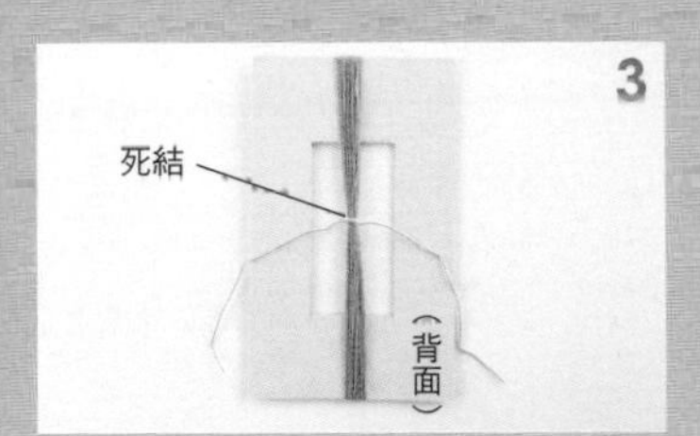
3
死結
（背面）
將厚紙翻至背面，再打一個死結。

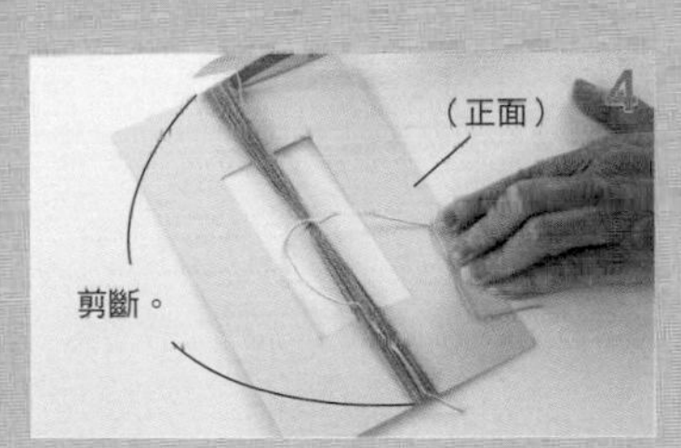
4
（正面）
剪斷。
將厚紙翻至正面，剪斷上下的線圈處。

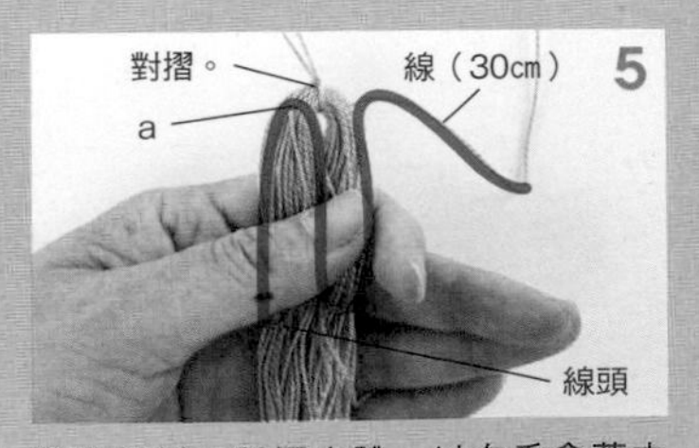
5
對摺。
線（30cm）
a
線頭
移出厚紙，對摺本體。以左手拿著本體，如右圖放上線（30cm），並以拇指壓住。山摺部分的環圈作為a。

6
纏繞3圈。
拇指按住5，以右手抓住較長一側的線頭，逆時鐘繞3圈。

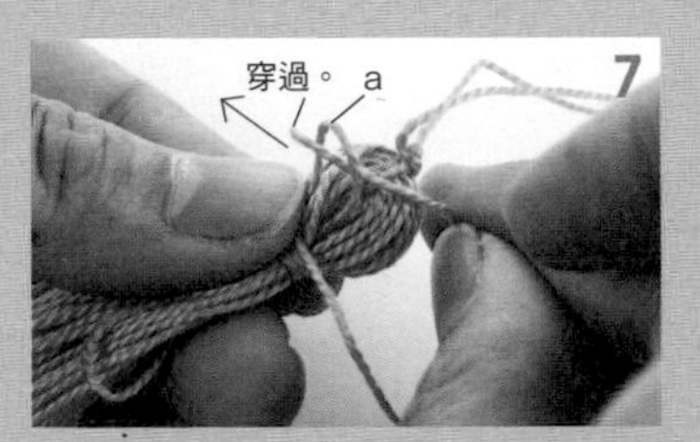
7
穿過。
a
將6的線頭穿入5的a線圈中，由遠往近穿入。

8
放開左手，將7的線頭往上，另一側線頭往下，拉緊收線。

9
單結
打單結。

10
針
線頭穿過針眼，刺入本體中心。另一側線頭也以相同方式刺入。

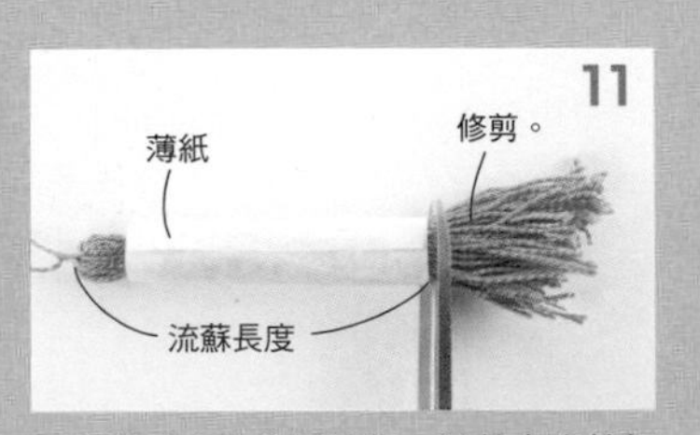
11
薄紙
修剪。
流蘇長度
以流蘇長度的薄紙捲起，並剪齊多餘部分。

12
拆除薄紙，完成！

攝影＝回里純子　造型＝西森 萌　妝髮＝タニジュンコ　模特兒＝横田美憧

French General
手作手帖

以人氣布料品牌FRENCH GENERAL，
享受秋色手作的樂趣吧！

くぼでらようこ
@dekobokoubou

期待每一季French General發表的圖案是我的一大樂趣！本次作品使用的圖案全都是在French General特有的紅色基調上，恰到好處地混合大小印花的好用圖案。能與手邊現有的布料進行拼接，製成優雅的拼布作品正是它的魅力。

French
General

by moda

織品製造商moda fabrics旗下的人氣品牌，設計師是Kaari Meng小姐。長久以來一直從法國、德國、美國及日本等世界各地的市場搜集古董布料，並持續製作＆發表從中獲得啟發的原創印花布。

No.22 ITEM | 蓋毯＆收納帶
作 法 | P.72

作 法 | P.72

將最愛的FRENCH GENERAL圖案，依喜好拼接成蓋毯。在一部分裁片中夾入薄鋪棉，製作出柔軟的質感。是無論當成家飾用布或休閒時刻蓋在腳上都很舒適的萬用單品。

隨喜好點綴蕾絲＆鈕釦，享受拼貼般的樂趣。

先貼上薄接著襯之後，再將大型花卉圖案剪下，進行貼布縫。

在各處進行0.5・1・2cm間隔的機縫壓線，作為低調的點綴。

可收納並固定捲起蓋毯的[H]形蓋毯收納帶。

①
③
④
②
⑦
⑤
⑥
⑧
⑨
⑩
⑪
⑫

〔拼布蓋毯〕
表布＝
①13529-170
②⑪13913-21
③13880-13
④13914-13
⑤13882-17
⑥13914-16
⑦13917-22
⑧13910-12
裡布＝13914-13
配布（貼布縫）＝13910-12
⑨13901-11 ⑩13888-16
⑫13915-11
〔蓋毯收納帶〕
表布＝13910-12
※布料皆為平織布 by
French General／moda Japan

ART
ET MODE

No.23 ITEM | 口金針線包
作法 | P.73

使用M字形口金，製作成便攜式針線包。蝴蝶形針插則在內部填入羊毛，以防止針生鏽。

表布＝13915-13　裡布＝13529-170
配布＝13901-11
※布料皆為平織布 by French General／moda Japan

No.24 ITEM | 半月型迷你波士頓包
作法 | P.76

使用30cm拉鍊的迷你波士頓包。由於包口可大大展開，因此除了可放置裁縫工具或文具之外，既可收納化妝品等零散小物，還能當成包中包使用。

表布＝13529-170　裡布＝13915-11
配布＝13914-16
※布料皆為平織布 by French General／moda Japan

No.25
No.26

No.25

ITEM | 杯墊
作 法 | P.74

特選大圖案印花的杯墊。車縫＆壓線完畢之後，將周邊的縫份剪牙口＆修剪至0.5cm，是製作出漂亮曲線的重點。

表布＝13910-14　裡布＝13915-21
※布料皆為平織布 by French General／moda Japan

No.26

ITEM | 餐墊
作 法 | P.74

與No.25配成一套使用的餐墊。藉由直向車縫寬1cm的壓線，帶來洗鍊的印象。

表布＝①13913-21　②13910-14　③13888-16
④13529-23　⑤13915-16　裡布＝13913-21
※布料皆為平織布 by French General／moda Japan

歡慶70週年！

MERCI

SINCE1952

手藝店MERCI

令人怦然心動的Liberty Fabrics

在Liberty Fabrics愛好者之間有著聖地之稱的手藝店MERCI，今年將邁向70週年。除了主推的MERCI限定訂製圖案，還有滿滿讓人興奮的企劃！大家一起歡慶70週年吧！

MERCI

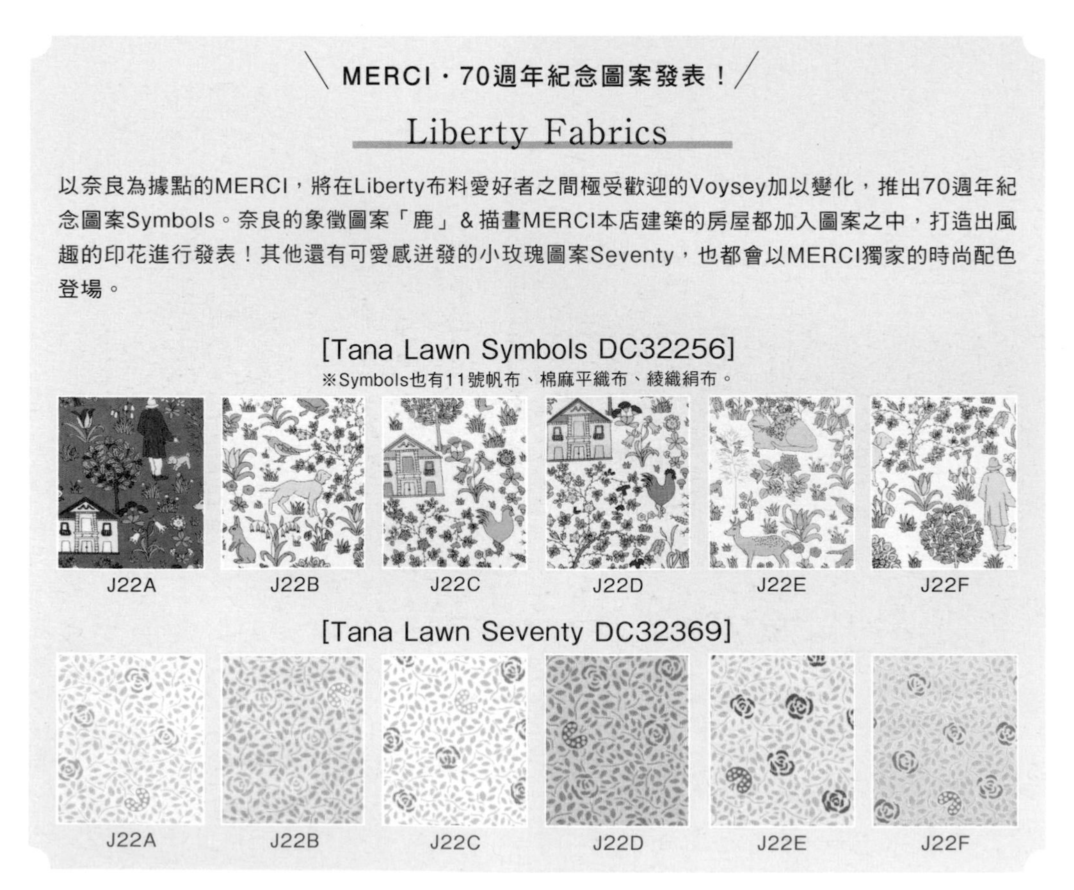

＼MERCI・70週年紀念圖案發表！／

Liberty Fabrics

以奈良為據點的MERCI，將在Liberty布料愛好者之間極受歡迎的Voysey加以變化，推出70週年紀念圖案Symbols。奈良的象徵圖案「鹿」＆描畫MERCI本店建築的房屋都加入圖案之中，打造出風趣的印花進行發表！其他還有可愛感迸發的小玫瑰圖案Seventy，也都會以MERCI獨家的時尚配色登場。

[Tana Lawn Symbols DC32256]

※Symbols也有11號帆布、棉麻平織布、綾織絹布。

J22A　J22B　J22C　J22D　J22E　J22F

[Tana Lawn Seventy DC32369]

J22A　J22B　J22C　J22D　J22E　J22F

MERCI SHOP

本店
奈良県大和郡山市冠山町 7-351

西宮阪急店
兵庫県西宮市高松町 14-1
西宮Gardens内・西宮阪急1樓

西大寺店
奈良市西大寺東町 2-4-1 近鐵百貨店 5F

王寺店
奈良県北葛城郡王寺町久度 2-2
Liebell王寺東館 3F

https://www.merci-fabric.co.jp/

MERCI官方
Instagram
@merci_fabric

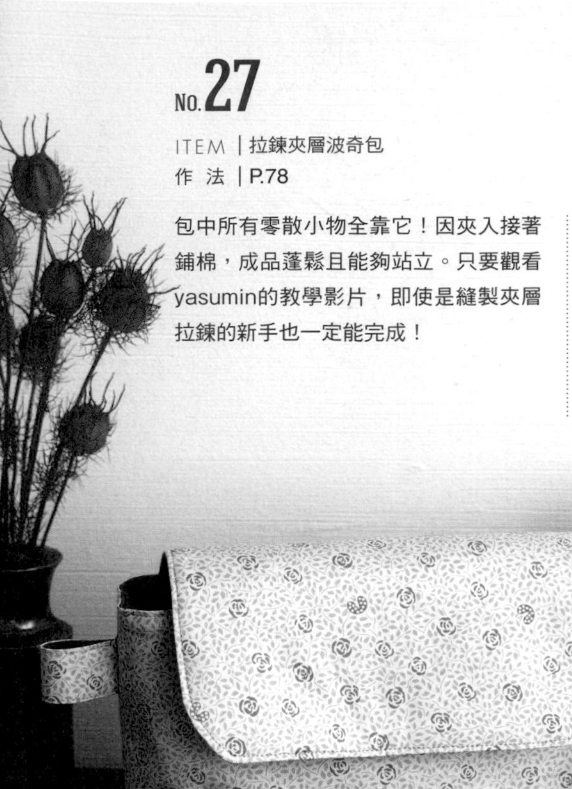

NO.27

ITEM | 拉鍊夾層波奇包
作 法 | P.78

包中所有零散小物全靠它！因夾入接著鋪棉，成品蓬鬆且能夠站立。只要觀看yasumin的教學影片，即使是縫製夾層拉鍊的新手也一定能完成！

左・表布＝Tana Lawn（Seventy DC32369-J22F） 裡布＝Tana Lawn素色（C6070-ELV）
右・表布＝Tana Lawn（Seventy・DC32369-J22E） 裡布＝Tana Lawn素色（C6070-MUH）
／MERCI

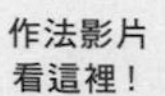
作法影片
看這裡！

https://bit.ly/3SvRXuh

當我看見MERCI的70週年紀念圖案時，忍不住大喊「好可愛」！。這次和MERCI一起設計了好作又實用的布包＆波奇包，請一定要動手作作看。

yasumin・山本靖美

在個人YouTube頻道上傳的作法影片，匯聚了高人氣。搭配影片推出的已裁切材料組上架即完售，且吸引多人一再回購。

@yasuminsmini

https://yasumin.stores.jp/

NO.28

ITEM | 橢圓底2way包
作 法 | P.80

「當我知道Symbols系列有11號帆布時，就想著如果作成包包一定很可愛！」yasumin這樣表示。肩帶可變化打結的位置調整長度，靈活性極佳。

表布＝11號帆布（Symbols・DC32256-J22G）
配布＝亞麻布（CG）
裡布＝綾織棉布（A-620B・115）／MERCI

NO.29

NO.28

NO.29

ITEM | L型拉鍊錢包
作 法 | P.75

由於拉鍊是以L型接縫，因此可大大展開，輕鬆取放內容物。只要加上以問號鉤連接的長提繩，即可防止波奇包消失在包包中。

表布＝Tana Lawn（Symbols・DC32256-J22A）
裡布＝綾織棉布（A-620A・154）／MERCI

攝影＝回里純子　造型＝西森 萌　妝髮＝タニジュンコ　模特兒＝横田美憧

從今起，我也是滾邊斜布條達人！

Couleur
Couleur
Couleur

指導老師…

くぼでらようこ

服裝設計科畢業之後，從事布包及波奇包等布物製為中心的業務。除了提供裁縫雜誌作品之外，也擔任Vogue學園東京校・橫濱校的講師。作工精美與容易製作的作品深獲好評。著作有《フレンチジェネラルの布で作る美しいバッグやポーチetc.（暫譯：用French General布料製作美麗的布包和波奇包etc.）》。

@dekobokoubou

大家都說，若是能學會駕馭滾邊斜布條的車縫訣竅，就能一口氣提昇手工作品的完成度！在本期中，由精良作工深受好評的布物作家くぼでらようこ小姐，來教大家滾邊斜布條的車縫方式。就以本特輯作為參考，從今起邁向滾邊斜布條達人吧！

協力＝CAPTAIN株式會社

什麼是滾邊斜布條？

將布料取正斜角（45°）裁剪成條狀，並摺疊兩邊而成。由於具有彈性，能貼合曲線，因此主要是用來包覆縫份。市售斜布條不但尺寸眾多，還有緞面、滌綸、紗布、平織布等各種材質，請依用途及設計選擇使用。此外，也能以喜歡的布料自己製作（參見P.22）喔！

滾邊斜布條的種類

出芽滾邊條

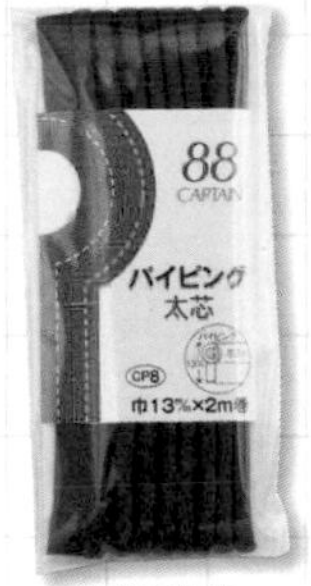
88
CAPTAIN
パイピング
太芯
巾13%×2m巻
幅

出芽條粗芯

內有芯線的類型，夾在布料之間進行裝飾。日文中也稱作「玉緣」。內裡的芯線尺寸有各種粗細（參見P.26）。

包邊款

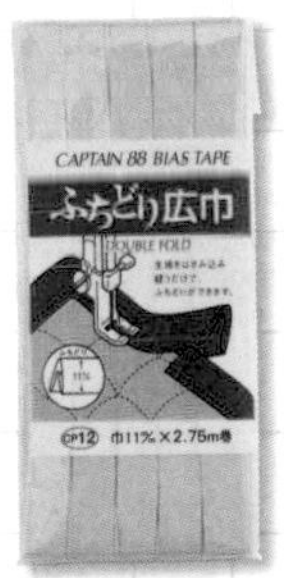
CAPTAIN 88 BIAS TAPE
ふちどり広巾
幅

包邊寬幅

將兩摺款對摺的款式。市售品為了方便包邊，摺疊時已錯開0.1㎝。用於包邊時，這種款式更加方便（參見P.23）。

兩摺款

CAPTAIN 88 BIAS TAPE
テトロン12.7
SINGLE FOLD
両折
幅

滌綸12.7

斜布條兩邊摺往中央接合的款式。說到滾邊斜布條，通常是指本款。用於包邊時，要準備寬度為包邊寬×2的兩摺款。

各種滾邊斜布條

Couleur

Couleur
Couleur
Couleur

時下流行的莫蘭迪色滾邊斜布條。

尼龍滾邊斜布條

ナイロン
バイアステープ

經撥水加工處理的尼龍材質斜布條。適用於雨衣、環保購物袋等產品。

燙膠包邊條

CAPTAIN 88 BIAS TAPE

能以熨燙黏貼的滾邊斜布條（參見P.23）。

合成皮滾邊斜布條

合皮
合皮

合成皮製的滾邊斜布條。普通縫紉機壓腳也可以順利車縫，能讓作品呈現專業的效果。

滾邊斜布條的作法

以喜愛的布料，製作原創的滾邊斜布條。
先利用寬18㎜的滾邊器燙摺斜布條，再對摺成寬9㎜的包邊用滾邊斜布條（參見P.23）。

1.裁剪斜布條

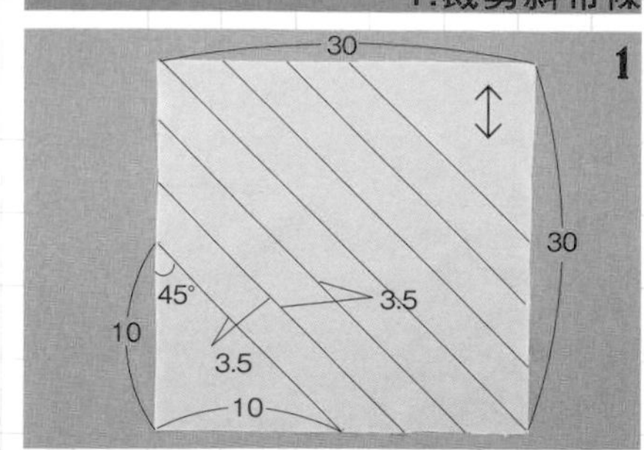
1
30
30
45°
10
3.5
3.5
10

準備一塊整理好直向、橫向布紋，約30cm×30cm的布料。在距離角落直向、橫向約10cm的位置作記號。連接記號畫出45°線。接著再畫等寬3.5cm（斜布條寬×2-0.1cm）的平行線。

2
裁剪。

以剪刀或輪刀，沿著線條裁剪。

滾邊器
（株）Clover

可輕易作出滾邊斜布條的工具。寬度有6㎜、12㎜、18㎜、25㎜、50㎜共5種。

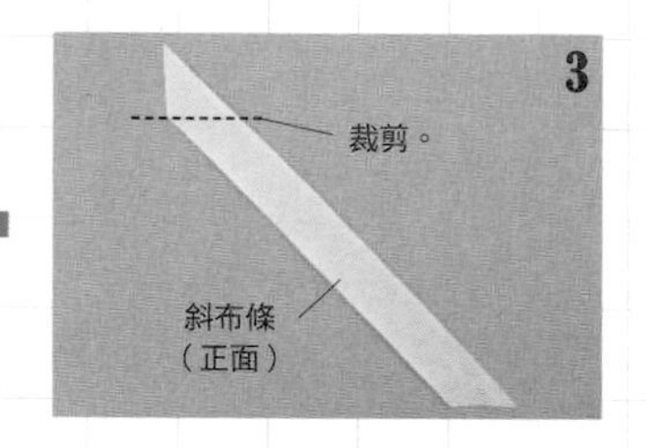
3
裁剪。
斜布條
（正面）

斜布條
（正面）

斜布條裁剪完成後，修剪成上下平行。

上下側修剪成平行時的重點 point

方法1

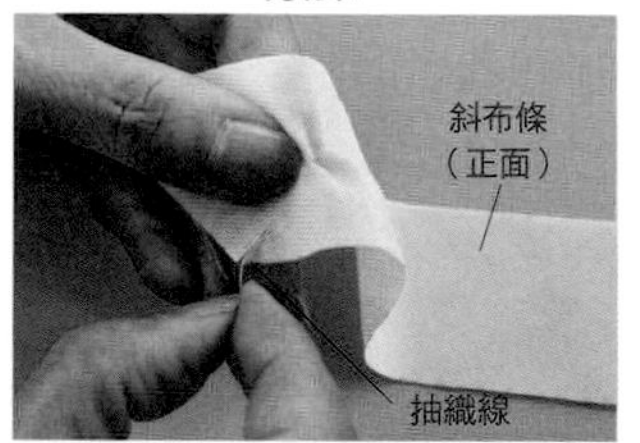
斜布條
（正面）
抽纖線

在角落剪切口＆抽出織線，沿布紋裁剪。

方法2

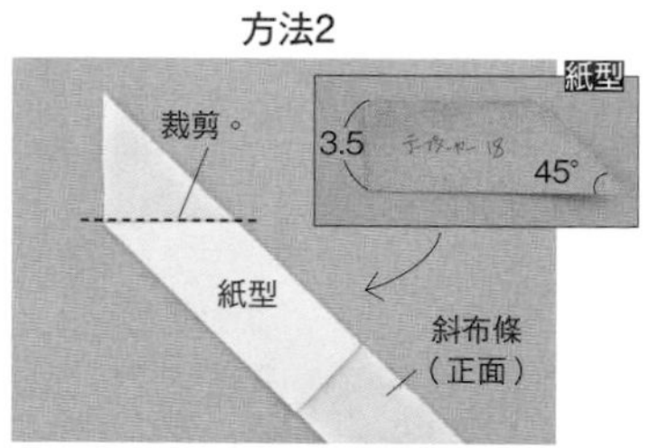
裁剪。
紙型
3.5
45°
紙型
斜布條
（正面）

如圖示製作紙型，作記號之後再進行裁剪。

2.接縫斜布條

※當長度不足時，進行斜布條的接縫。

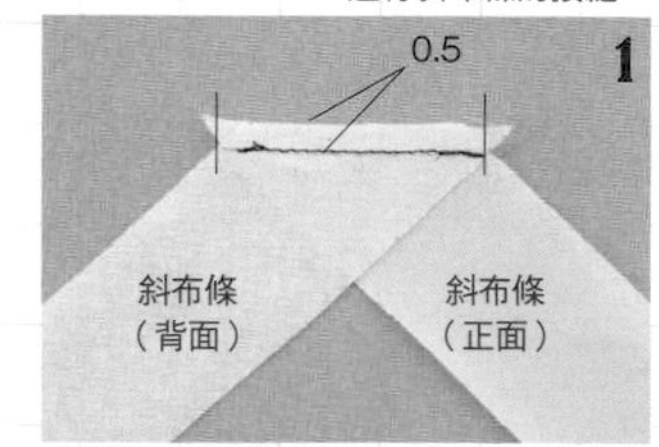
1
0.5
斜布條
（背面）
斜布條
（正面）

在距斜布條邊緣0.5cm處作縫合記號線。將布條正面相疊，對齊記號線的兩端，進行縫合。

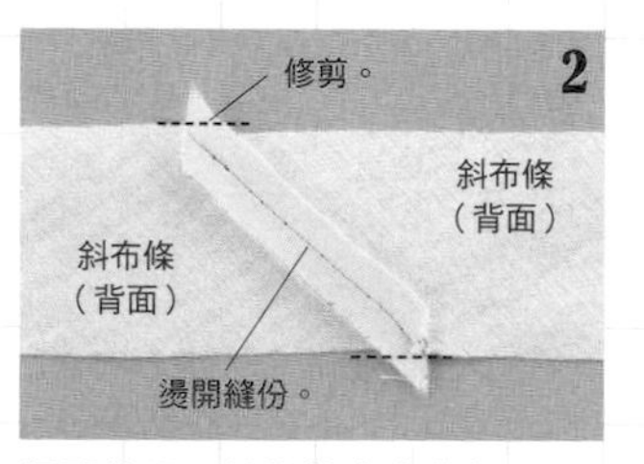
2
修剪。
斜布條
（背面）
斜布條
（背面）
燙開縫份。

燙開縫份，並修剪多出的部分。

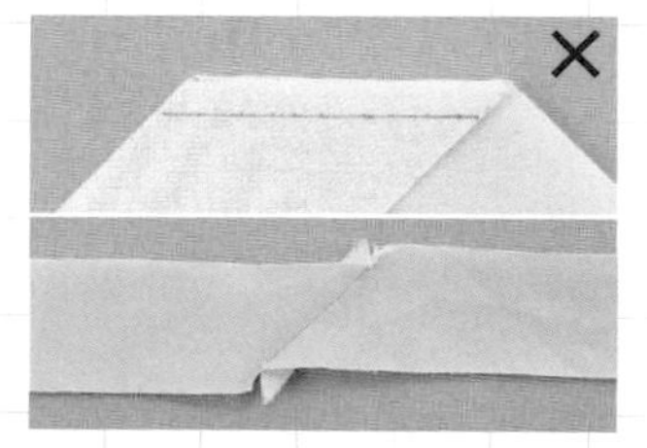
✕

若對齊布條兩端車縫，接縫處將會產生落差。由於很容易搞錯，因此需要注意！

3.製作滾邊斜布條

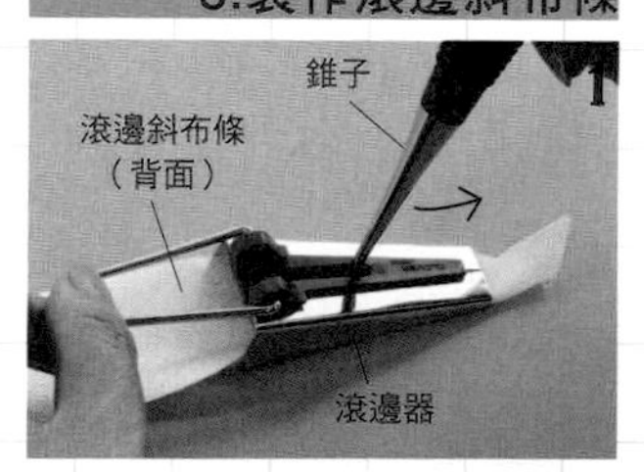
1
錐子
滾邊斜布條
（背面）
滾邊器

將斜布條背面朝上穿入滾邊器。若不易穿入，就以錐子等工具從滾邊器的洞中將斜布條推出。

斜布條
（背面）
2
滾邊器
熨斗

將滾邊器往左拉，並以熨斗燙出摺線，使斜布條形成兩邊在中央接合的狀態。

point

厚布用

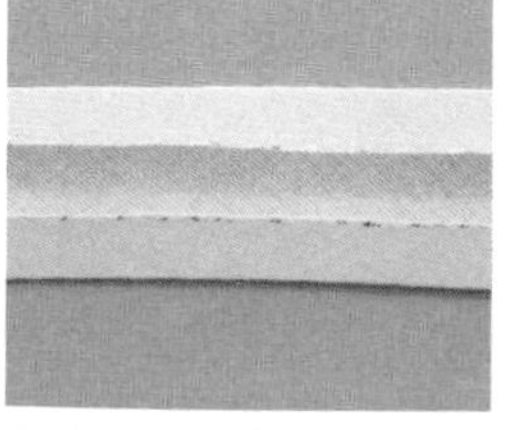

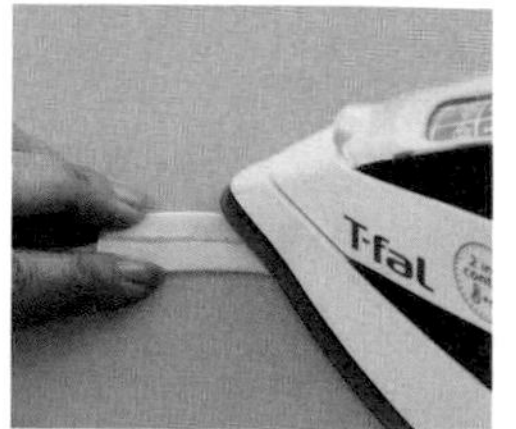

在距離滾邊器稍遠的位置燙出摺痕，就會作出中央有空隙的滾邊斜布條。這是適合鋪棉布等厚布的滾邊斜布條。

一般布料用

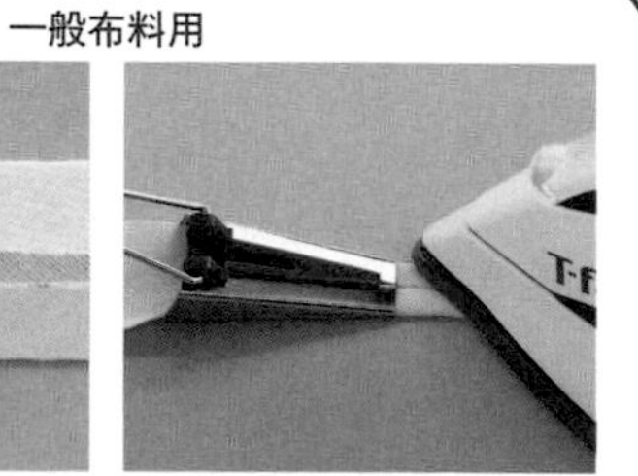

沿著滾邊器的邊緣熨燙出摺痕，就能作出兩邊在中央接合的滾邊斜布條。這是適合包捲一般厚度布料的滾邊斜布條。

包邊的作法

包邊是什麼

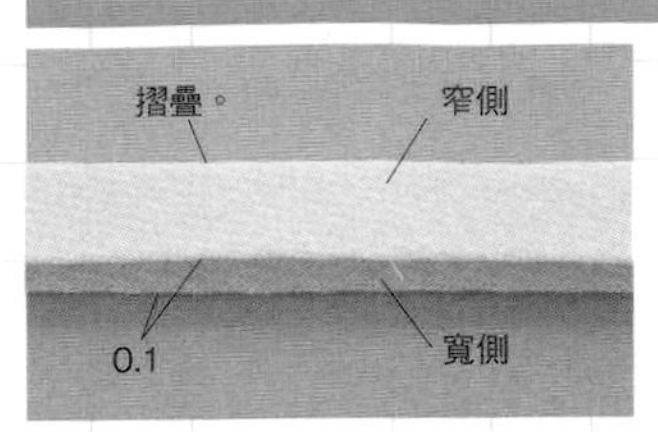
摺疊。
窄側
0.1
寬側

使用自製的滾邊斜布條或兩摺款時，則要以0.1㎝的落差進行摺疊。

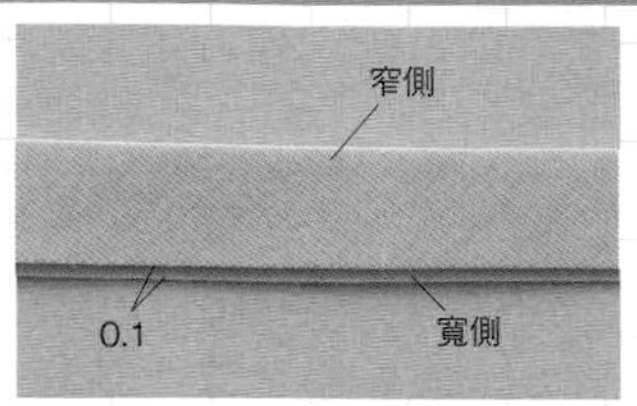
窄側
0.1
寬側

使用以0.1㎝落差摺疊的包邊用滾邊斜布條較為便利。由於有0.1㎝的差距，因此車縫時可避免背面的縫線沒車到斜布條。

CAPTAIN 88 BIAS TAPE
ふちどり広巾

包邊寬幅

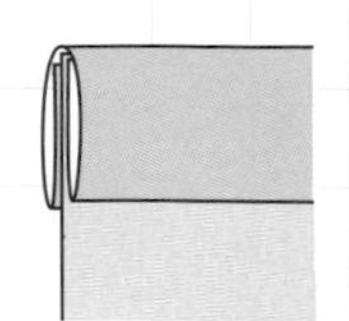

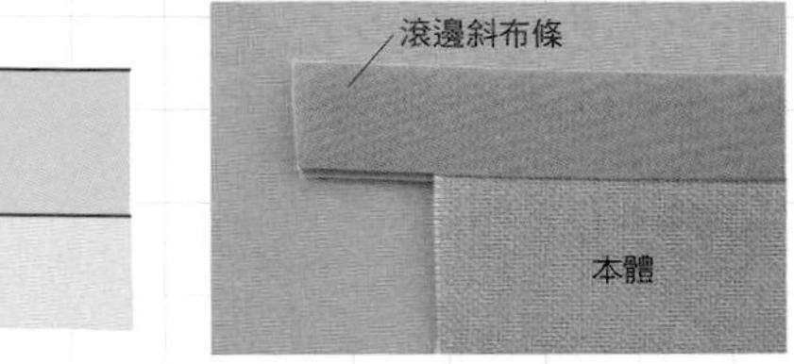
滾邊斜布條
本體

以滾邊斜布條夾住布邊稱作「包邊」，亦稱作「嵌邊」。

夾入車縫法

處理直線短距離時，以夾入車縫的作法最為簡單。使用能以熨燙進行黏貼的滾邊斜布條就會很方便。

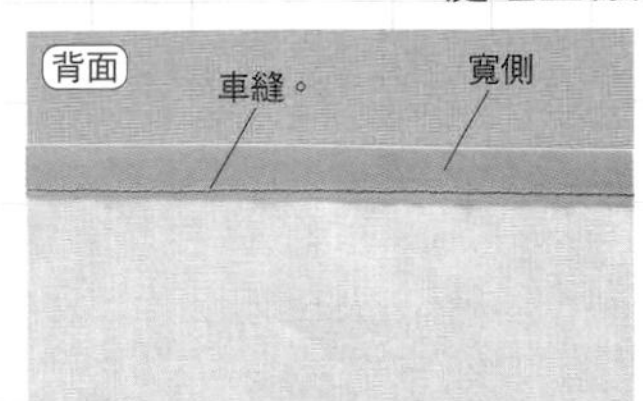
背面
車縫。
寬側

車縫距邊0.2㎝處。這是正、反兩面露出縫線的作法。

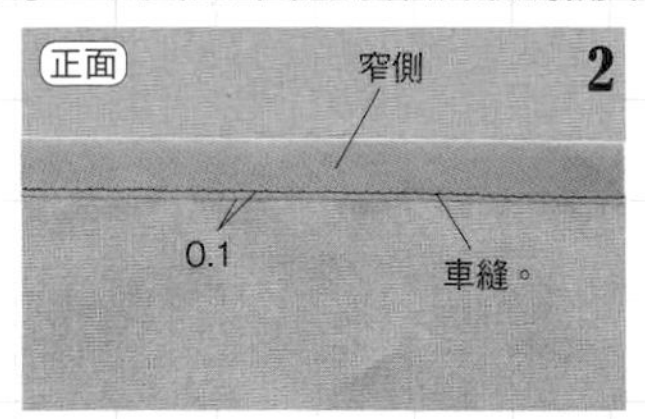
正面
窄側
2
0.1
車縫。

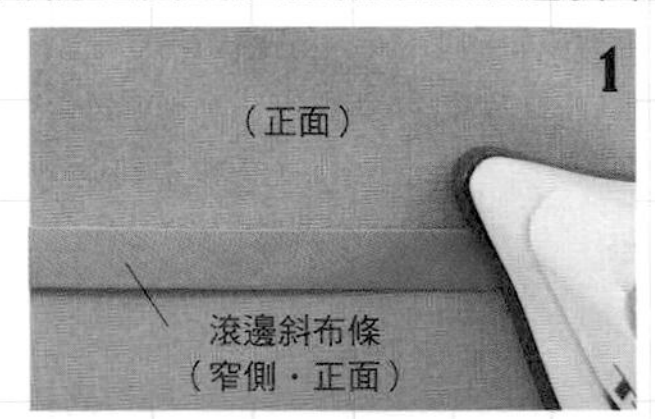
1
（正面）
滾邊斜布條
（窄側・正面）

將寬度較窄的一側當成正面，本體邊緣對準滾邊斜布條摺線夾入。燙膠包邊條則是撕下離型紙熨燙黏貼。

燙膠包邊條

這是熨燙即可黏貼的滾邊斜布條。背面帶有離型紙，撕下即可熨燙黏貼。

車縫包捲法

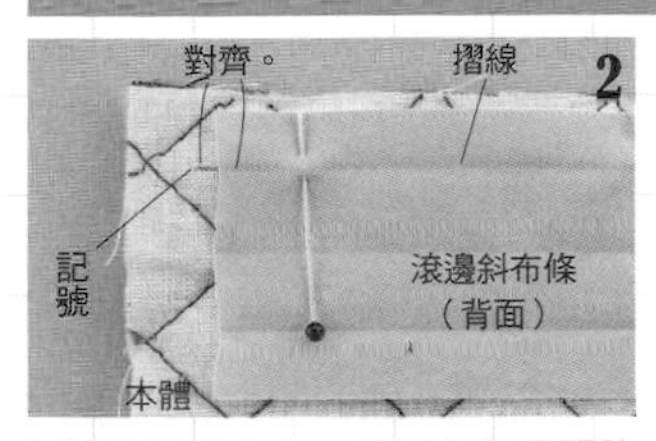
對齊。
摺線
2
記號
滾邊斜布條
（背面）
本體

展開滾邊斜布條，將摺線對齊記號位置，以珠針固定。車縫在摺線正上方或略偏布邊側，以滾邊斜布條包捲。

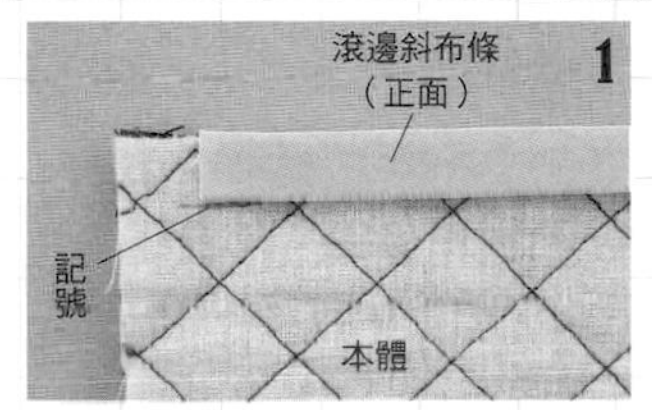
滾邊斜布條
（正面）
1
記號
本體

以滾邊斜布條夾住本體，在斜布條邊緣位置作記號。

確認車縫位置

本體接合側若是厚布時，由於厚度的緣故，在對齊布邊後可能會有因厚度而無法包捲的情況，因此要確認車縫位置。

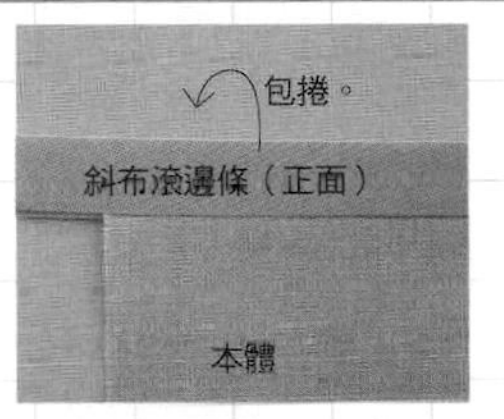
包捲。
斜布滾邊條（正面）
本體

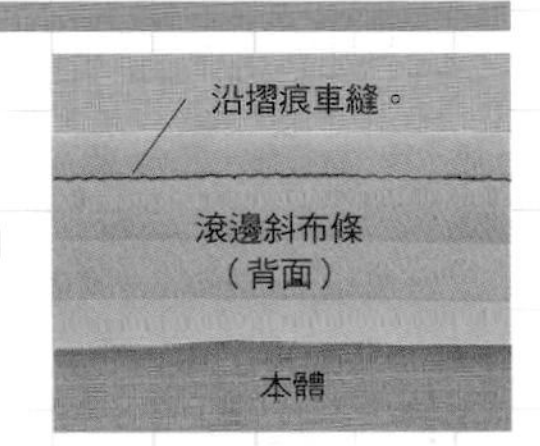
沿摺痕車縫。
滾邊斜布條
（背面）
本體

滾邊斜布條對齊本體接合側的布邊，在摺線正上方或摺線略偏布邊側進行車縫，這是以滾邊斜布條包捲的縫法。作法有好幾種。

1.在背面接縫滾邊斜布條，並從正面側車縫的作法

處理縫份的包邊法中，相對簡單的作法。

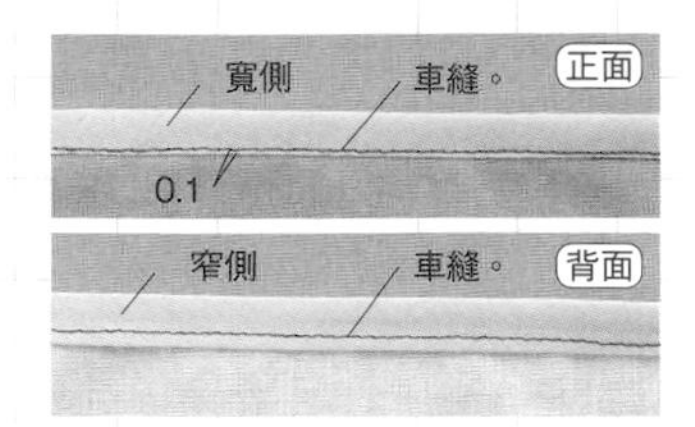
寬側
車縫。
正面
0.1
窄側
車縫。
背面

這是正、反面都看得見縫線的縫法。由於背面側已經先車縫過了，因此即使正面縫線沒車到背面側的滾邊也沒問題。

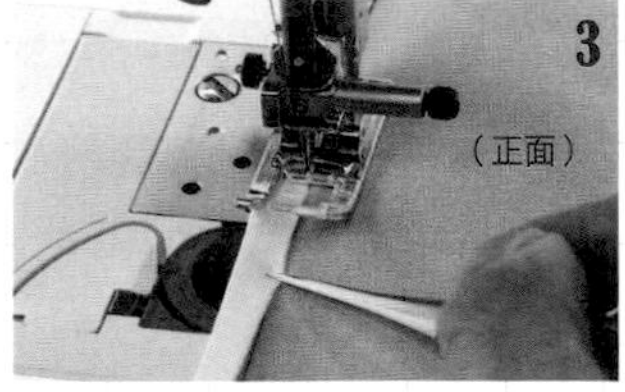
3
（正面）

以滾邊斜布條覆蓋1的縫線，從正面進行車縫。

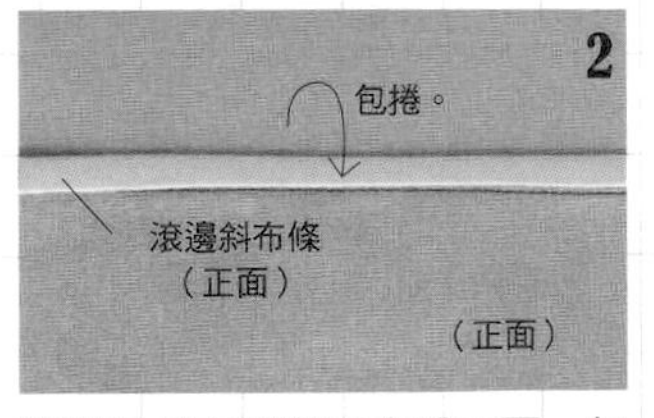
包捲。
2
滾邊斜布條
（正面）
（正面）

將滾邊斜布條翻至本體正面，包捲縫份。

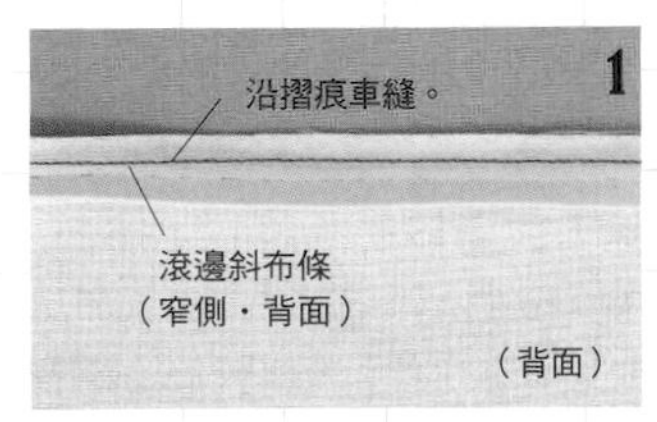
沿摺痕車縫。
1
滾邊斜布條
（窄側・背面）
（背面）

展開滾邊斜布條，將窄側重疊於本體背面，車縫在摺線正上方或略偏布邊側。

2.從正面接縫滾邊斜布條，並從正面側車縫的作法

完成後正面會很美觀。需要注意避免背面側的針目沒車到滾邊斜布條。

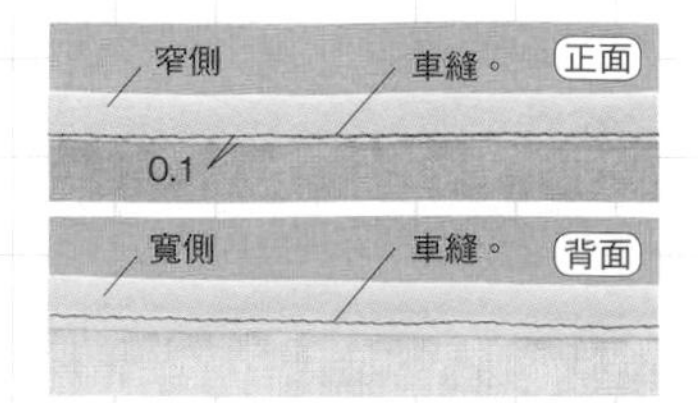
窄側
車縫。
正面
0.1
寬側
車縫。
背面

這是正、反兩面都看得見縫線的車縫方式。

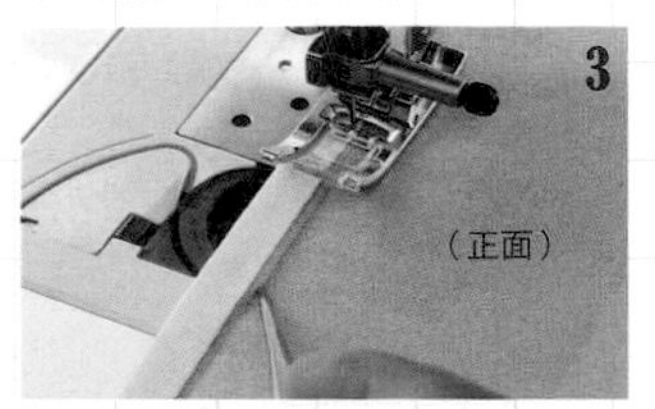
3
（正面）

以錐子確認滾邊斜布條的位置，避免沒車到背面，在距離滾邊斜布條邊緣0.2㎝處進行車縫。

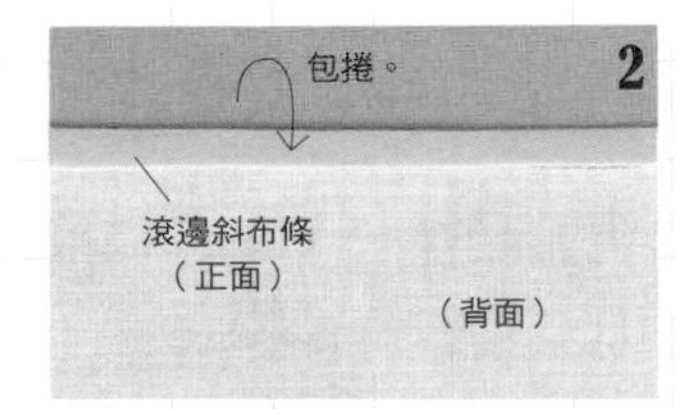
包捲。
2
滾邊斜布條
（正面）
（背面）

將滾邊斜布條翻至本體背面側，包捲縫份。摺疊時覆蓋1的縫線。

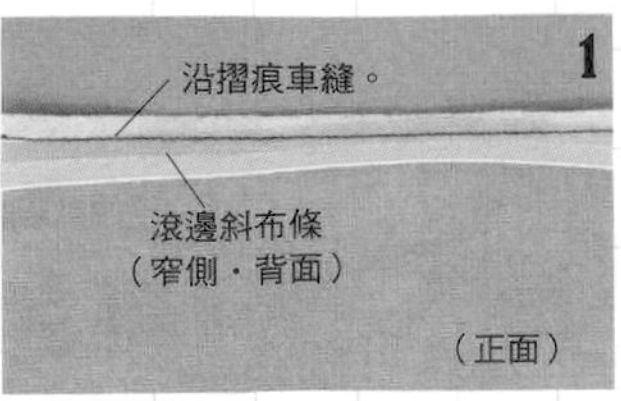
沿摺痕車縫。
1
滾邊斜布條
（窄側・背面）
（正面）

展開滾邊斜布條，將窄側重疊於本體正面側，車縫在摺線正上方或略偏布邊側。

4.挑縫

這是從背面側以手縫進行挑縫的作法，
完成的效果相當柔和。適合鋪棉等厚布。

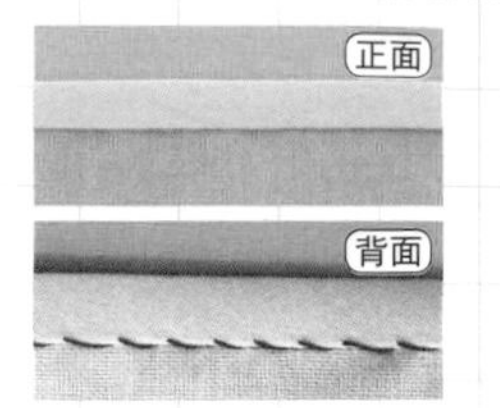

正面
背面

這是正面不會露出縫線的接合方法。

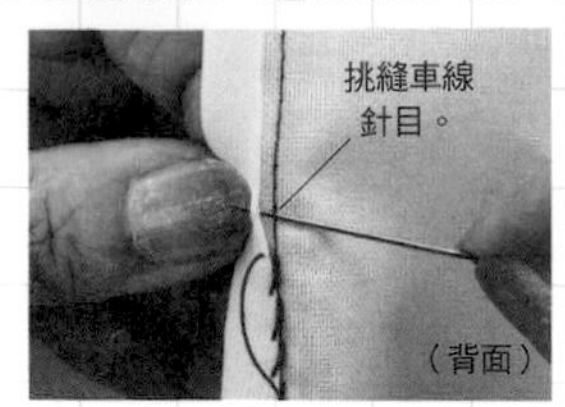

挑縫車線針目。
（背面）
對摺。
滾邊斜布條（正面）

對摺時不要有落差。先以作法2.步驟**1**至**2**相同方式車縫，再僅挑縫於車線。

3.落機縫

是在滾邊斜布條＆本體之間以落機縫車縫針目的作法。
雖然稍微不好車縫，但由於縫線隱密，能作出清爽的成品。

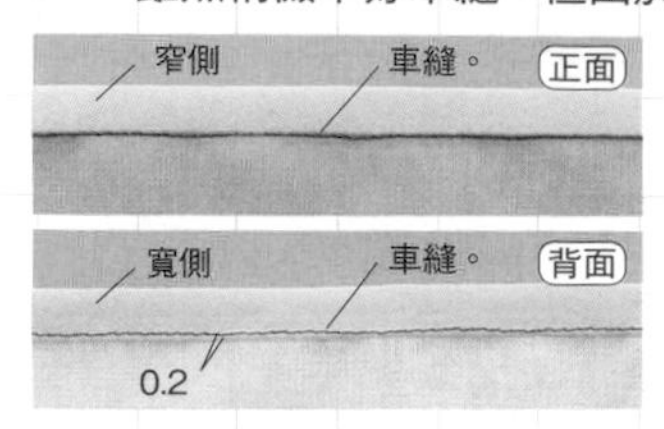

窄側
車縫。
正面
寬側
車縫。
背面
0.2

正面側看不見滾邊斜布條的縫線，背面側則均勻地車縫。

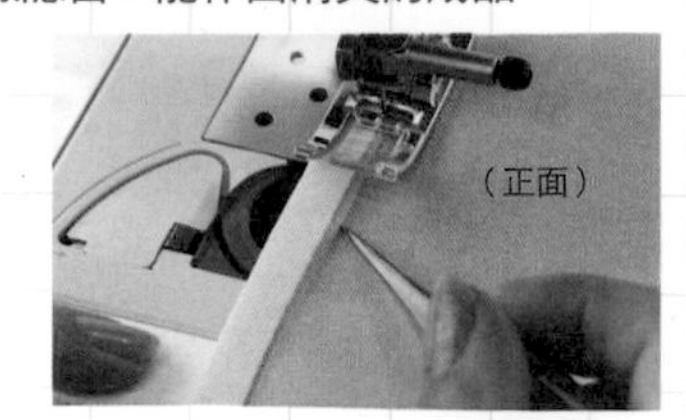

（正面）

2.依步驟**1**至**2**相同方式車縫。以錐子確認背面側滾邊斜布條的位置，同時在滾邊斜布條＆本體之間的針目進行落機縫。

起縫＆終縫的處理

1.摺疊法

此為較簡易的方式。重疊處會產生厚度。

〈橫向摺疊的情況〉

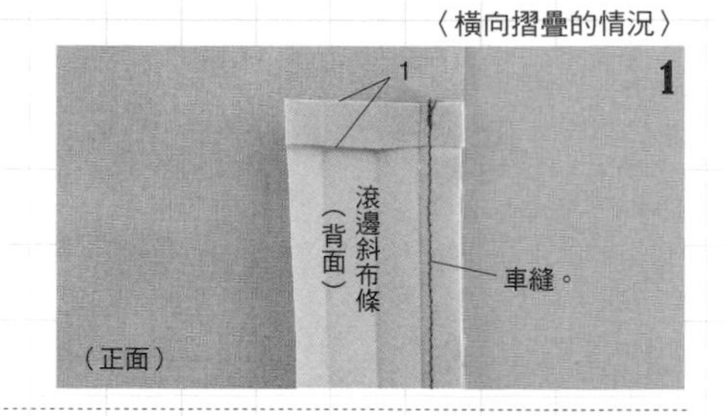

1
1
滾邊斜布條（背面）
車縫。
（正面）

2
重疊1.5cm。
起縫
車縫。
裁剪。
滾邊斜布條（背面）
（正面）

3
包捲。
滾邊斜布條（正面）
（正面）

〈斜向45°摺疊的情況〉

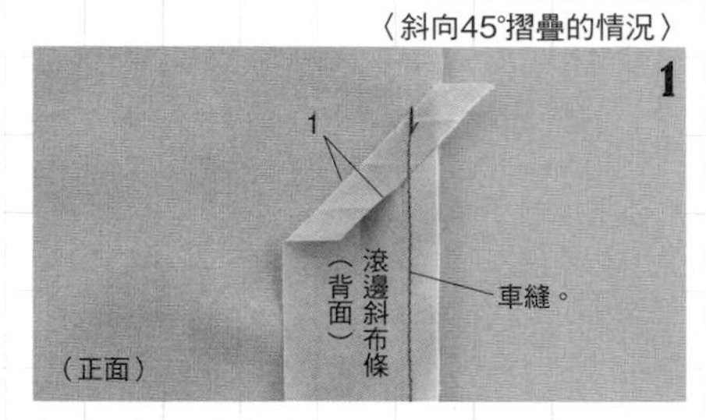

1
1
滾邊斜布條（背面）
車縫。
（正面）

起縫：摺疊滾邊斜布條1cm，進行起縫。

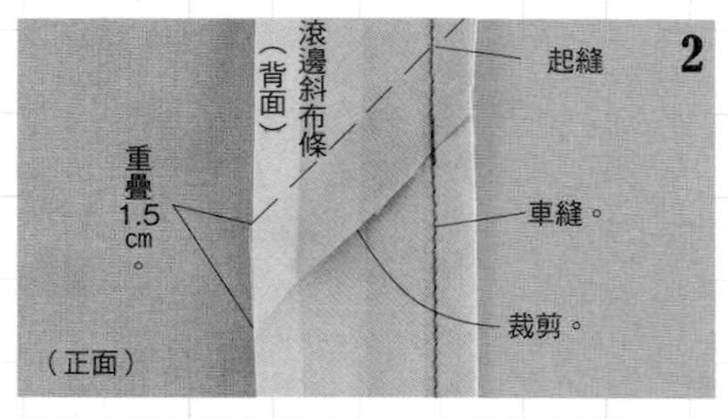

2
滾邊斜布條（背面）
起縫
重疊1.5cm。
車縫。
裁剪。
（正面）

終縫：與起縫處重疊1.5cm，剪去多餘部分。與起縫位置重疊車縫。

3
滾邊斜布條（正面）
包捲。
（正面）

包捲本體車縫完畢。

2.縫合法

略微困難的縫法，但能夠作出乾淨又美觀的效果。

〈斜向45°車縫的情況〉

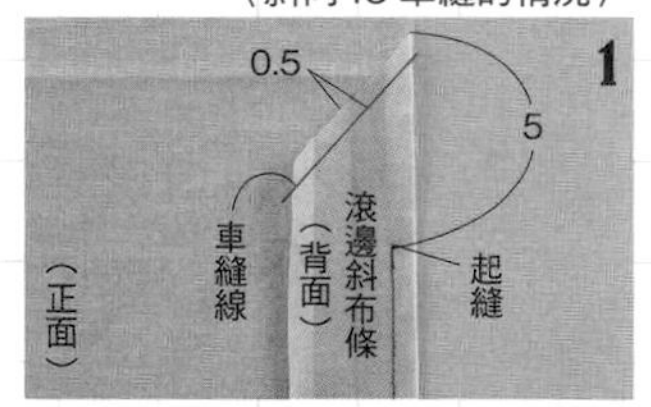

1
0.5
5
車縫線
滾邊斜布條（背面）
起縫
（正面）

起縫：在滾邊斜布條邊緣0.5cm處車縫，空出5cm進行起縫。

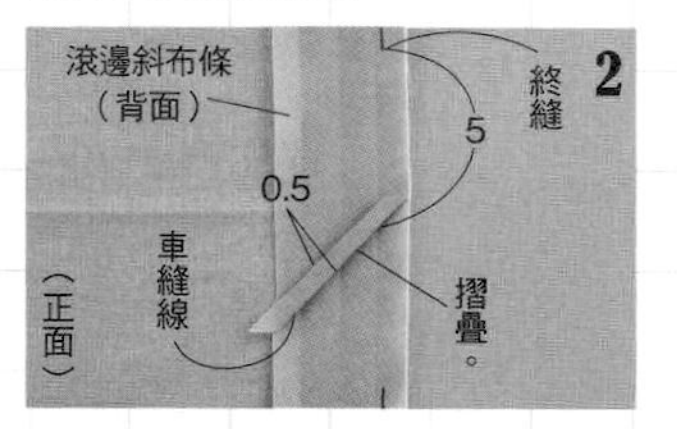

2
滾邊斜布條（背面）
終縫
5
0.5
車縫線
摺疊。
（正面）

終縫：留下約5cm不縫。重疊步驟**1**的縫線作出摺線，加上0.5cm縫份之後修剪。

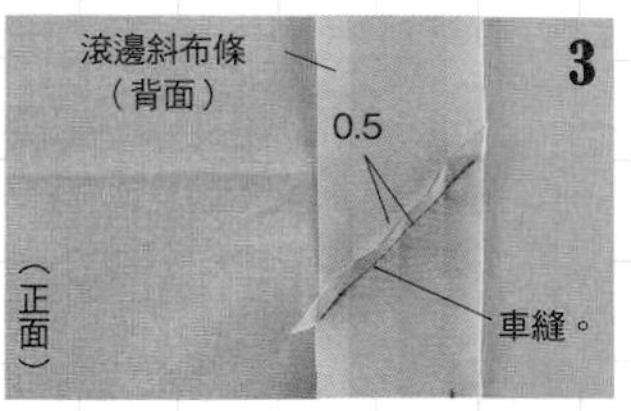

3
滾邊斜布條（背面）
0.5
車縫。
（正面）

將步驟**2**的摺線＆步驟**1**的縫線正面相疊進行縫合。

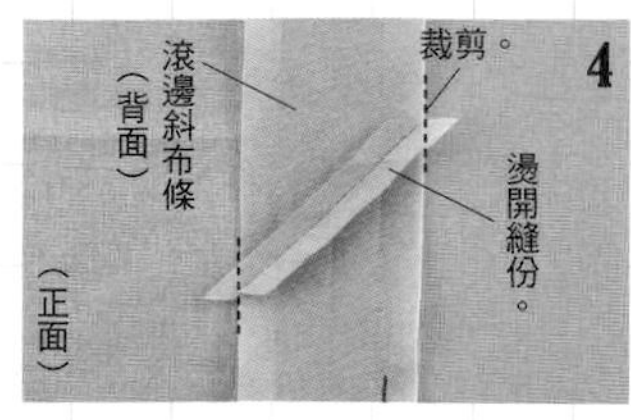

4
滾邊斜布條（背面）
裁剪。
燙開縫份。
（正面）

燙開縫份，修剪超出布條的部分。

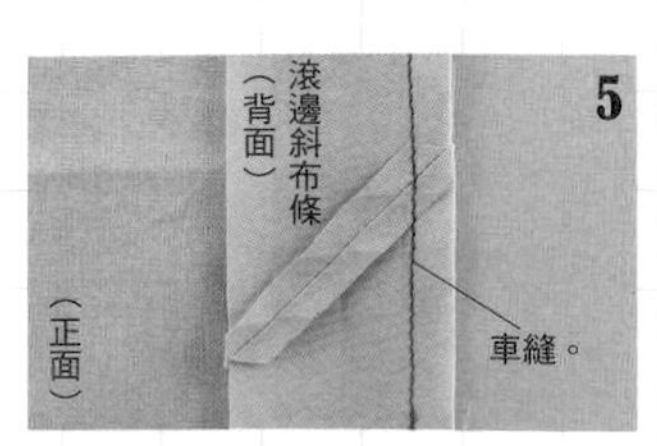

5
滾邊斜布條（背面）
車縫。
（正面）

車縫未縫合處。

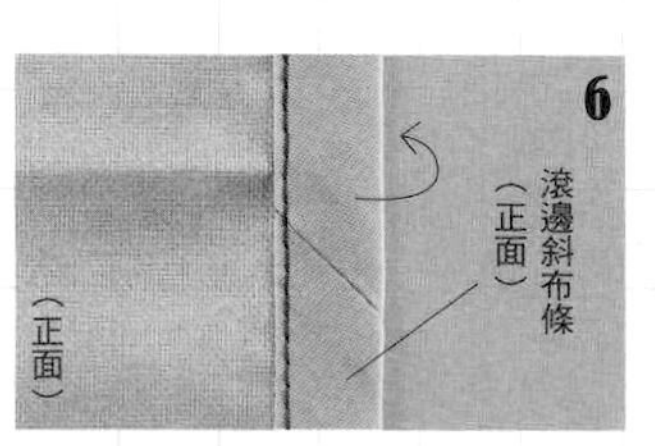

6
滾邊斜布條（正面）
（正面）

以滾邊斜布條包捲本體車縫。

〈橫向車縫的情況〉

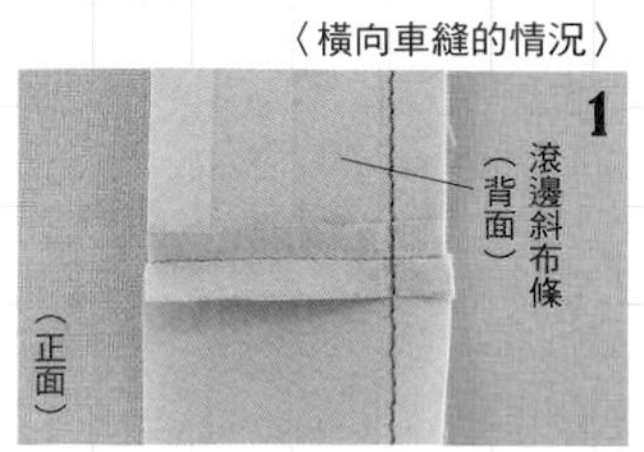

1
滾邊斜布條（背面）
（正面）

以〈斜向45°車縫的情況〉的步驟**1**至**5**相同方式車縫。

2
滾邊斜布條（正面）
（正面）

以滾邊斜布條包捲本體車縫。

角落的車縫方法

1.直角滾邊

使角落如裱框般斜向摺疊完成的作法。不會產生厚度，且成品美觀。

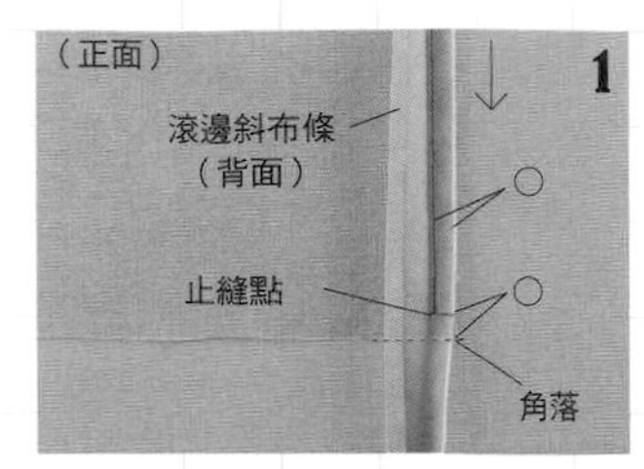

（正面）
1
滾邊斜布條
（背面）
止縫點
角落

留下直邊的縫份寬度（○），車縫至止縫點為止。

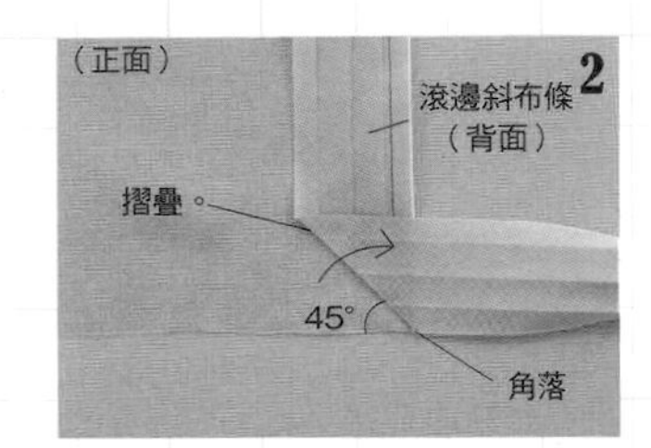

（正面）
滾邊斜布條
（背面）
2
摺疊。
45°
角落

將滾邊斜布條對齊本體角落，向上翻摺45°。

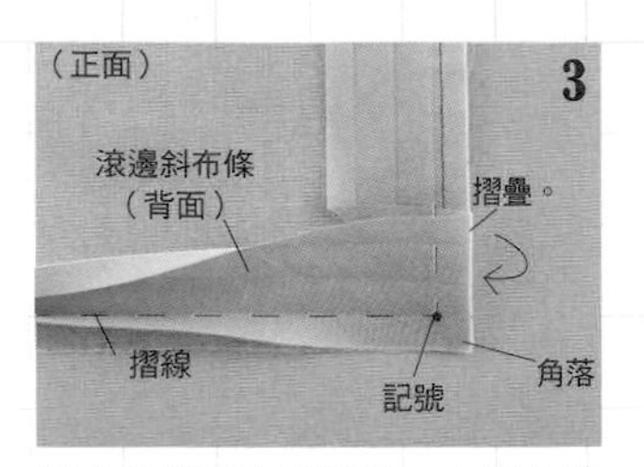

（正面）
3
滾邊斜布條
（背面）
摺疊。
摺線
記號
角落

對齊角落呈直角摺回，在斜布條摺線＆步驟**1**的止縫點交匯處作記號。

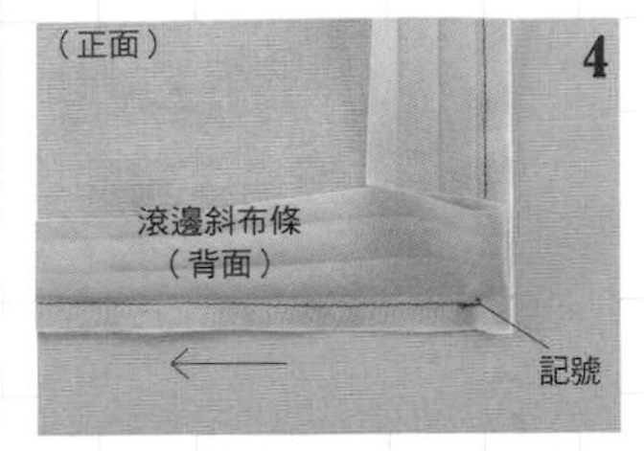

（正面）
4
滾邊斜布條
（背面）
記號

從步驟**3**記號起縫，車縫橫邊，並避免車縫到滾邊斜布條摺疊的轉角部分。

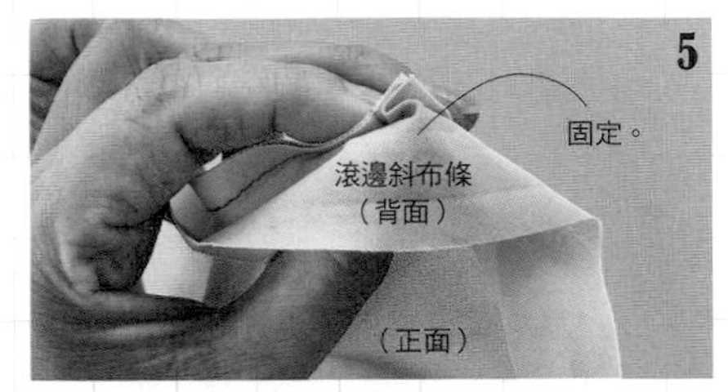

5
固定。
滾邊斜布條
（背面）
（正面）

以拇指壓住滾邊斜布條的角落。

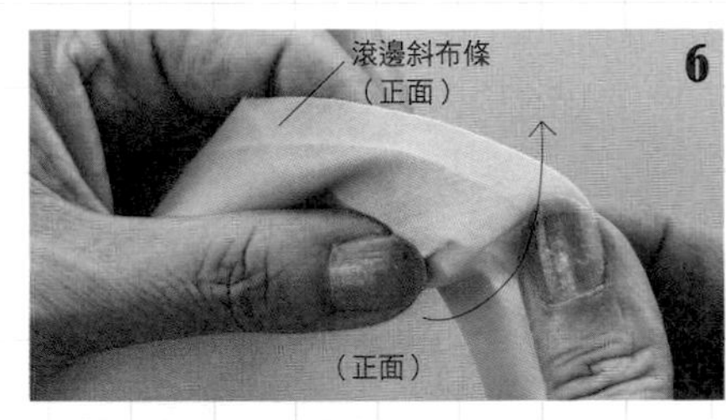

滾邊斜布條
（正面）
6
（正面）

將滾邊斜布條翻至背面。

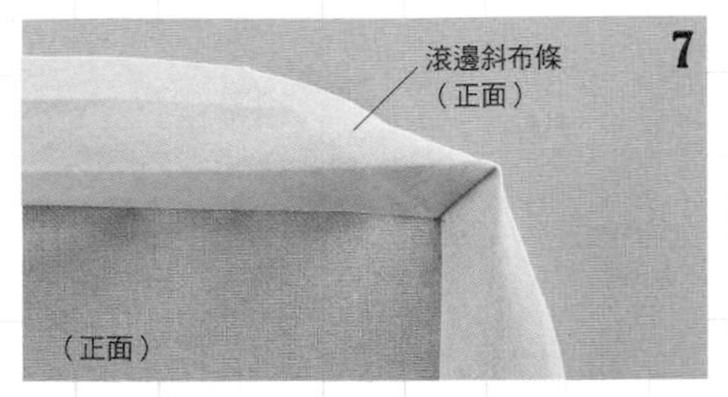

滾邊斜布條
（正面）
7
（正面）

調整角落。

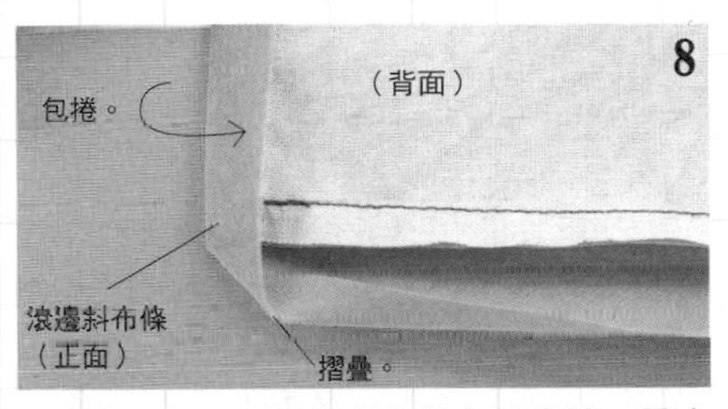

包捲。
（背面）
8
滾邊斜布條
（正面）
摺疊。

翻至背面側，以滾邊斜布條包捲直邊。下方呈三角，自然地摺疊。

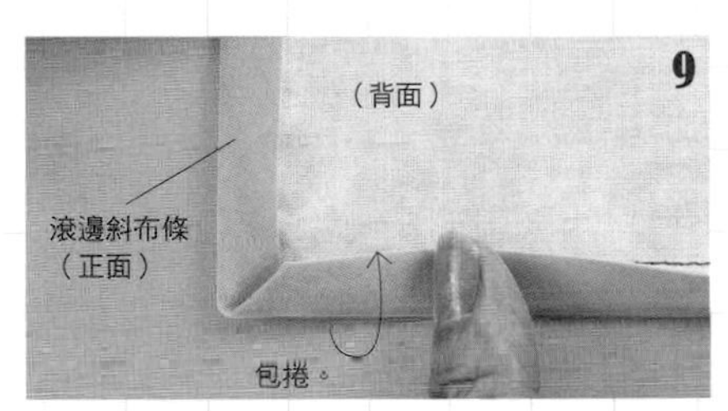

（背面）
9
滾邊斜布條
（正面）
包捲。

以滾邊斜布條包捲橫邊。

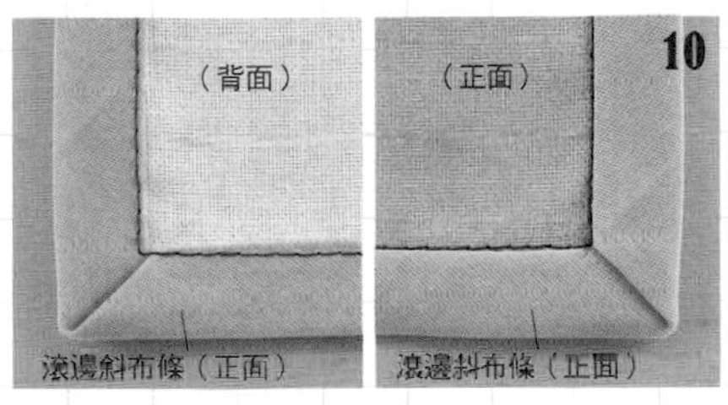

（背面）
（正面）
10
滾邊斜布條（正面）
滾邊斜布條（正面）

車縫滾邊斜布條。角落縫份在正・反兩面倒向不同方向。

2.重疊縫法

滾邊斜布條在角落重疊車縫，是簡單即可完成的作法。效果略偏厚。

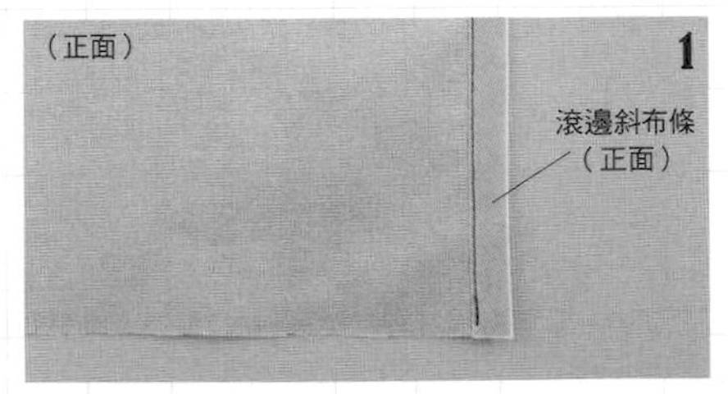

（正面）
1
滾邊斜布條
（正面）

以滾邊斜布條進行直邊包邊。

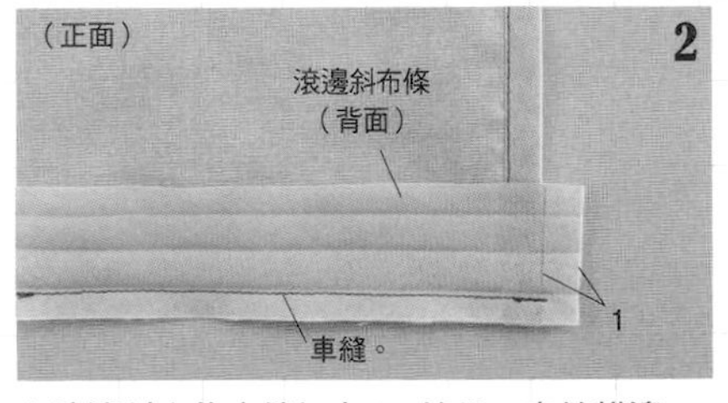

（正面）
2
滾邊斜布條
（背面）
1
車縫。

在滾邊斜布條末端加上1㎝縫份，車縫橫邊。

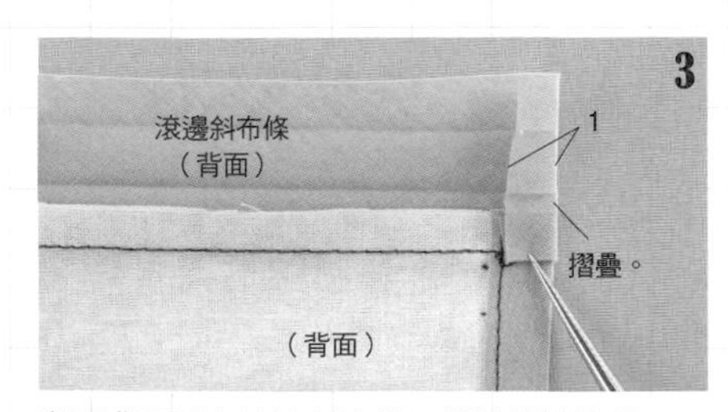

3
滾邊斜布條
（背面）
1
摺疊。
（背面）

翻至背面掀起滾邊斜布條，摺疊邊緣縫份。

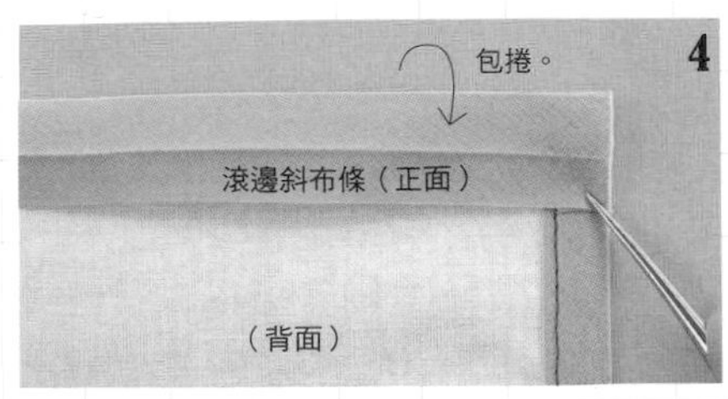

包捲。
4
滾邊斜布條（正面）
（背面）

以滾邊斜布條包捲縫份。

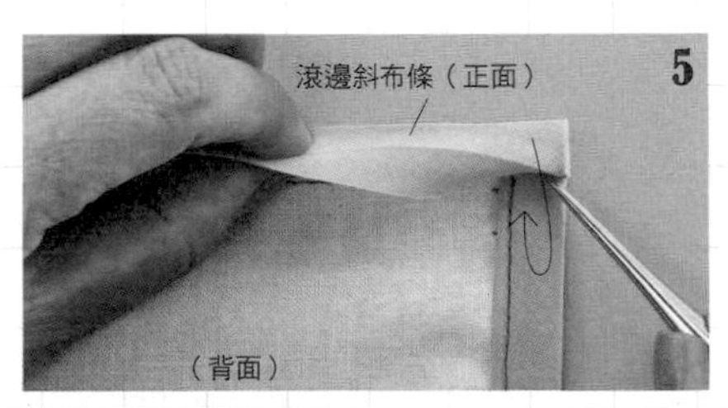

滾邊斜布條（正面）
5
（背面）

將縫份摺入摺邊之中。

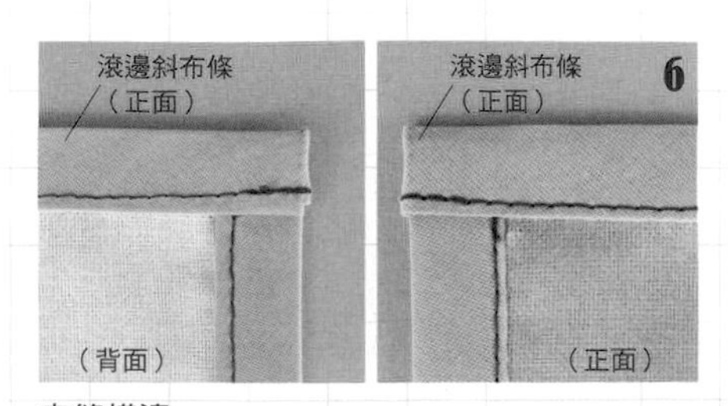

滾邊斜布條
（正面）
滾邊斜布條
（正面）
6
（背面）
（正面）

車縫橫邊。

曲線縫法

內曲線

內曲線在車縫滾邊斜布條時，若以直線的相同方式接合，滾邊斜布條就會變得鬆弛。

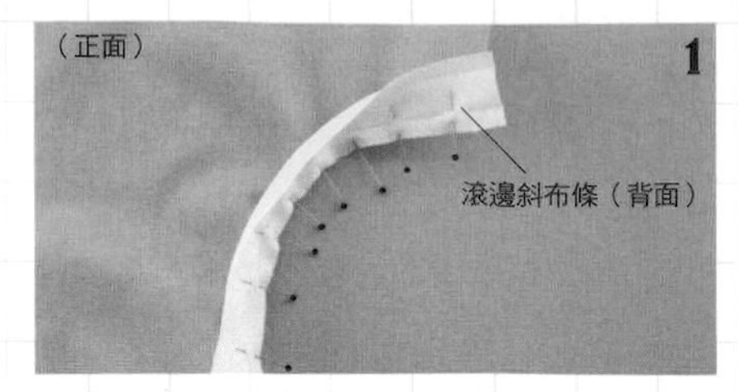

（正面）
1
滾邊斜布條（背面）

依稍微緊繃的感覺，以珠針固定滾邊斜布條。

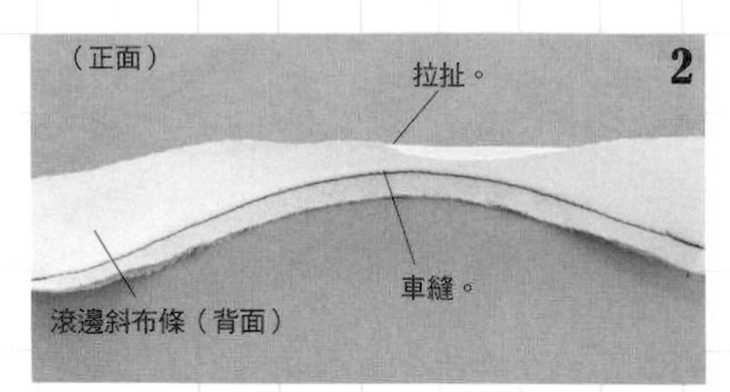

（正面）
拉扯。
2
車縫。
滾邊斜布條（背面）

車縫。滾邊斜布條的相反側呈現出緊繃感即是正確的平衡。

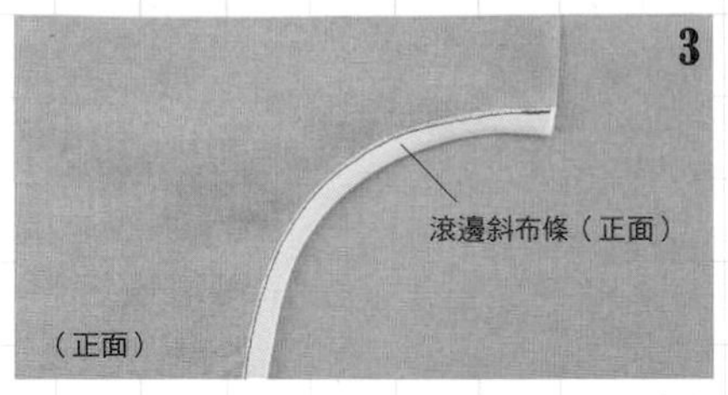

3
滾邊斜布條（正面）
（正面）

以滾邊斜布條包捲車縫，漂亮地車縫出滾邊斜布條不鬆弛的內曲線。

外曲線

外曲線在車縫滾邊斜布條時，若以直線的相同方式車縫，滾邊斜布條就會呈現出拉扯狀，曲線處會撬起來。

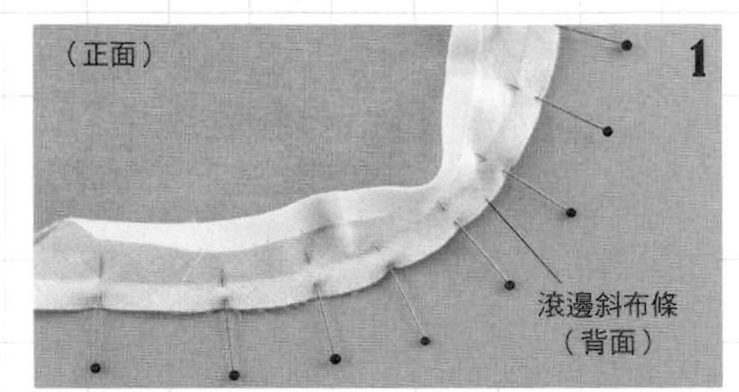

（正面）
1
滾邊斜布條
（背面）

使滾邊斜布條略帶鬆弛感，以珠針固定。

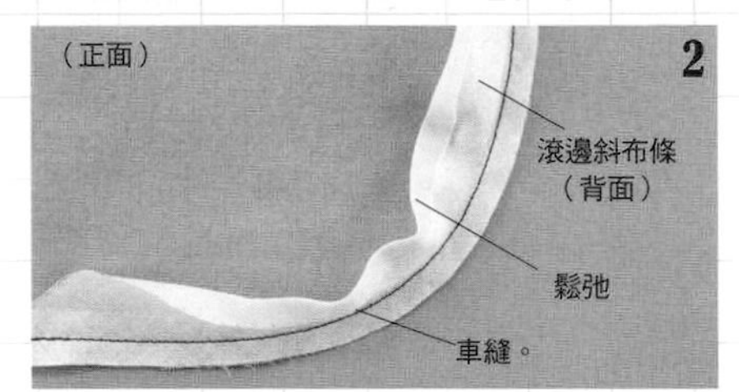

（正面）
2
滾邊斜布條
（背面）
鬆弛
車縫。

車縫。滾邊斜布條的相反側邊緣呈現波浪狀，帶有鬆弛感就是正確的平衡。

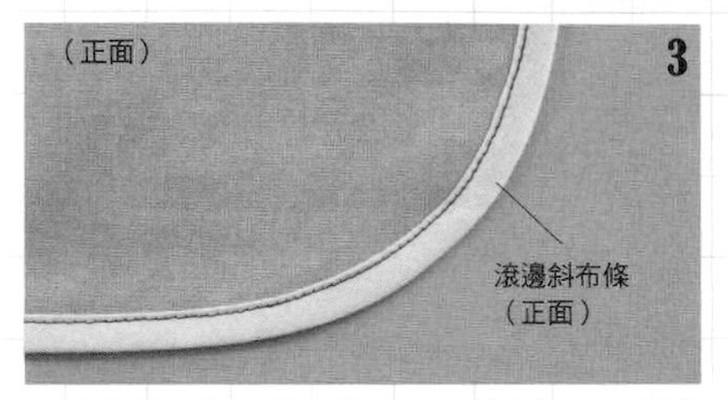

（正面）
3
滾邊斜布條
（正面）

以滾邊斜布條包捲車縫，漂亮地車縫出滾邊斜布條不緊繃的外曲線。

出芽滾邊條

出芽滾邊條的作法

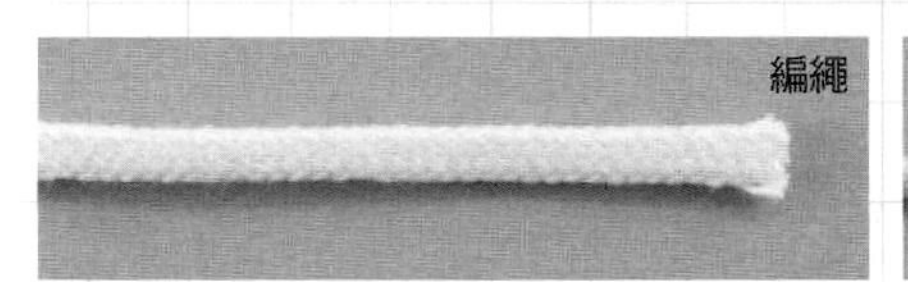

編繩

圓繩

芯線：可放入編繩、圓繩等合適粗細的繩材。
建議不要太硬會比較好車。此次使用的是粗0.5cm的編繩。

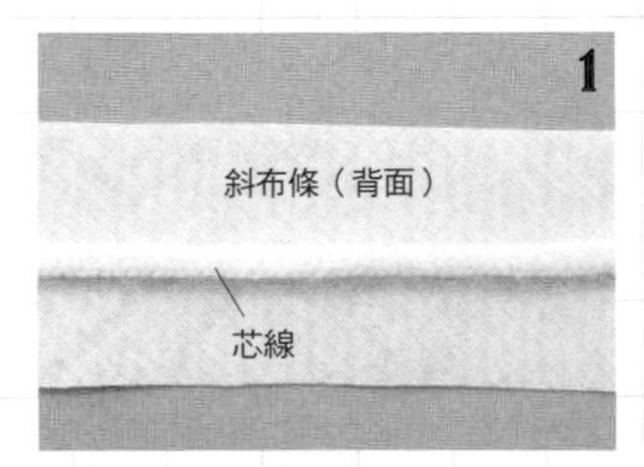

1
斜布條（背面）
芯線

在寬3.5cm的斜布條背面放上當作芯線的繩子。

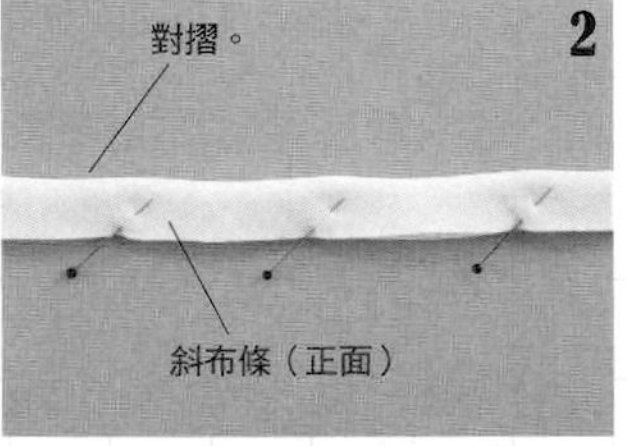

對摺。
2
斜布條（正面）

對摺，夾入芯線並以珠針固定。

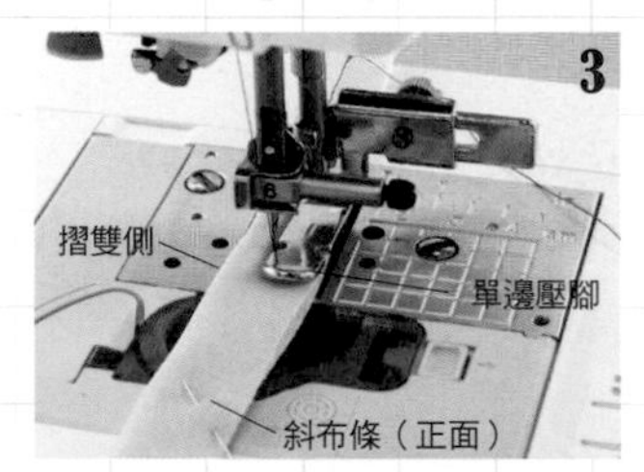

3
摺雙側
單邊壓腳
斜布條（正面）

換上單邊壓腳，將芯線靠在摺雙側，車縫距離布邊0.9cm處，並避免車縫到芯線。

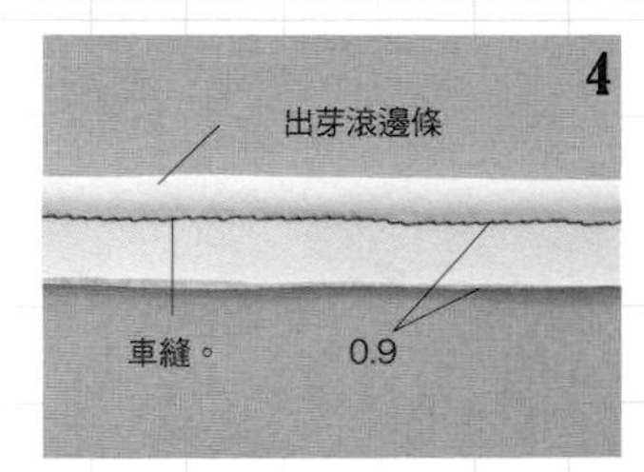

4
出芽滾邊條
車縫。
0.9

出芽滾邊條完成。藉由車縫布邊0.9cm處，以1cm縫份接縫出芽滾邊條，便不會露出縫線，能夠漂亮地完成。

出芽滾邊條的車縫方式

※縫紉機使用單邊壓腳。

出芽滾邊條粗芯▶

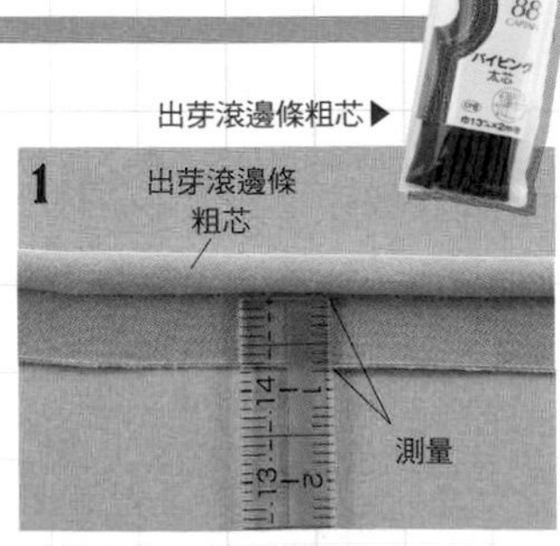

1
出芽滾邊條
粗芯
測量

使用市售出芽滾邊條時，要測量縫線到布邊的長度。

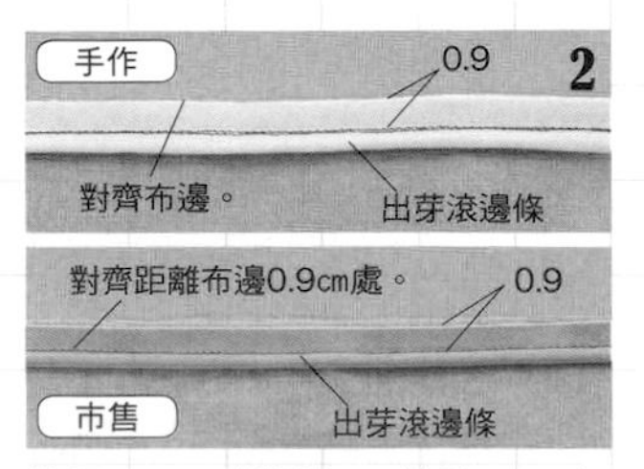

手作
0.9
2
對齊布邊。
出芽滾邊條
對齊距離布邊0.9cm處。
0.9
市售
出芽滾邊條

縫份-0.1cm（縫份1cm就是0.9cm）的位置，即為出芽滾邊條的縫線位置。縫線朝上暫時車縫固定。

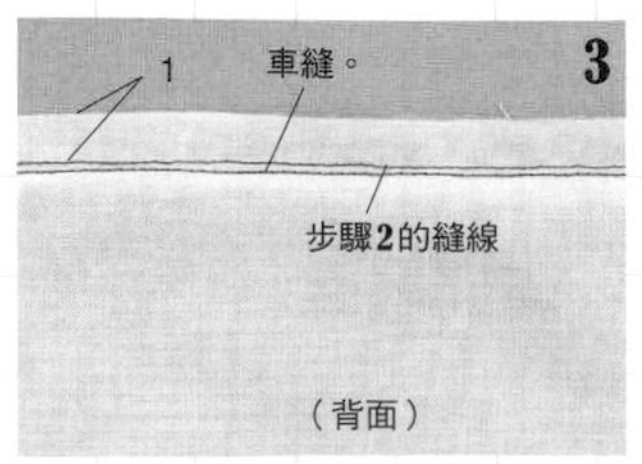

1
車縫。
3
步驟2的縫線
（背面）

與另一片裁片正面相疊，以1cm縫份車縫。這時要車縫得比步驟2的縫線更為內側。

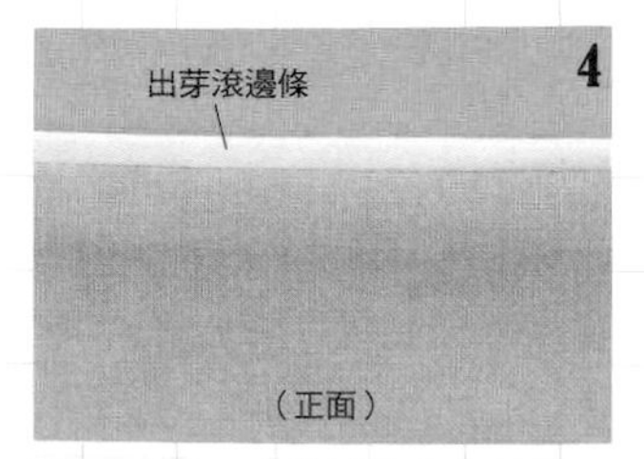

出芽滾邊條
4
（正面）

翻至正面。出芽滾邊條的縫線不外露且沒有車縫到芯線才正確。

曲線的車縫方式

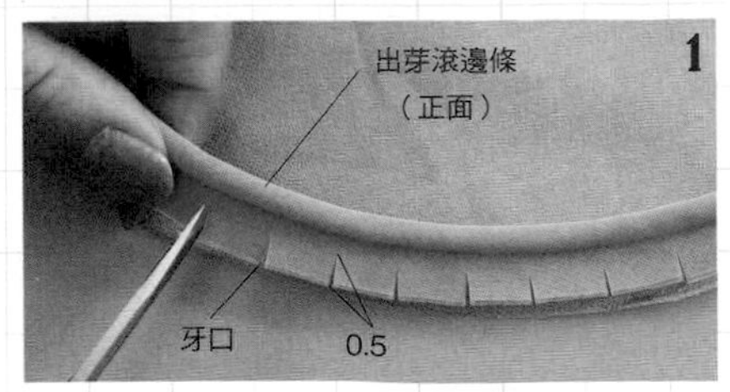
1
出芽滾邊條
(正面)
牙口
0.5

沿著曲線部分，在出芽滾邊條剪牙口。

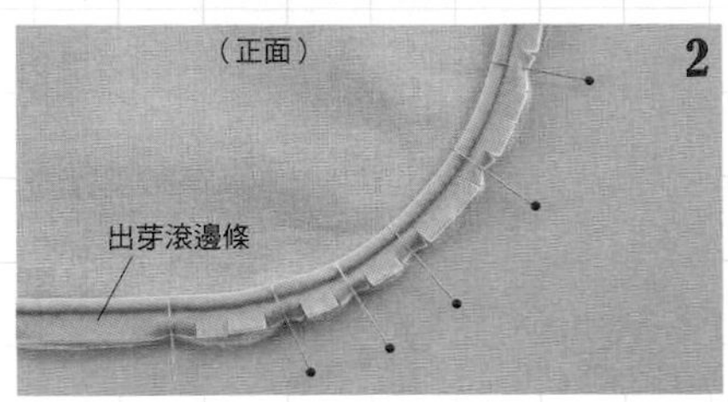
2
(正面)
出芽滾邊條

沿曲線以珠針固定。

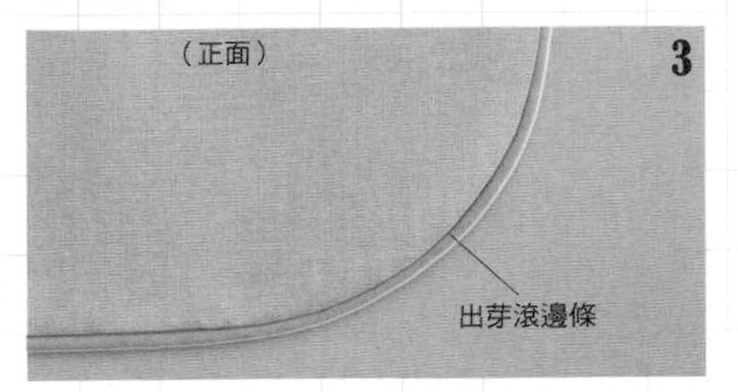
3
(正面)
出芽滾邊條

參見P.26的滾邊斜布條接縫方式，車縫出芽，剪牙口的地方即可形成漂亮的曲線。

起縫&終縫的處理

1.縫入法

使用在市售出芽滾邊條的作法。

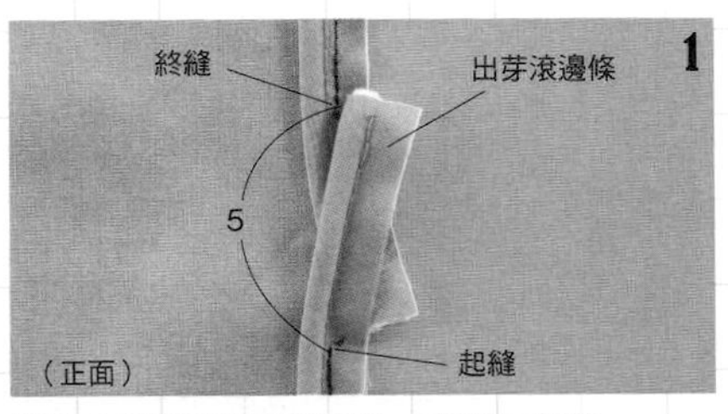
1
終縫
出芽滾邊條
5
起縫
(正面)

起縫：保留滾邊條前端5cm處進行起縫。
終縫：車縫至距離起縫點5cm處之前。滾邊條從終縫處保留5cm剪斷。

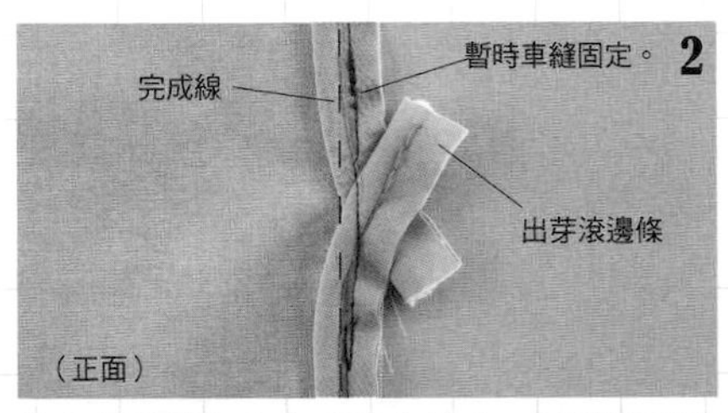
2
完成線
暫時車縫固定。
出芽滾邊條
(正面)

將出芽滾邊條在完成線上接合，並避開兩端暫時車縫固定。

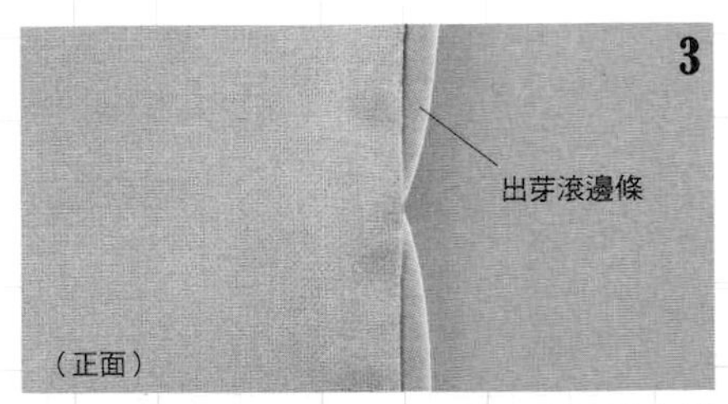
3
出芽滾邊條
(正面)

重疊上另一塊裁片車縫。起縫&終縫接合並自然消失地車縫，才是美觀的車縫方式。

2.接合法

用於手作出芽滾邊條的方法。

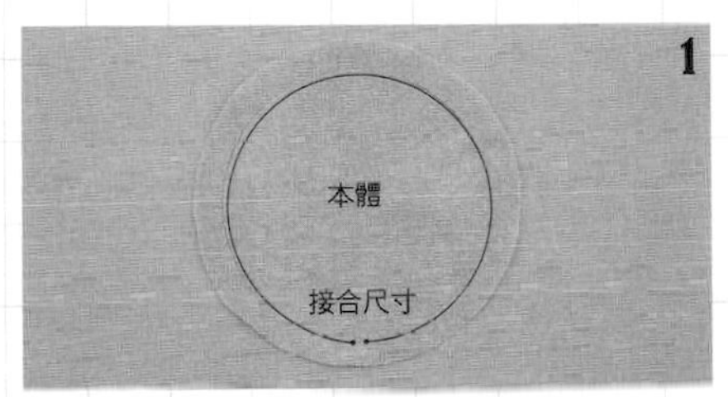
1
本體
接合尺寸

測量接合側的長度。

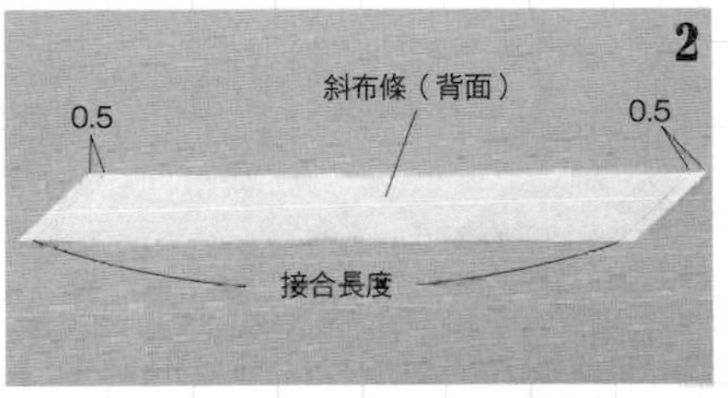
2
斜布條(背面)
0.5
0.5
接合長度

準備接合長度兩端各多加0.5cm的斜布條。

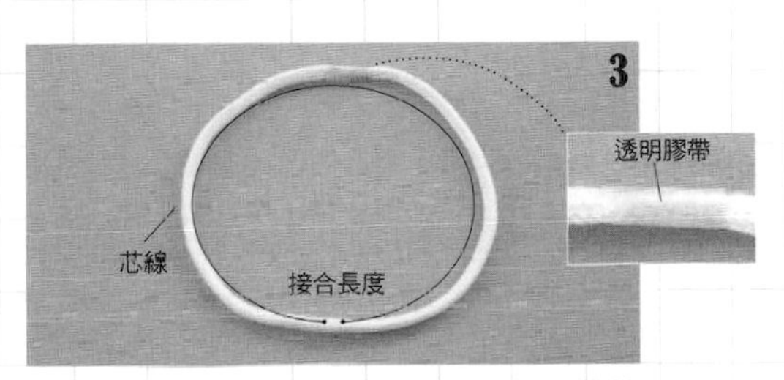
3
透明膠帶
芯線
接合長度

準備接合位置長度的芯線，以透明膠帶連接接合位置，作成環狀。

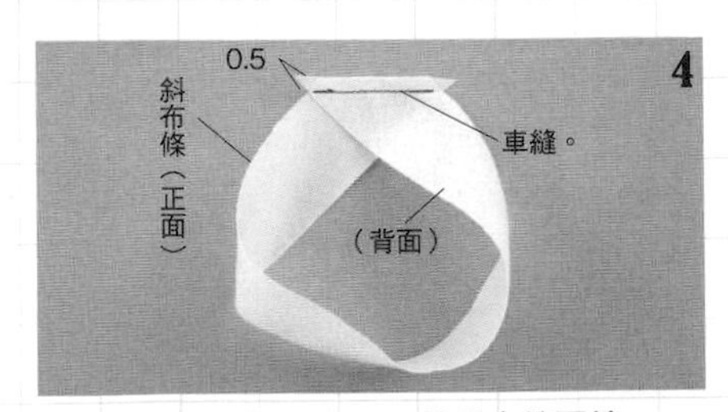
4
0.5
斜布條(正面)
車縫。
(背面)

斜布條正面相疊，以0.5cm縫份車縫兩端。

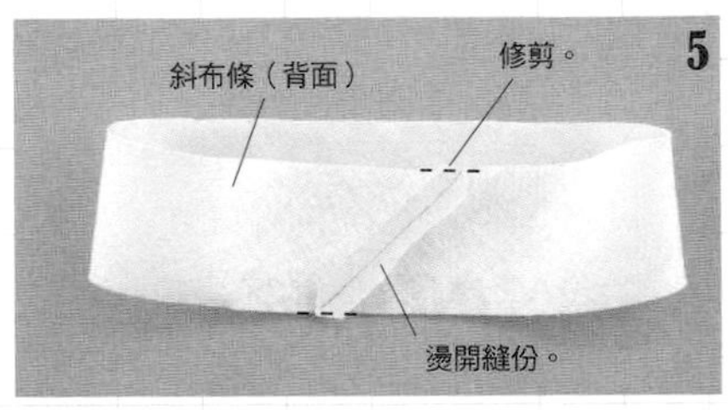
5
斜布條(背面)
修剪。
燙開縫份。

燙開縫份，修剪多出的部分。

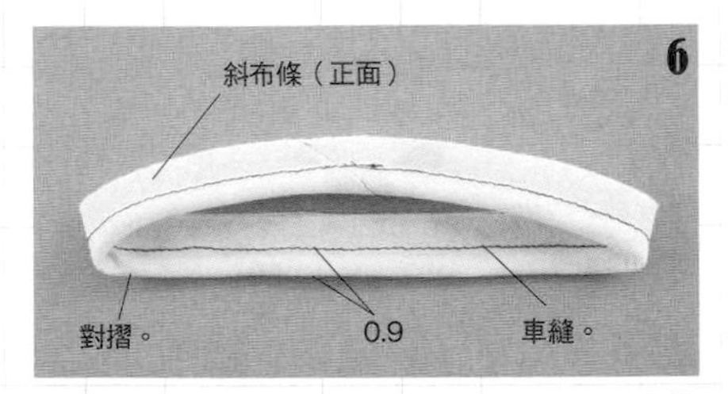
6
斜布條(正面)
對摺。
0.9
車縫。

以斜布條包夾步驟**2**的芯線對摺，以P.26出芽滾邊條作法的相同方式車縫。

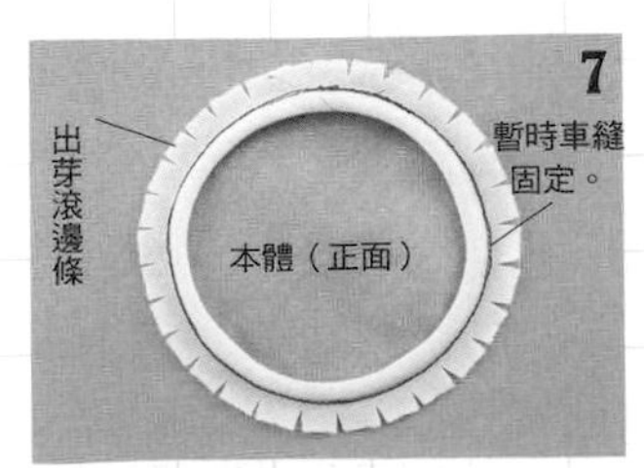
7
出芽滾邊條
暫時車縫固定。
本體(正面)

暫時車縫固定於本體。

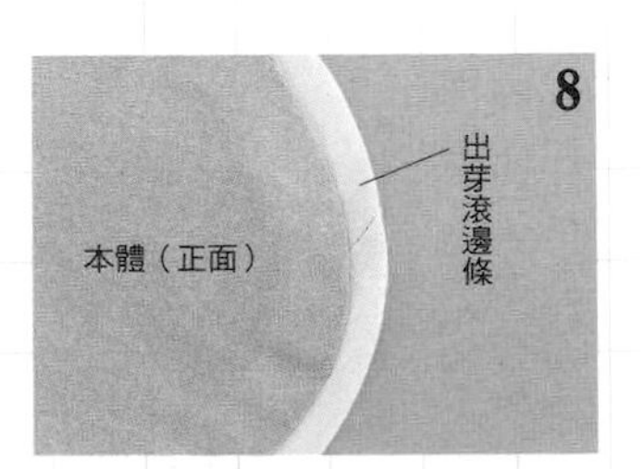
8
本體(正面)
出芽滾邊條

與另一片裁片正面相疊車縫，再翻至正面。出芽滾邊條車縫完成。

滾邊斜布條的題外話

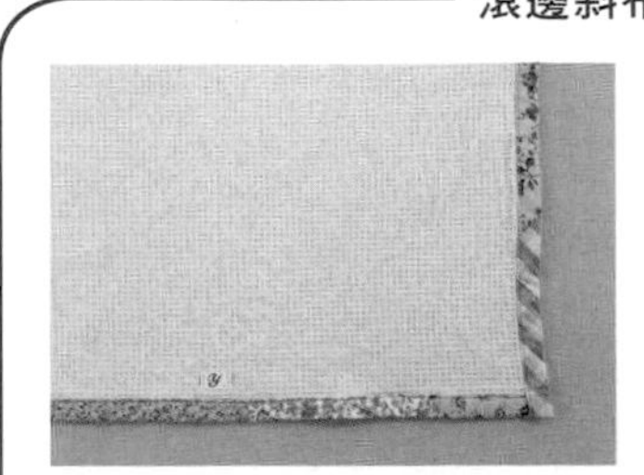

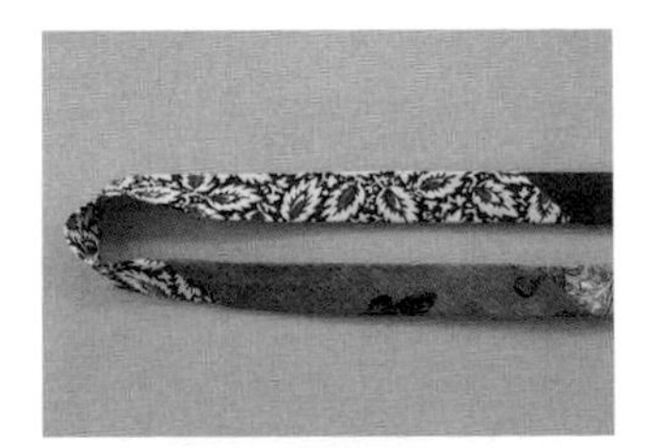

若將零碼布拼接起來製作成滾邊斜布條，會有拼布般的可愛感喔！

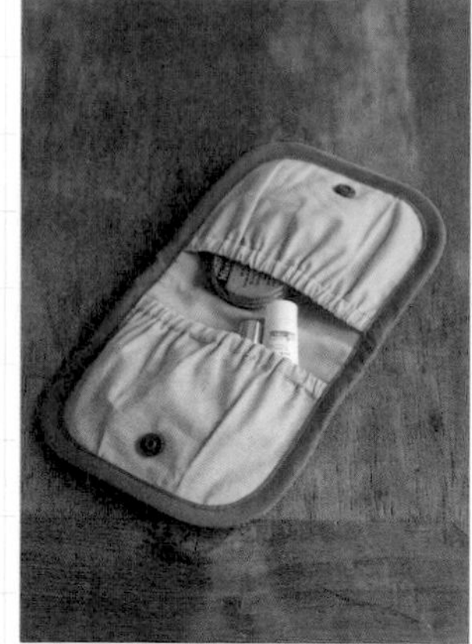

NO.30 ITEM | 口袋波奇包
作 法 | P.77

透過以市售滾邊斜布條包覆四周一圈進行包邊，即可簡單完成的對摺波奇包。內側口袋開口縫入鬆緊帶，使口袋本身具有蓬鬆感與收納力。

表布＝平織布 by SOULEIADO（Petit Fleur des Champs・SLF-318C）／株式會社TSUCREA
滾邊斜布條＝包邊寬幅 11㎜（CP12・533）／CAPTAIN株式會社

正面

背面

NO.31
NO.32

NO.32 ITEM | 方餐墊
作 法 | P.66

若能完成No.31的杯墊，不妨再加大尺寸，也試著挑戰製作餐墊吧！會因滾邊斜布條的顏色改變印象也是樂趣之一。

表布＝平織布by SOULEIADO（Petit Fleur des Champs・SLF-18W）／株式會社TSUCREA
滾邊斜布條＝包邊寬幅 11㎜（CP12・580）／CAPTAIN株式會社

NO.31 ITEM | 方杯墊
作 法 | P.66

即使設計簡單，卻包含了以滾邊斜布條包邊＆角落縫法等縫製要點，最適合用來練習。請以喜歡的零碼布實作吧！

表布＝平織布by SOULEIADO（Petit Fleur des Champs・SLF-18W）／株式會社TSUCREA
滾邊斜布條＝包邊寬幅 11㎜（CP12・580）／CAPTAIN株式會社

NO.33 ITEM | 尺套
作 法 | P.79

使用自製的18㎜寬兩摺款滾邊斜布條，將2片壓棉布包邊一圈製作而成的尺套。可同時收納50cm量尺・30㎝量尺・彎尺・火腿尺。

表布＝平織壓棉布by SOULEIADO（Reves d'Orient・QSLF-35B）／株式會社TSUCREA

使用出芽滾邊條的作品

NO.34 ITEM | 滾邊肩背包
作 法 | P.82

以合成皮出芽滾邊條作為重點裝飾的肩背包。雖然是以平織布縫製而成，但憑藉著接著襯＆出芽滾邊條，就能呈現出漂亮的方形。

表布＝平織布by Best of Morris（Pimpernel black・8365-11）／moda Japan
出芽滾邊條＝Mayfair 合成皮出芽滾邊條寬14mm 芯線 4mm（#5000 WP-4・5019 straight）／渡邊布帛工業株式會社

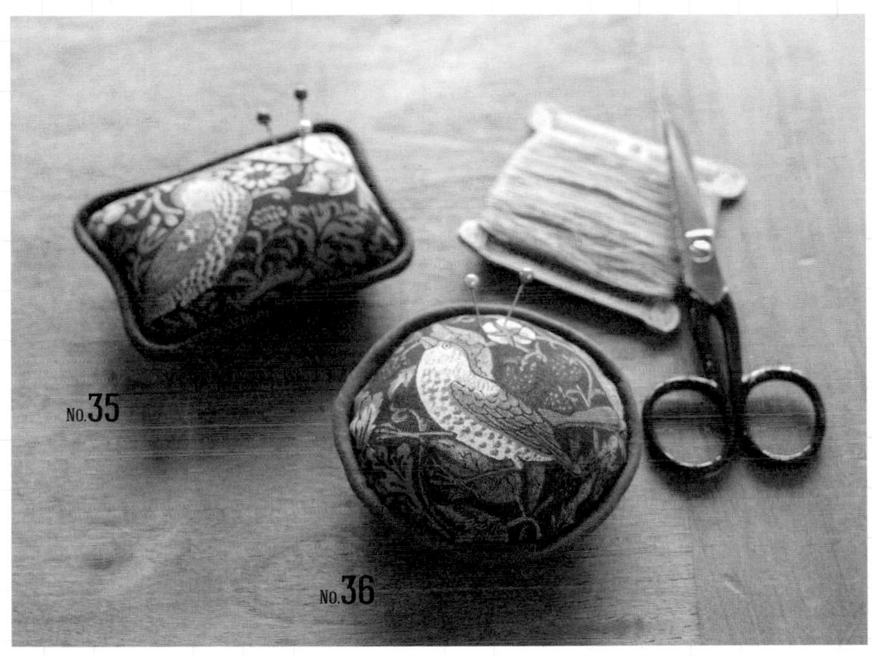

NO.35
NO.36

NO.35 ITEM | 方針插
作 法 | P.68

以手邊現有的布料＆圓繩製作出芽滾邊條，再縫製針插。突顯喜愛布料的可愛圖案，讓人眼睛為之一亮的針插完成！

表布＝平織布by Best of Morris（Strawberry thief・8176-44）／moda Japan

NO.36 ITEM | 圓針插
作 法 | P.68

與No.35作為套組推薦給你的圓形款式如何？將自製的出芽滾邊條接縫成環狀的作法也非常推薦。

表布＝平織布by Best of Morris（Strawberry thief・8176-44）／moda Japan

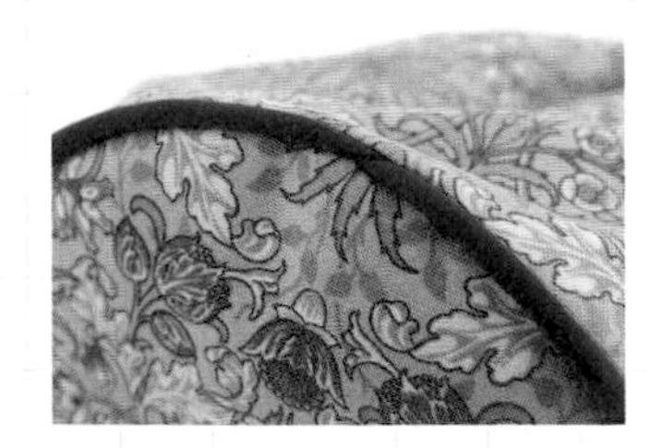

NO.37 ITEM | 圓底束口波奇包
作 法 | P.81

藉由在底部＆本體之間夾入出芽滾邊條，打造能夠站立的圓底束口波奇包。裡布與出芽滾邊條使用相同顏色，也是手作特有的堅持。

表布＝平織布by Best of Morriss（Hyacinth・33496-12）／moda Japan 出芽滾邊條＝出芽滾邊條粗芯 13mm（cp8・330）／CAPTAIN株式會社

學習正統作法&掌握配件細節！
後背包・手機包・斜肩包

「這是你作的!?」要製作出讓人如此驚訝的專家級布包，小訣竅必不可少。就讓我們一邊製作，一邊掌握布包的製作重點吧！

攝影＝回里純子　造型＝西森萌　妝髮＝タニジュンコ　模特兒＝横田美憧

以一個塑膠插扣開闔掀蓋的簡潔樣式。

亦可從背面側的拉鍊開口取放物品。

無縫製拉鍊、鈕釦，易於拿放物品的包體，還有好用的內口袋！

NO.38 ITEM｜尼龍後背包
作法｜P.84

成人背也很好看的方形後背包。肩帶使用與包體的尼龍布調性相符的尼龍織帶，製作出「好像買來的！」後背包。能以梯扣調整長度的背帶是細節重點。

表布＝時尚尼龍布（HMF-01・BE）／清原株式会社

後背包背帶的穿法

梯扣

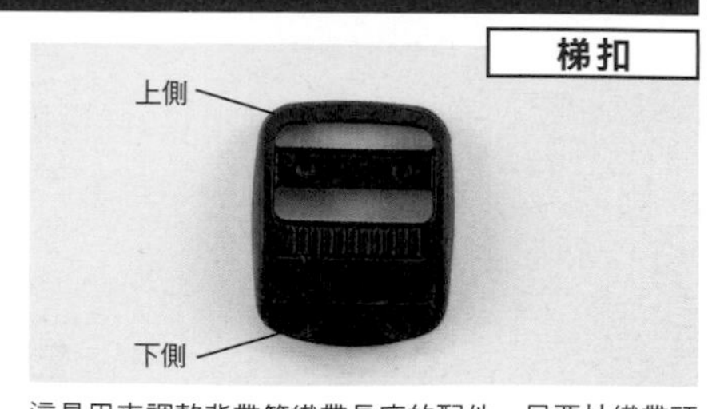
上側
下側

這是用來調整背帶等織帶長度的配件。只要拉織帶頭就能收緊，上掀梯扣則能放長。

1

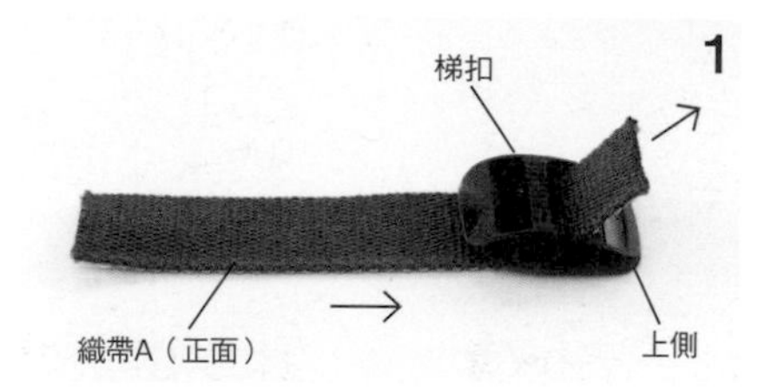
梯扣
織帶A（正面）
上側

將織帶A從梯扣中央穿口的下方穿入。

2

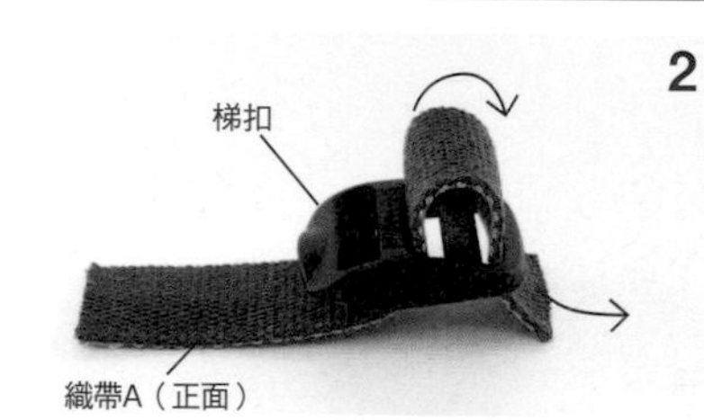
梯扣
織帶A（正面）

再將織帶A從上方穿入上側邊的穿口中。

3

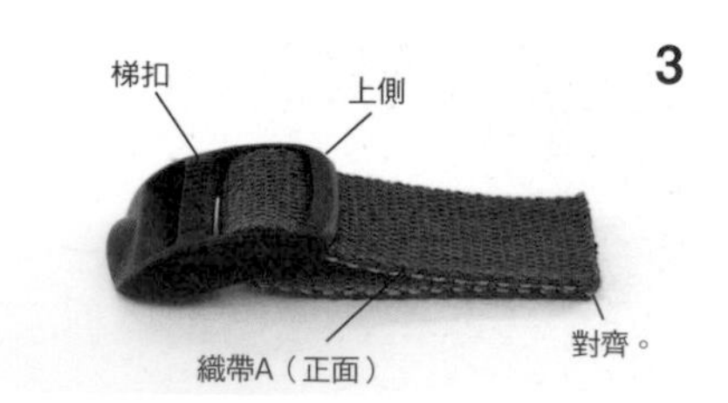
梯扣
上側
織帶A（正面）
對齊。

對齊穿過的織帶A邊端。

4

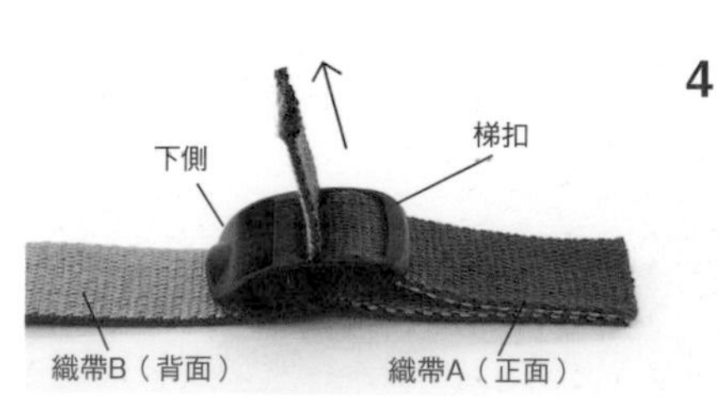
下側
梯扣
織帶B（背面）
織帶A（正面）

將織帶B從梯扣中央穿口的下方穿入。

5

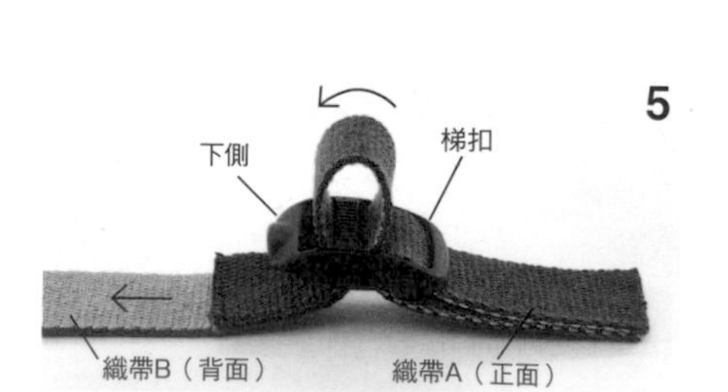
下側
梯扣
織帶B（背面）
織帶A（正面）

再將織帶B從上方穿入下側邊的穿口，拉緊織帶B就完成了！

只攜帶手機、鑰匙及小東西時，
剛剛好的尺寸。

雖然也有手縫式磁釦，
但這次使用插式款，
作出市售包包級別的效果。

NO.39 ITEM｜隨身手機包
作 法｜P.83

在如今日漸少用現金的趨勢下，僅能裝入隨身物品的小斜肩包非常受到歡迎。選用合成皮製作，除了呈現成熟風格，也是能應付各種場合的樣式。掀蓋為了方便開闔，製作成磁釦的設計。

NO.38・39創作者

Kurai Miyoha
@kurai_muki
畢業於文化學園大學。母親為裁縫設計師Kural Mukl，以Kurai Muki工作室員工的身分活動中。

磁釦的安裝方式

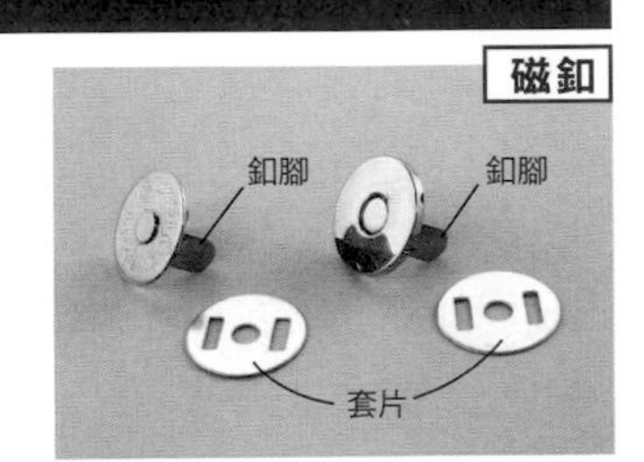

磁釦
釦腳
釦腳
套片

以磁鐵製作的按釦，能輕鬆開闔。

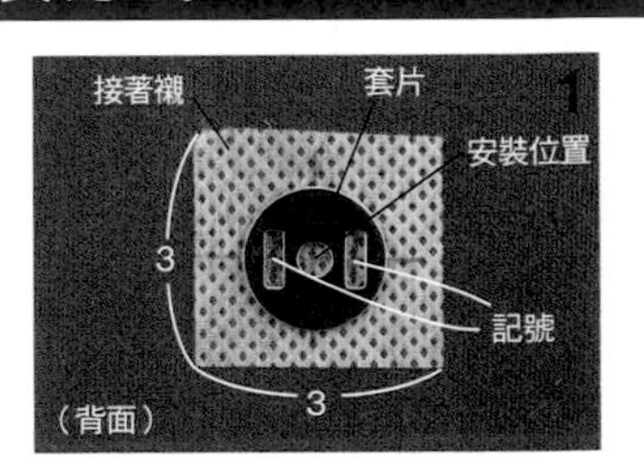

1
接著襯
套片
安裝位置
3
記號
3
（背面）

在安裝位置的背面黏貼接著襯。放上套片後，在左右凹槽作記號。

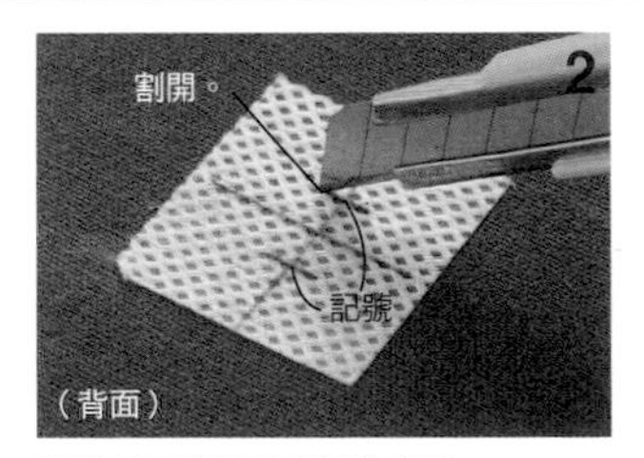

2
割開。
記號
（背面）

以美工刀割開步驟1的畫記。

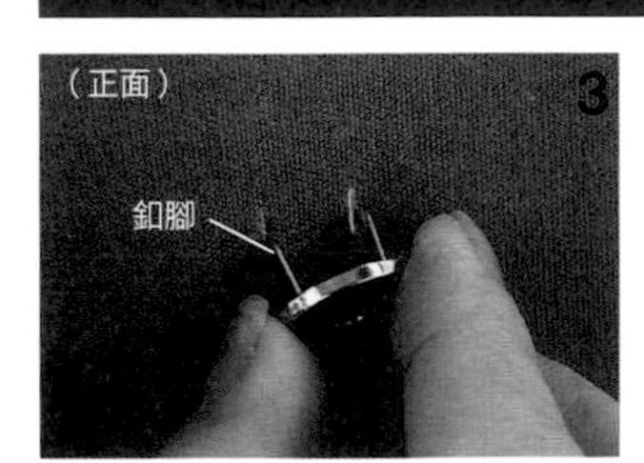

（正面）
3
釦腳

從正面側將磁釦釦腳插入割開的切口中。

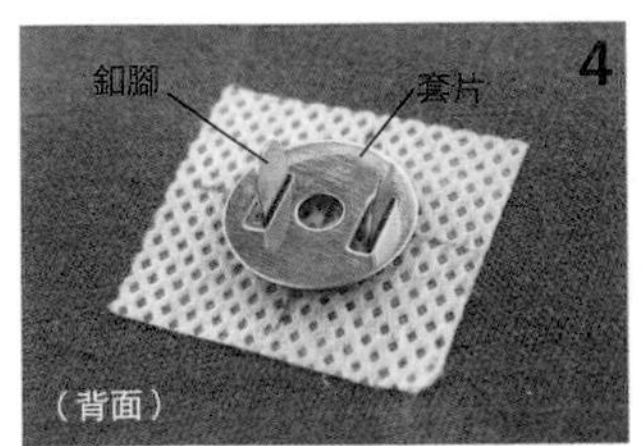

4
釦腳
套片
（背面）

以套片套住磁釦的釦腳。

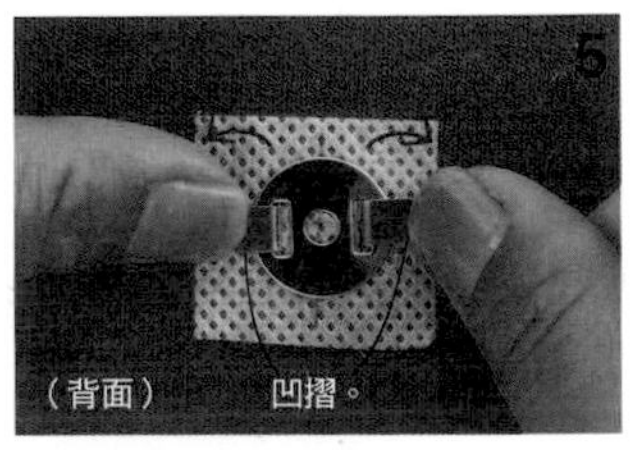

5
（背面）
凹摺。

釦腳往底部左右凹摺。

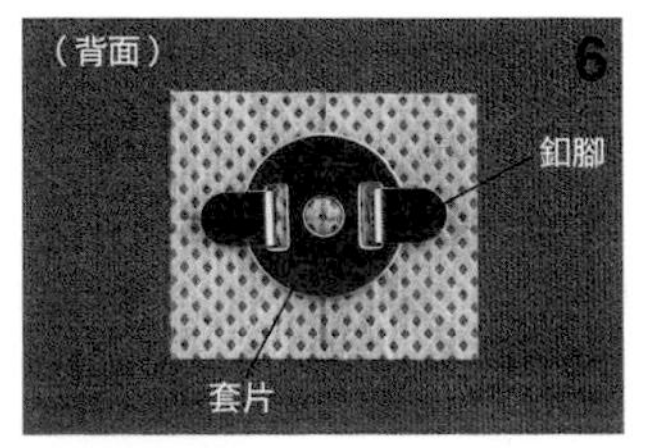

（背面）
6
釦腳
套片

確實凹平釦腳。

（正面）
（正面）
7

另一側也以相同方式安裝。

配合紅色掀蓋，
拉鍊也選擇了紅色。

穿脫便利的塑膠插釦，
織帶的穿法是重點。
參照下方說明來掌握吧！

9cm的寬闊側身，
容量也很驚人。
分隔口袋是方便
收納的關鍵。

NO.**40** ITEM | 斜肩包
作 法 | P.86

設計中性，無論男女老幼皆可使用的斜肩包。除了短程步行外出，也非常適合騎腳踏車時使用。塑膠插釦除了能調整長短，也方便隨意穿脫。

表布＝11號帆布（#2200-19・淺茶色）
配布＝11號帆布（#2200-20・深紅色）
裡布＝綿厚織79號（#1800-16・淺灰色）／富士金梅®（川島商事株式會社）

塑膠插釦的安裝方式

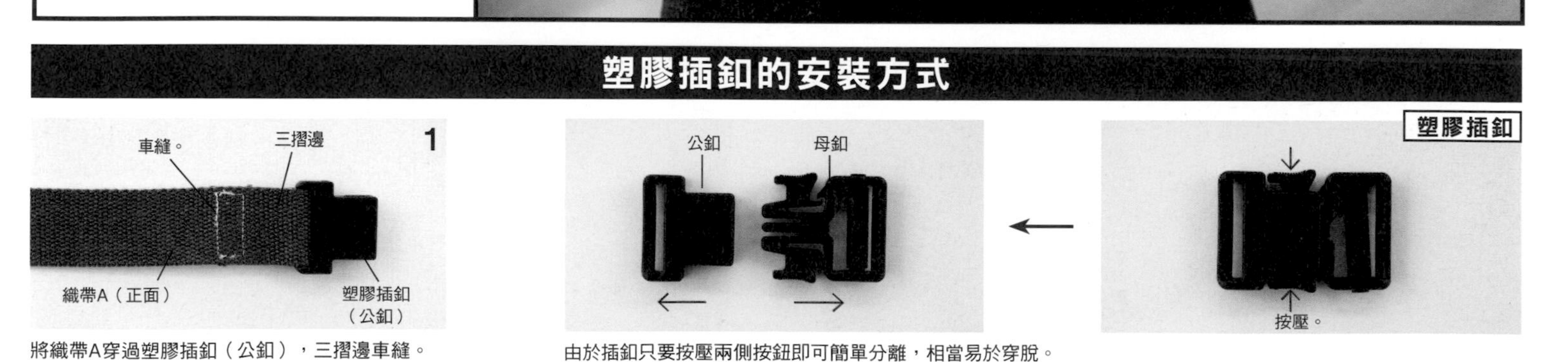

1
車縫。
三摺邊
織帶A（正面）
塑膠插釦
（公釦）
公釦
母釦
塑膠插釦
按壓。

將織帶A穿過塑膠插釦（公釦），三摺邊車縫。

由於插釦只要按壓兩側按鈕即可簡單分離，相當易於穿脫。

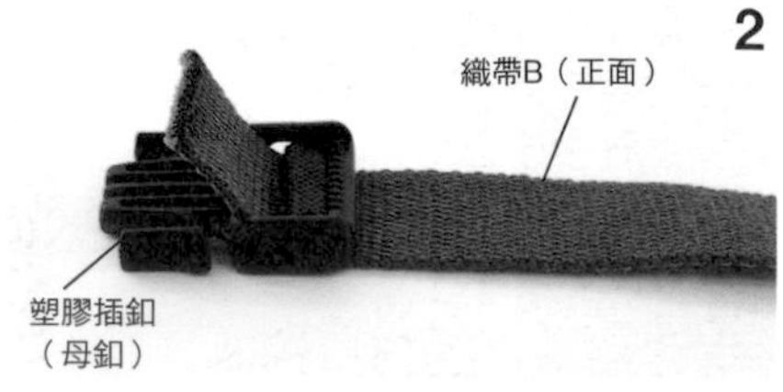

2
織帶B（正面）
塑膠插釦
（母釦）

由下方將織帶B穿入塑膠插釦（母釦）的左側穿口。

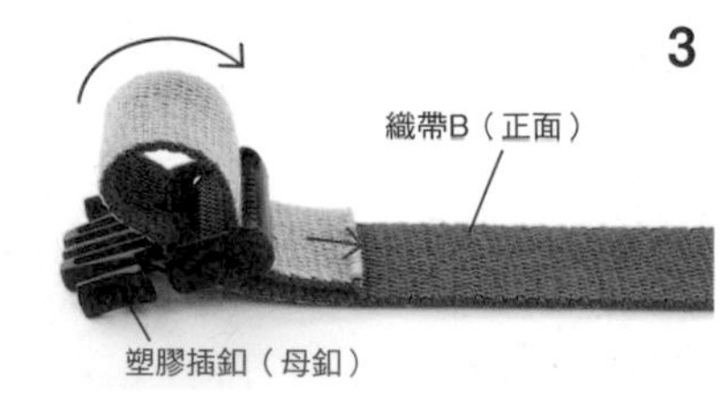

3
織帶B（正面）
塑膠插釦（母釦）

再從上方將織帶B穿入塑膠插釦（母釦）的右側穿口，拉緊織帶。

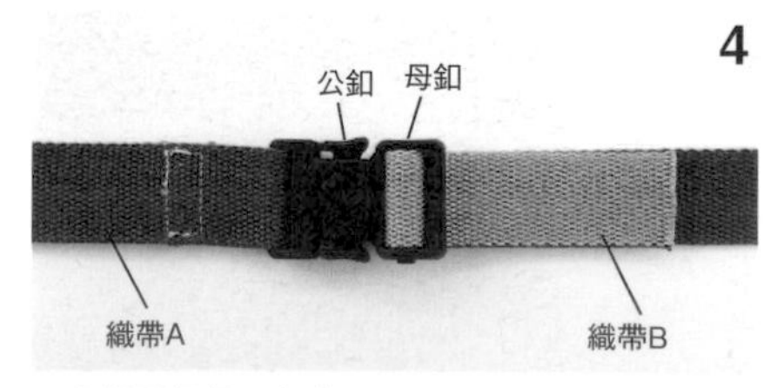

4
公釦
母釦
織帶A
織帶B

扣合塑膠插釦，完成！

以雙向拉鍊開闔本體。

日字環的背帶可配合使用者調整長度，非常方便。

可大幅展開的包體，實用度相當出色。附有內口袋，包內就不怕亂七八糟了！

NO.41 ITEM｜方形後背包
作 法｜P.88

以家用縫紉機也能牢固車縫的11號帆布製作。選用雙色帆布的搭配，演繹出更加休閒的感覺。提把上的固定釦兼具堅固性＆設計亮點。

表布＝11號帆布（#2200-10・灰色）
配布＝11號帆布（#2200-35・可可色）
裡布＝綿厚織79號（#1800-16・淺灰色）／富士金梅®（川島商事株式會社）

No.40・41創作者

富山朋子
@popozakka
文化服裝學院・生涯學習BUNKA 時尚推廣部的布包講座講師。能讓機縫生手也製作出車工美麗的布包，講座大受歡迎。

固定釦的安裝方式

雙面固定釦

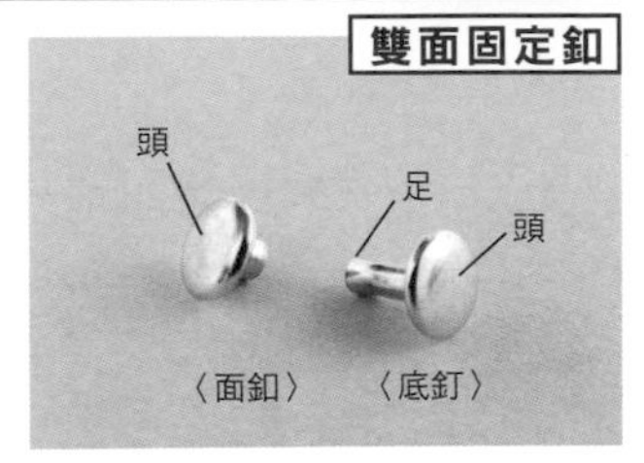
頭
足
頭
〈面釦〉
〈底釘〉

以補強或裝飾為目的的安裝的圓形五金。

工具

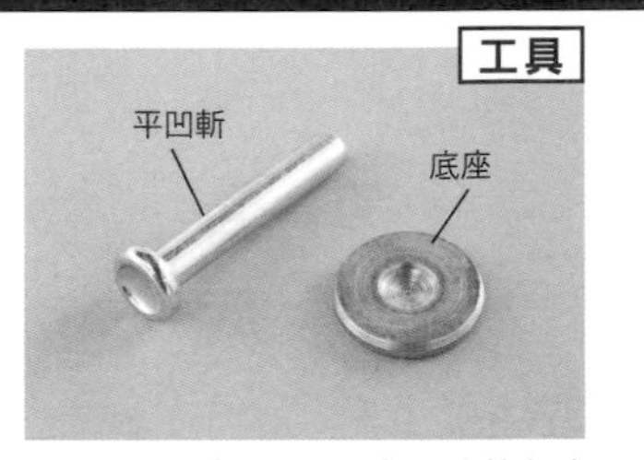
平凹斬
底座

安裝時需要底座＆平凹斬。雖然有時會成組附上，但若沒有就需要另行準備。

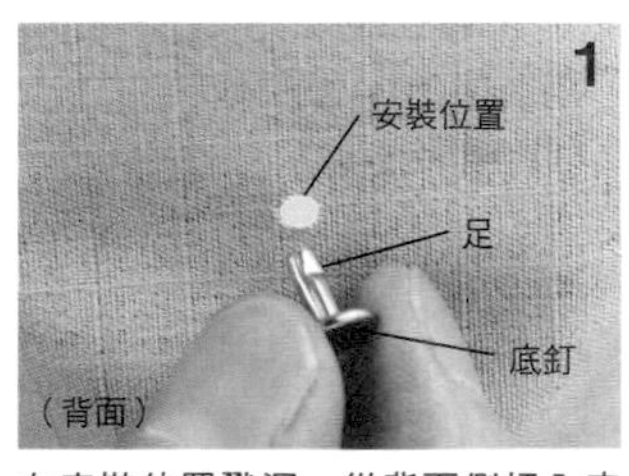
1
安裝位置
足
底釘
（背面）

在安裝位置戳洞，從背面側插入底釘的足部。

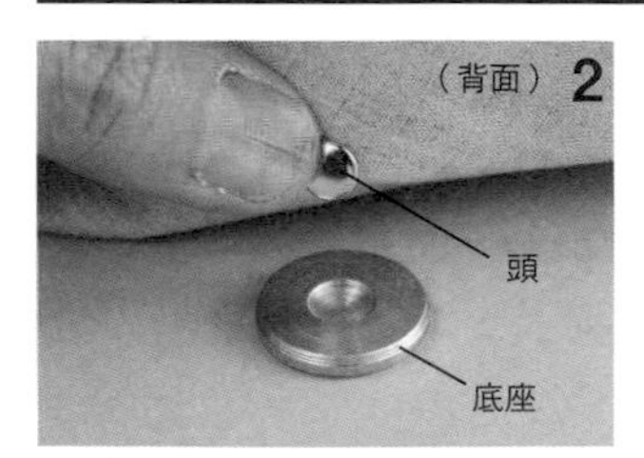
（背面）2
頭
底座

將底釘的頭放在底座的凹處。

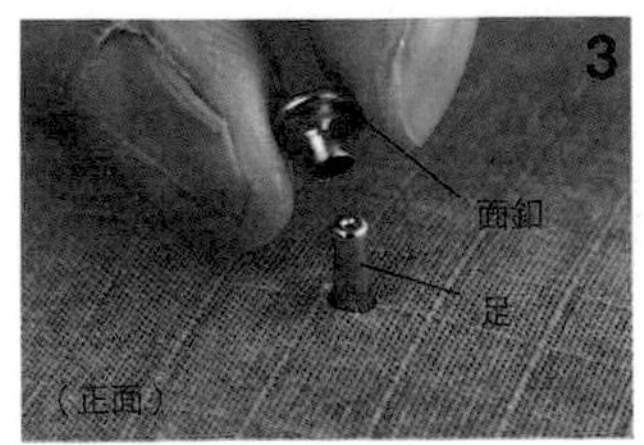
3
面釦
足
（正面）

將面釦蓋在足上。

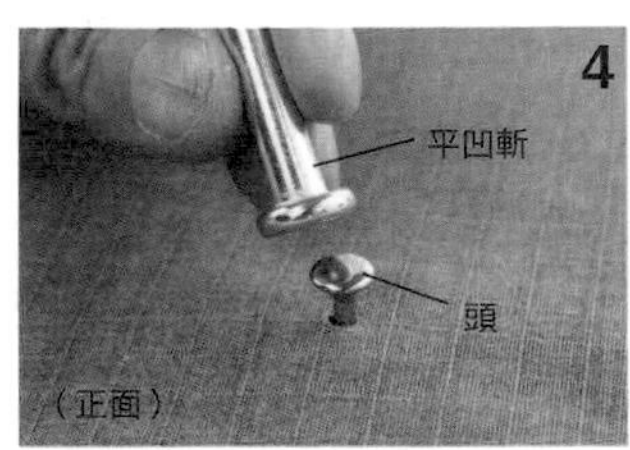
4
平凹斬
頭
（正面）

將平凹斬的凹處對準頭。

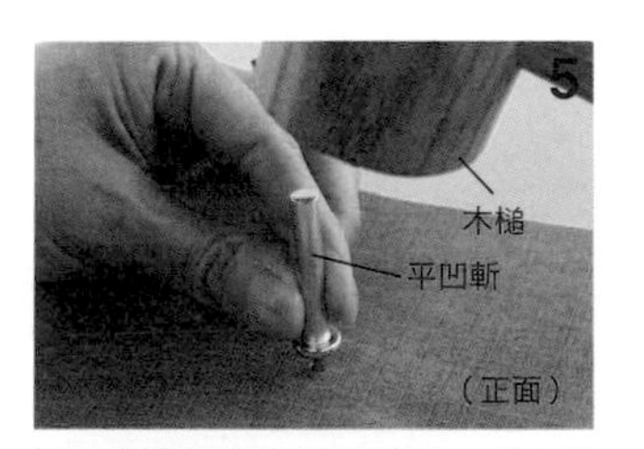
5
木槌
平凹斬
（正面）

垂直拿著平凹斬並避免移動，以木槌敲打，直到足部凹下＆固定釦不會移動為止。

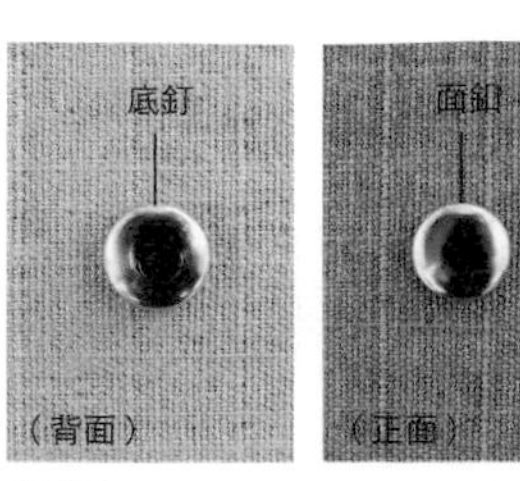
底釘
面釦
6
（背面）
（正面）

完成！

直到完成為止！

もう一枚の本体も脇マチと中表に合わせて
同様にミシンで縫う

有清楚易懂的影片示範

鎌倉SWANY製作簡易的時尚秋色包

鎌倉SWANY的秋色進口布料上新囉！
何不以優質的進口布製作能提昇秋季時尚度的好作布包呢？

NO.42 ITEM | 掀蓋飾片方形包
作法 | P.91

突顯出秋季時尚效果的布包，不容忽視的大掀蓋是裝飾重點。圓潤的形狀是以四片表布接縫造型而成，容量也非常令人滿意。

作法影片看這裡！

https://youtu.be/PW4N4r1IzHc

攝影＝回里純子　造型＝西森 萌　妝髮＝タニジュンコ　模特兒＝横田美憧

作法影片
看這裡！

https://youtu.be/8pOmsCKtvsc

NO.43

ITEM｜兩摺方包
作 法｜P.92

能完整收納A4尺寸的方包。開口分成兩層，可俐落收納攜帶物，取放方便的優點也大受好評。

NO.44

ITEM｜時尚彈片口金波奇包
作 法｜P.93

縫法非常簡單的彈片口金樣式。藉由突顯進口布料的主布花色，散發出時尚感。側身寬達5.5cm，兼具穩定性＆大容量。

作法影片
看這裡！

https://youtu.be/QkiTVJ84isk

作法影片
看這裡！

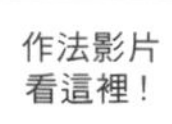

https://youtu.be/
x2Zfnr4oCNY

NO.45

ITEM｜單側口袋橫長托特包

作 法｜P.94

以手繪石榴果實的進口布料製作外口袋的寬版托特包。並選用手縫式的真皮提把，增添成品的高級感。

NO.**46**

ITEM｜鋁管口金豆豆包
作 法｜P.95

包口穿入鋁管口金，可愛豆形的肩背包。不但縫製輕鬆，開闔也很順暢。包體完成後，直接扣上市售的背帶就完成了！

作法影片
看這裡！

https://youtu.be/meKF2HTQoeE

Shinnie

在等待放晴的日子裡，
手作永遠都是
能夠帶來陽光的力量，
將喜歡的小事，
貼縫成幸福的模樣，
與Shinnie一起保持開心，
來玩貼布縫吧！

Shinnieの貼布縫圖案集
我喜歡的幸福小事記
Shinnie's Happiness Notes

+

Shinnieの貼布縫圖案集
圖案附錄別冊

雅書堂・Shinnie貼布屋 1
Shinnie的貼布縫圖案集：我喜歡的幸福小事記(內含全彩本＋圖案附錄別冊)
作者：Shinnie　定價：520元　20×20 cm・168頁

Shinnie Love
手作生活布調

雅書堂・拼布garden9
Shinnie的Love手作生活布調：27款可愛感滿點的貼布縫小物collection
作者：Shinnie
定價：480元
26×21 cm・120頁

雅書堂・拼布garden15
Shinnie的拼布禮物：40件為你訂製的安心手作
作者：Shinnie
定價：520元
26×21cm・120頁

Shinnieの貼布縫童話日常

雅書堂・拼布garden11
拼布友約！Shinnie的貼布縫童話日常
作者：Shinnie
定價：580元
26×21 cm・120頁

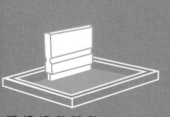

本圖摘自《Shinnie的貼布縫圖案集：我喜歡的幸福小事記》

與斉藤謠子老師，一起享受小物樂趣
來作掌心上的拼布吧！

日本拼布名師——
斉藤謠子以「掌心裡可愛小巧的手作小物，
我的私藏拼布寶貝」為創作出發點，
於書中收錄了25件設計感滿滿、
又各具造型精彩絕倫的拼布作品。
手掌大的波奇包、實用的收納盒、
小包、動物造型偶、別針等等，
將拼接的小布片轉化成實用的生活布作，
握在手心的可愛，
布置於居家或隨身攜帶使用，
皆是專屬拼布人增添生活的實踐藝術。
本書收錄作品附有詳細圖解作法、
基本拼接技巧教學，內附紙型＆圖案，
適合各程度的手作人，
拿出布櫃裡收集的小小布片，
它們一定也能變身成新的手作珍寶喔！

斉藤謠子の
掌心拼布

斉藤謠子的掌心拼布
小巧可愛！造型布小物&實用小包
斉藤謠子◎著
平裝 96 頁／ 19cm×26cm ／彩色 + 單色
定價 580 元
內附紙型

BAG with my favorite STORY

赤峰清香的布包物語

以閱讀及欣賞電影作為興趣，並用來轉換心情的布包作家赤峰清香老師，將在每一期伴隨親筆寫下的感想文，向大家介紹想要推薦的書籍或電影，並製作取其內容為創作意向的設計包款。請和介紹的書籍一同享受企劃主題「布包物語」。

攝影＝回里純子　造型＝西森 萌

50 AIGUILLES
A REPRISER

掀蓋內側也有口袋。
容量比外表看起來更大，也是其特點。

NO.47

ITEM｜裁縫手提包
作 法｜P.96

外型本身就很有魅力，能讓人見之就心生喜愛的橢圓底手提箱包。由赤峰小姐所設計，以面料柔韌的格紋圖案上棉8號帆布製作。拉開兼具輕盈與高級感的金屬調雙向樹脂拉鍊後，內裡還有專用的收納布盒，方便分類零散物品。

表布＝上棉8號帆布（灰格）／倉敷帆布株式会社
裡布＝棉厚織79號（#3300-9・silver grey）／富士金梅®（川島商事株式会社）
拉鍊＝金屬調樹脂拉鍊 雙向60cm（26-418・米色）／Clover株式會社

在後側配置背布，
製作成俐落的樣式。

《奇跡のミシン天国の声、届けます》
清水有生◎著 双葉社
※暫譯：來自奇蹟縫紉機的天國之聲。

奇跡のミシン
天国の声、届けます
清水有生

秋日的長夜，是正好適合手作及閱讀的時光。在此時節，要推薦的是被標題與封面吸引而購入的一本書。由於本人從事的是傳遞服飾小物設計及縫紉樂趣的工作，既然看了到這本書，怎麼可能放過它呢？甚至連封底也有包包的插圖喔！

「如果能實現願望，真想見母親一面，親口謝謝媽媽給我的手作禮物。對不起，沒能好好的道謝……」

這是我在這本書中最有感觸的一篇章節，甚至到了不自覺眼眶泛紅的程度。因為我和主角みどり有著完全相同的心情。

我母親的工作是在家接單製作或修改服裝，記憶中甚至還有老舊大衣的改造。母親在我讀中學時曾幫我製作了水手服，但當時的我卻覺得「想和大家一樣」使得心情很複雜，但實質上無論是材質還是緞帶都比成衣來得更有質感。現在回想起來，我對於母親的關愛只感到高興，只想說：媽媽，謝謝妳為我親手縫製的許多手作衣物與關愛。

……關於母親的回憶不小心說得太多了，回歸正題聊聊《奇跡のミシン》的題材：遺物改造吧！承接了父親未完成的遺物改造委託後，みどり只要開始車縫遺物，就能夠從縫紉機聽到物品主人的聲音並且進行對話。這是透過改造的遺物將往生者與遺族的心連接在一起的溫暖故事。如果我車縫母親的遺物，不知是否也能聽到母親的聲音呢？若是能夠跟她說話，可以說聲「謝謝」就好了……雖然過去多次的經驗都沒有結果，但我下次仍想再來試試看！

話說回來，從這本書聯想到的是裁縫手提包。以能完整收納裁縫必需品，輕鬆攜帶的尺寸為構想，且具有不軟塌可自立的高實用性。若說請務必擺放一個在縫紉機旁，你覺得如何呢？

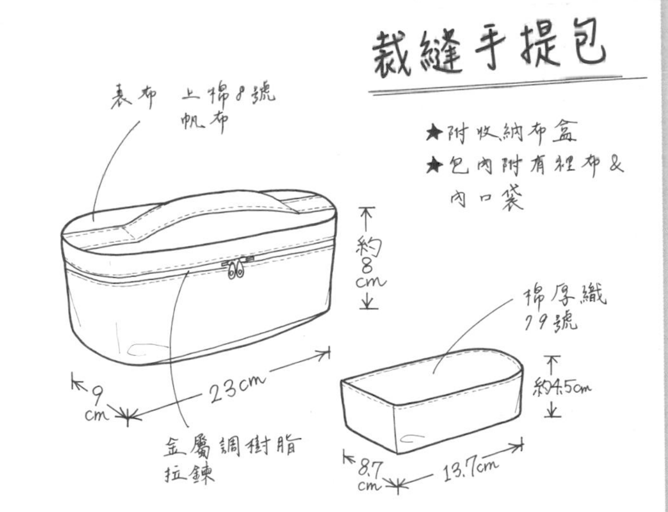

裁縫手提包
表布 上棉8號帆布
★附收納布盒
★包內附有裡布&內口袋
約8cm
棉厚織79號
約4.5cm
9cm
23cm
金屬調樹脂拉鍊
8.7cm
13.7cm

profile **赤峰清香**

文化女子大學服裝學科畢業。於VOGUE學園東京、橫濱校以講師的身分活動。近期著作《仕立て方が身に付く手作りバッグ練習帖（暫譯：學會縫法 手作包練習帖）》Boutique社出版，內附能直接剪下使用的原寸紙型，因豐富的步驟圖解讓人容易理解而大受好評。

http://www.akamine-sayaka.com/

@sayakaakaminestyle

攝影＝腰塚良彥　藤田律子

皮革
×
厚布！

輕鬆車縫 筆挺有型的 可愛布包

以外觀宛如市售品的時尚設計，還有簡單易懂的解說廣受歡迎的布包講師・冨山朋子，結合皮革＆厚布製作了最適合接下來季節的布包。

NO.48 ITEM｜單柄包
作 法｜P.98

可愛又時尚、帶有森林動物剪影的表布，是冨山朋子利用能於布料上列印的「熱轉印機」為這次布包所設計的。包底與提把等位置，則簡單地加上真皮作點綴。

表布A＝ester 11號帆布（聚酯纖維100%）／株式會社baby lock
表布B＝亞麻棉布 by LIBECO（Naturals no.40）／COLONIAL CHECK
裡布＝棉厚織79號（#3300-3・原色）／富士金梅®（川島商事株式会社） 接著襯＝厚不織布接着襯／日本vilene株式會社

a.小巧卻帶有側身，因此容量比看起來還大。 b.背面側作有拉鍊口袋。 c.背面側的表布，使用的是以高級家飾素材聞名的比利時LIBECO牌進口人字紋布料。 d.袋口的磁釦，是可隨手開闔的便利設計。 e.與包體表布相同，以森林好朋友為圖案的姓名木頭吊飾，也是冨山小姐的設計作品。

手縫個性設計包，零碼布就很好用！
從挑選零碼布，思考怎麼配色、配花樣，就足夠讓人樂在其中！
每一次的隨手組合搭配，都可能創造出超乎預期，美麗又時尚的作品。
手提袋＆收納包，更都是每天會用到的生活布物，
能夠自製每日攜帶的隨身物件，應該也是手作的魅力吧！
請你務必親身體驗活用零碼布，享受自由多變的手作之樂！
零碼布
布包
零碼布變布包
大膽組合×趣味玩色更有設計感！
BOUTIQUE-SHA◎授權
平裝／96頁／21×26cm
彩色／定價380元

以Clover摺花型板

製作秋季感花卉小物

試著利用Clover摺花型板挑戰手工摺花飾品如何呢？
材料不需拘泥於縮緬布，使用手邊現有的零碼布也能作出可愛的作品。

攝影＝腰塚良彥

最適合修剪曲線！

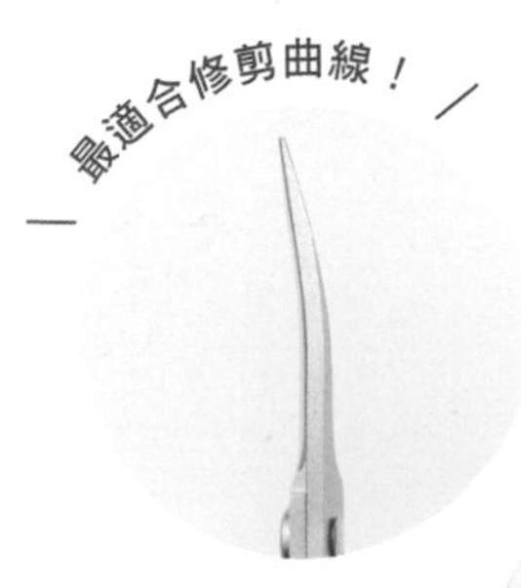

曲線剪刀〈140〉
（36-616）

使用Clover摺花型板＆曲線剪刀，製作手工摺花！

在此選用的布材是LIBERTY FABRICS的TANA LAWN。依布材的柔軟度及柔韌度，配合<圓形摺花><劍形花瓣><菱形花瓣>三種型版的感覺作選擇。全部的裁片都是以Clover的曲線剪刀裁剪，剪曲線自然是不用說，當需要修剪超出型版的布邊＆沿著型版修剪時，剪刀不會剪到型版，非常順手好用呢！

布小物作家・本橋よしえさん
@ yoshiemontan

菱形花瓣

摺花型板
菱形花瓣SS
（57-459）

摺花型板
菱形花瓣S
（57-455）

劍形花瓣

摺花型板
劍形花瓣SS
（57-458）

圓形花瓣

摺花型板
圓形花瓣SS
（57-460）

圓形花瓣的作法

※P.44作品使用SS型版，但為了方便示範解說，在此使用尺寸較大的S。

準備材料

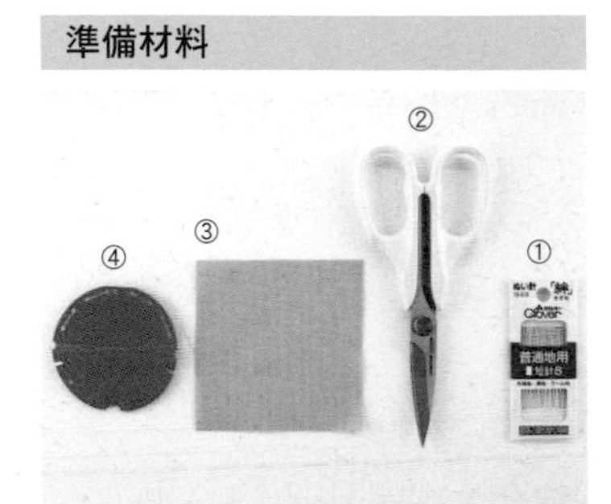

①
②
③
④

①手縫針「絆」一般布用（18-018）②曲線剪刀<140> ③布料 邊長8cm正方形×5片④圓形花瓣摺花型板S
其他 依喜好準備花芯用的鐵絲花蕊或珠子 適量

1

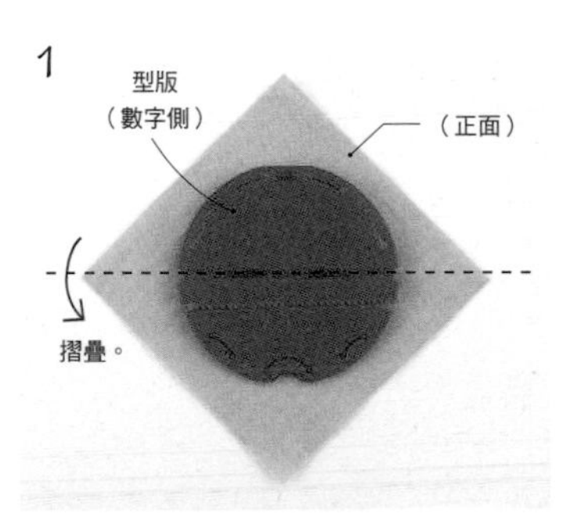

型版
（數字側）
（正面）
摺疊。

將型版（有數字的一側朝外）重疊於布料上，對摺。

2

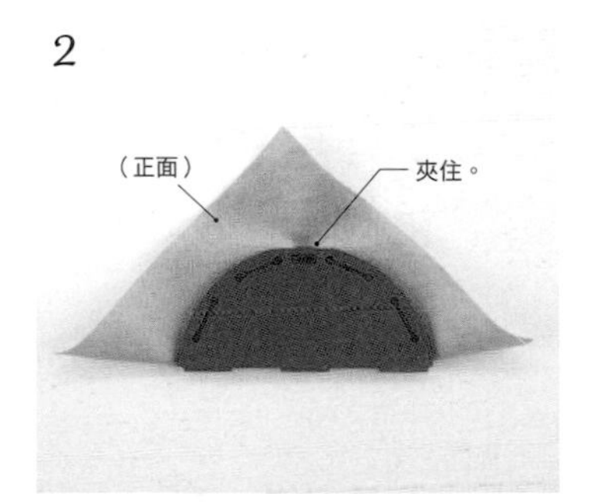

（正面）
夾住。

以型版邊端的凸起處夾住布料，進行固定。

3

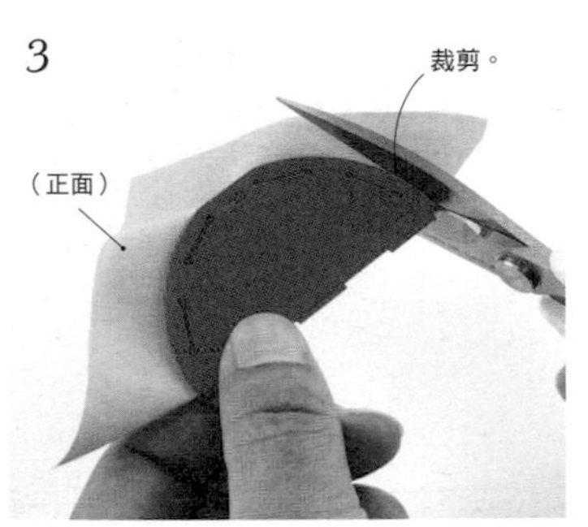

裁剪。
（正面）

沿著型版裁剪布料（無需縫份）。

4

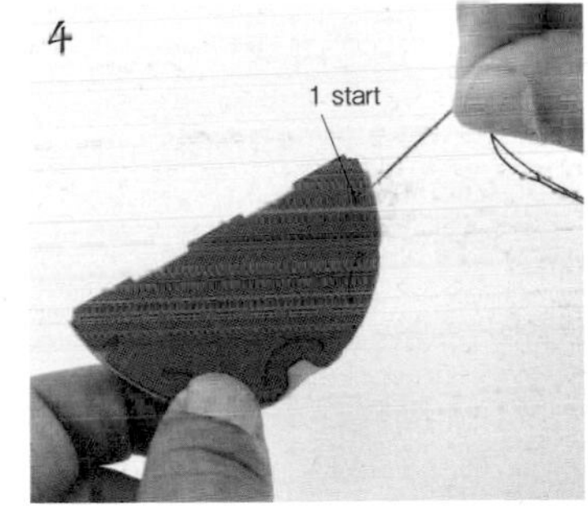

1 start

依型版上的數字順序，將縫線穿入洞中。先將型版翻至背面，在【1 start】位置的洞入針（線長／60cm）。

5

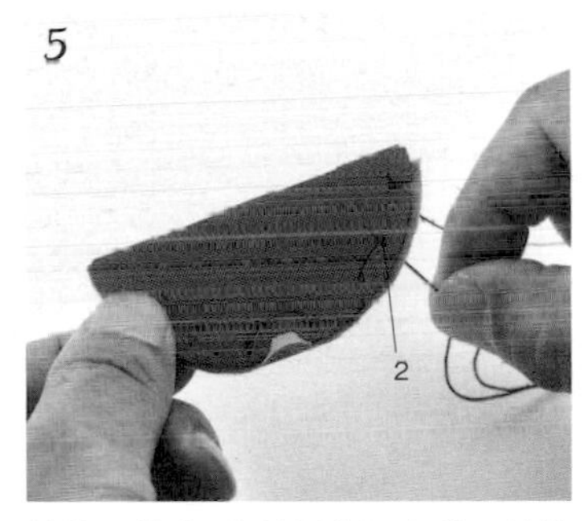

2

接著，從【2】位置的洞出針，並拉線避免縫線鬆弛。

6

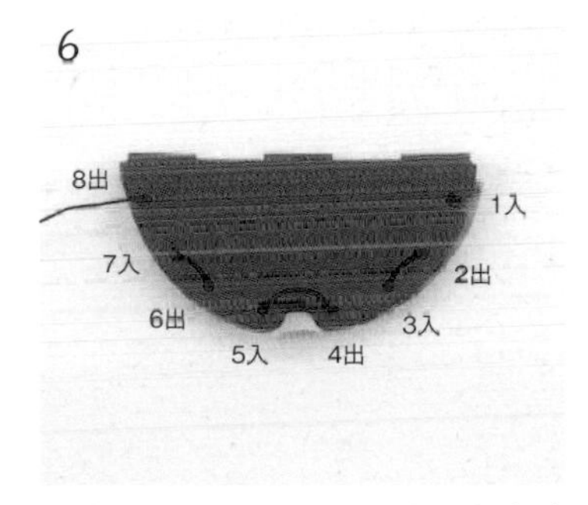

8出
1入
7入
2出
6出
3入
5入
4出

以步驟4、5相同方式，依順序穿線入洞。不剪斷線，暫時與縫針相連。

7

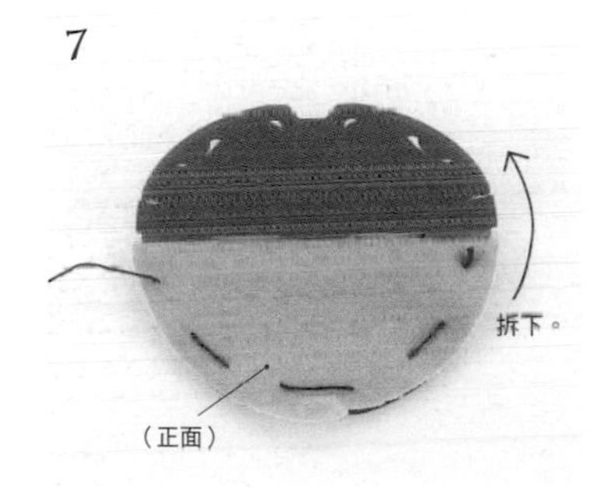

拆下。
（正面）

拆下型版。

8

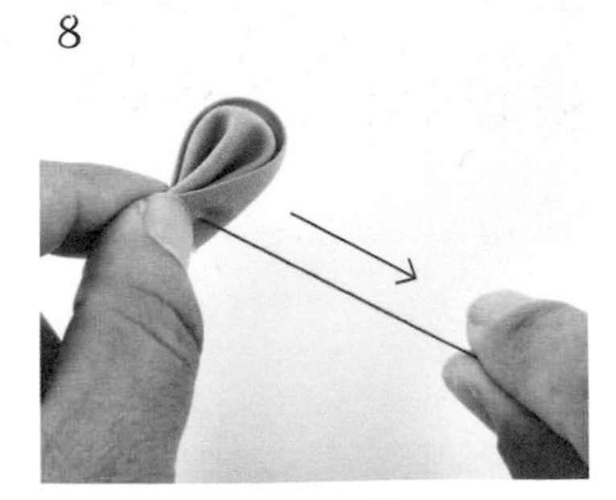

拉緊縫線，調整花瓣形狀。

9

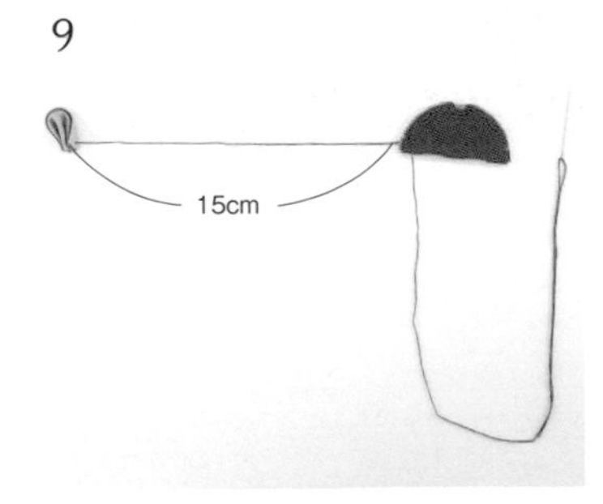

15cm

以同一條縫線重複步驟1至8，製作5片花瓣。完成的花瓣＆型版要間隔15cm以上距離，避免縫線打結。

10

將針穿入起始花瓣的根部，拉緊縫線打結。調整花朵形狀。

11

鐵絲花蕊或珠子

在中央裝飾上喜好數量的鐵絲花蕊或珠子，完成！

商品資訊　Clover株式會社　https://clover.co.jp

攝影＝回里純子　造型＝西森 萌

No.49至51創作者

福田とし子
@beadsx2

從萬聖節到秋日味覺

以手作享受季節的飾品小物

利用手作飾品進行居家佈置，
換上秋日擺設如何呢？

以裱框的金屬壓片偽裝成門扉的蝴蝶鉸鍊。

No.49 ITEM｜鬼屋茶壺保溫套
作 法｜P.90

在萬聖節的午茶時光，無論實際使用或單純作為擺設一定都很引人注目的鬼屋造型茶壺保溫套。是以厚度約3㎜的不織布組合而成。

耳朵後方是拉鍊式的包口。

No.50 ITEM｜黑貓波奇包
作 法｜P.100

以漆皮布製作貓咪，打造展現時尚度的黑貓波奇包。是裝入化妝品或鑰匙都非常適合的好用大小。

從底部看，是以圓底為中心擴散拼接16片本體裁片，形成花朵般的設計。

No.51 ITEM｜南瓜束口包
作 法｜P.104

圓滾滾的袋型特別可愛！透過素色×花樣的布料組合，呈現南瓜的凹凸立體感。

No.49
HOUSE
9
C
No.51
No.50

No.52創作者

本橋よしえ

@yoshiemontan

No.52

ITEM｜南瓜針插
M・S

作 法｜P.101

使用喜歡的Liberty布料，以色彩適合的零碼布製作南瓜針插。除了縫紉工作檯上，即使擺放在室內一隅，可愛的樣子也很顯眼。

No.53

ITEM｜秋刀魚波奇包

作 法｜P.65

說到秋天的滋味就想到「秋刀魚」。以當季魚類為造型主題的波奇包，是將條紋圖案的布料使用在本體腹部，呈現出細長流線感的秋刀魚體型。

No.53創作者

細尾典子

@norico.107

La CROIX-ROUGE signifie

54創作者

新家幸枝

NO.54

ITEM｜辣椒掛飾
作 法｜P.101

因傳說辣椒具有除魔消災的力量，所以參考了農家在屋簷下以稻草吊掛辣椒保存的景象，製作成可裝飾在玄關或窗邊的飾品。

55創作者

本橋よしえ
@yoshiemontan

NO.55

ITEM｜秋日風物掛飾
作 法｜P.102

使用手上各種色彩的零碼布，將秋天的味覺圖像化並作成掛飾。光是裝飾在屋內，就能為空間帶來秋日感。

葡萄　栗子　銀杏
柿子　樹葉　橡實
紅葉　花楸

Jeu de Fils

小小手帕刺繡

自製想珍惜愛藏之一物

刺繡家Jeu de Fils 高橋亜紀的連載。
每季將會介紹一條繡了
季節植物、英文字母，以及加上緣飾的手帕。

NO.56 ITEM | 麥穗＆瞿麥花手帕
作 法 | P.52

以捲線繡表現麥穗的豐盈感，再組合緞面繡＆回針繡等技法描繪瞿麥花的嬌嫩。最後以原色的細口手縫線繡上格子作為點綴。

手帕用布＝義式亞麻布
〔繡線〕麥穗＆瞿麥花＝DMC 25號（#3750）
捲邊繡＆裝飾斜線＝Daruma 家庭線 細口（18・原色）

profile Jeu de Fils・高橋亜紀

http://www.jeudefils.com/

刺繡作家。經營「Jeu de Fils」工作室。居住在法國期間學習正統的刺繡，並於當地的刺繡社團展開活動。返回日本後成立工作室。目前除了在工作室與文化中心舉辦講座，也於雜誌與web上發表作品。

攝影＝回里純子（P.51）・腰塚良彥（P.52・53） 造型＝西森 萌

刺繡的基礎筆記

用於捲邊縫

【十字繡針】

count stitch（數布目進行的刺繡）用針。直向針眼易於粗線穿入，圓針頭易於繡布料摺線。數字越大，針愈細＆愈短。

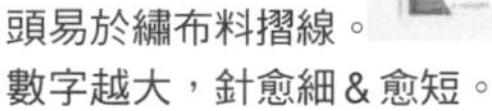

【木棉手縫線 細口】

由於線條捻合緊密，針目能呈現出高度，製作出立體的效果。

工具・材料

【法國刺繡針7號】

針眼易於通過複數繡線的尖銳繡針。本次使用1至2股線專用的7號細針。

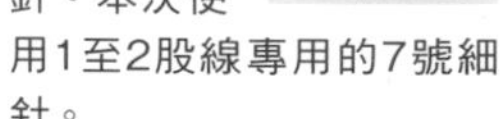

【25號繡線】

由6股細線捻合成1股刺繡線，抽出需要的數量使用。

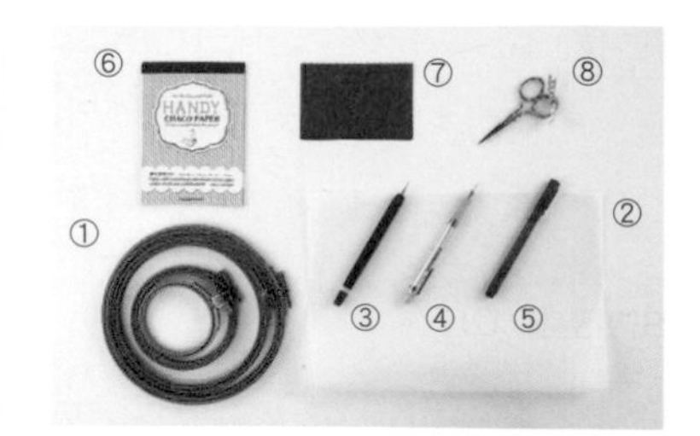

①繡框 ②描圖紙 ③鐵筆 ④自動筆 ⑤簽字筆 ⑥布用複寫紙 ⑦複寫紙 ⑧剪刀

刺繡針法

捲線繡

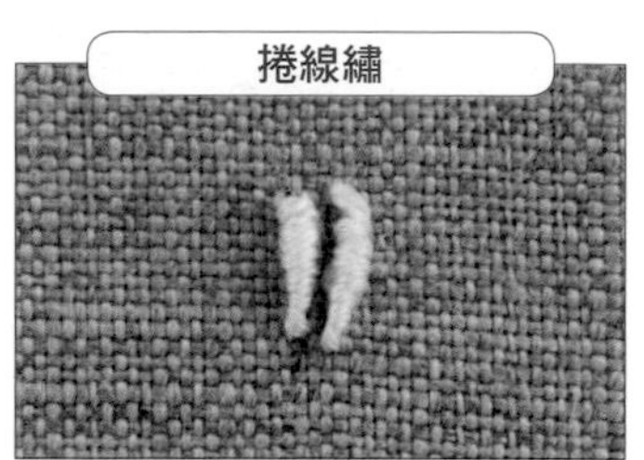

是一種將線纏繞在針上的繡法，此次運用在麥穗的表現。

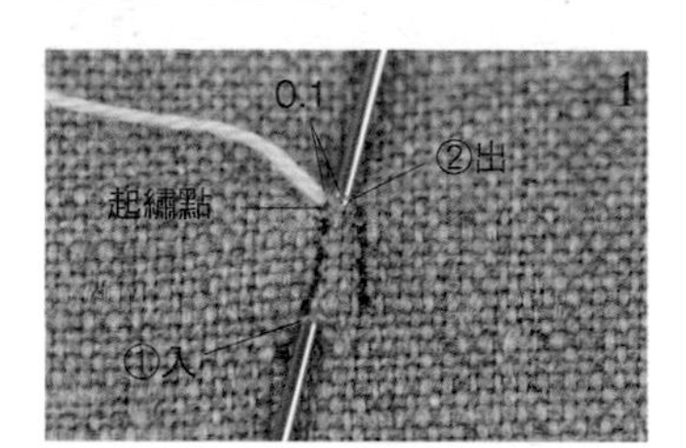
1
0.1
②出
起繡點
①入

從起繡點出針。依圖案繡1針之後，不拔針、直接往起繡點邊緣出針。（①入、②出）

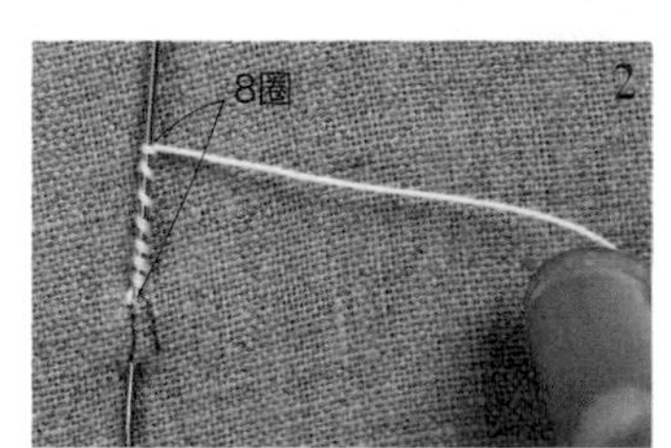
2
8圈

繡線在針上纏繞8圈。

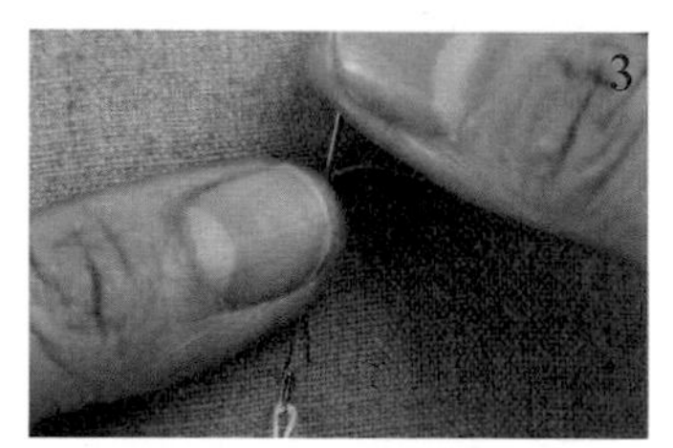
3

以拇指輕輕按住，防止繞線鬆脫。接著拔針。

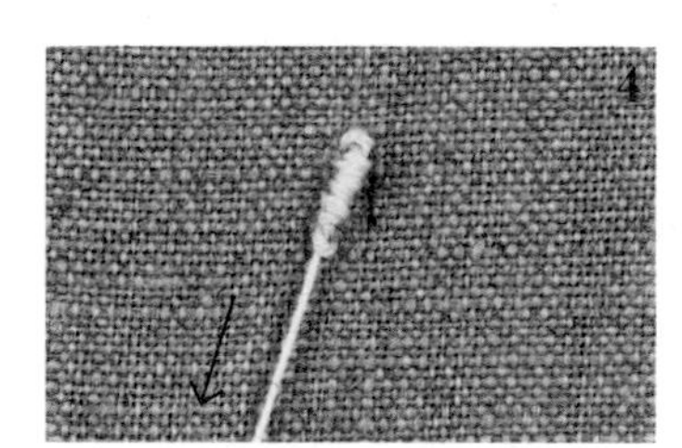
4

依圖案方向將線往下拉。

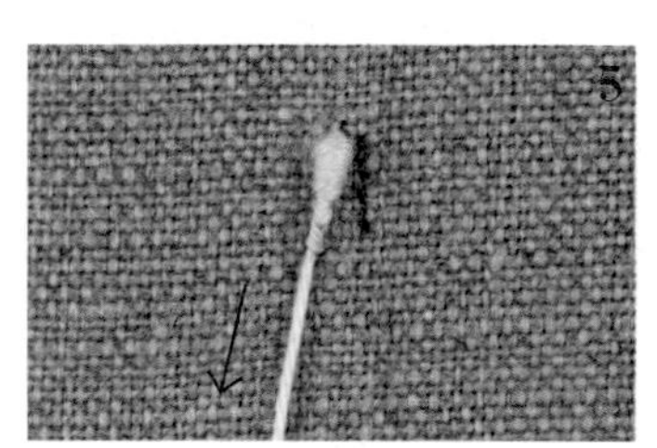
5

更進一步拉緊線，調整形狀。

在完繡處從正面朝背面刺入繡針。

完成

P.51_ No.56 手帕的作法

材料：表布（亞麻布）30cm×30cm　木棉手縫線細口（原色）　25號繡線（深藍色）

1. 本體的準備

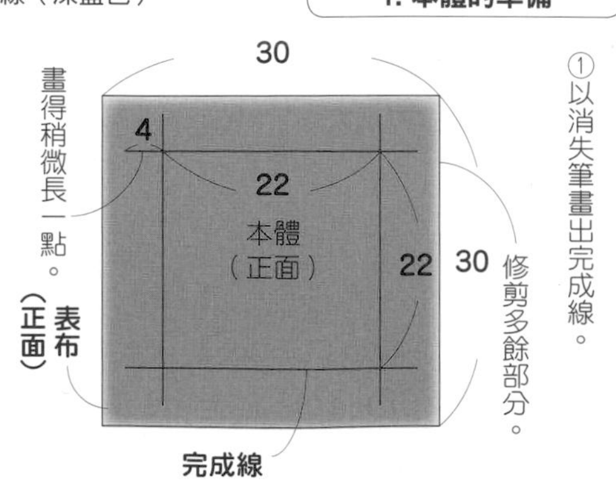
30
4
22
本體
（正面）
22
30
畫得稍微長一點。
表布
（正面）
完成線
①以消失筆畫出完成線。
修剪多餘部分。

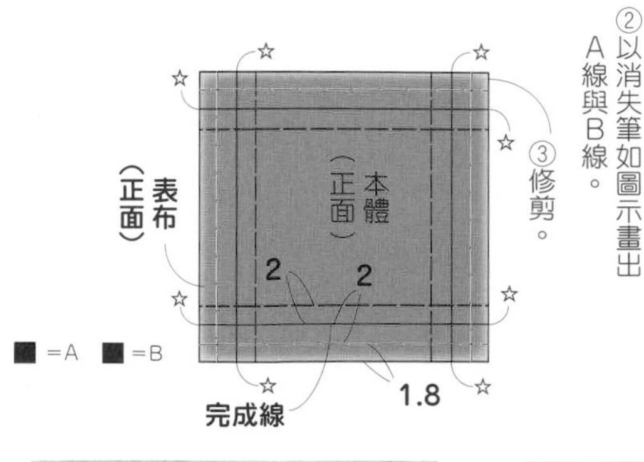
②以消失筆如圖示畫出A線與B線。
③修剪。
本體
（正面）
表布
（正面）
2
2
1.8
完成線
=A
=B

2. 抽織線

（正面）1

抽出步驟1.畫的A線。利用針挑起織線。

（正面）2

將挑起的織線從中間剪斷。

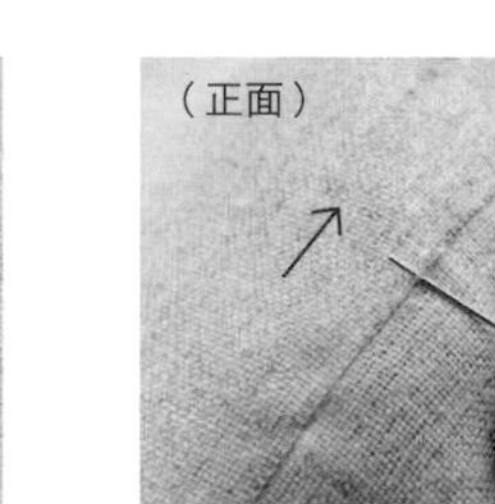

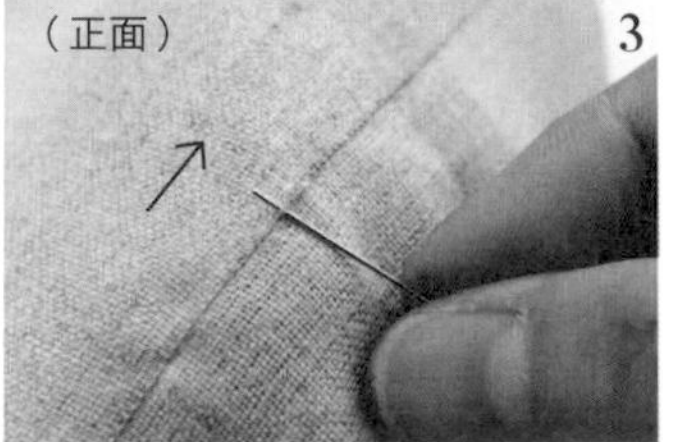
（正面）
3

以針尖慢慢拉出織線後抽出。

（正面）4　線頭　線頭　抽出。

抽出1至2cm的線。

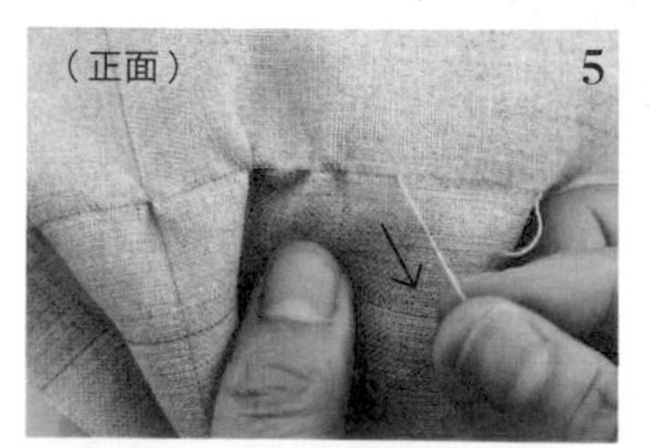
（正面）
5

每次抓住一邊的線頭抽拉，將織線抽至末端。

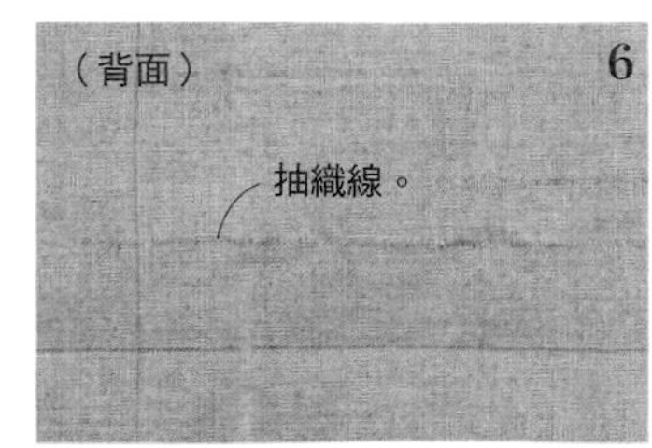

（背面）
6
抽織線。

在抽織線處的內側再抽2股，共抽3股織線。其他邊的A線也以相同方式抽出3股。

3. 摺疊角落

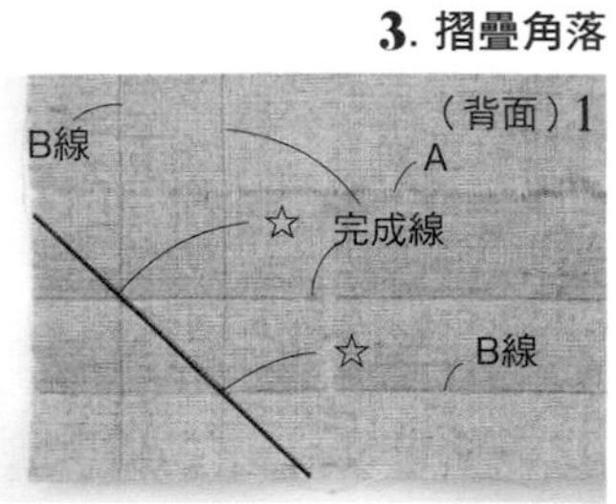

（背面）1
B線
A
☆ 完成線
☆
B線

參照1的圖示將兩個☆連線畫出斜線。

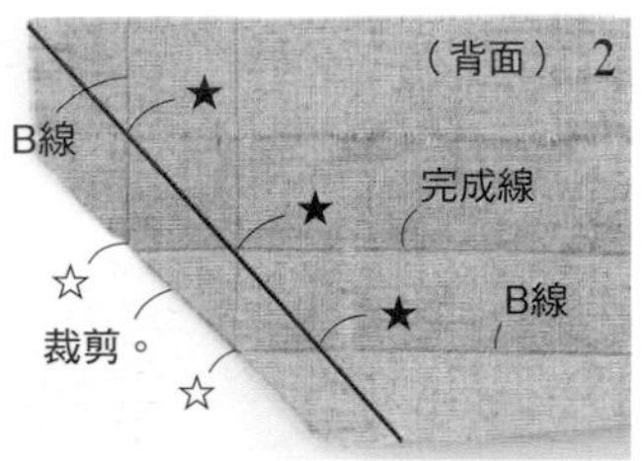

（背面）2
B線
★
★
完成線
★
B線
☆
裁剪。
☆

裁剪步驟1的線，連接★畫線。

（背面） 3
②
完成線
B線
①
②
摺疊。
B線

依★的連接線摺疊（①），再沿B線摺疊（②）。

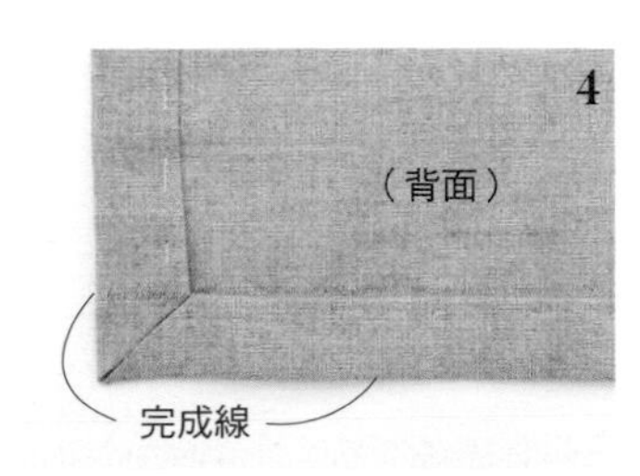

4
（背面）
完成線

依完成線摺疊，使角落形成斜接。

4.進行捲邊縫

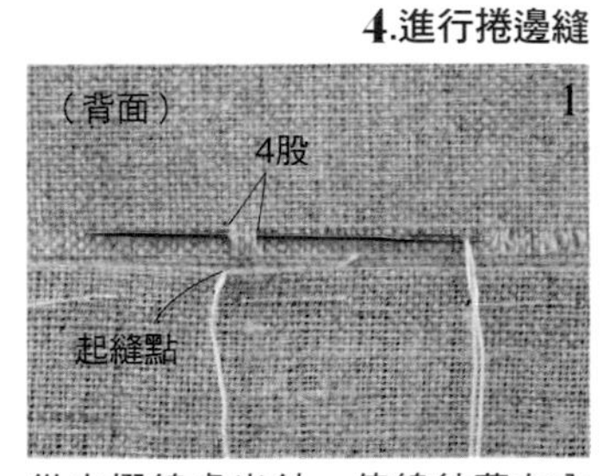

（背面）
1
4股
起縫點

從山摺線處出針，使線結藏在內側，從右到左挑縫4股起縫點右側的織線。

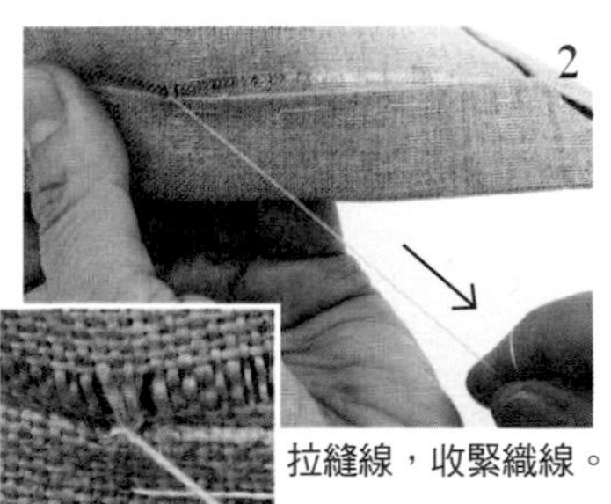

2

拉縫線，收緊織線。

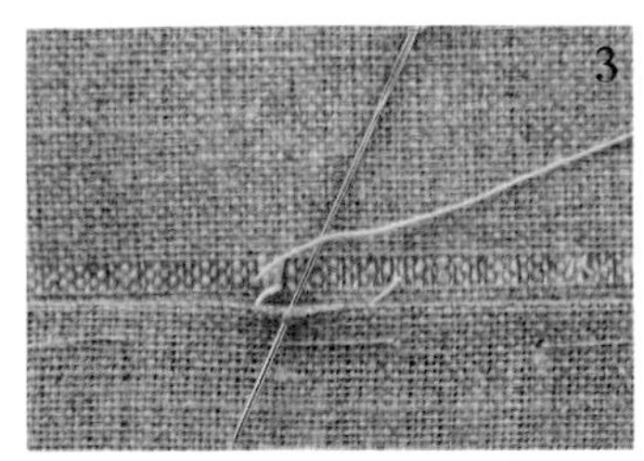

3

挑縫右側近身處的山摺線。

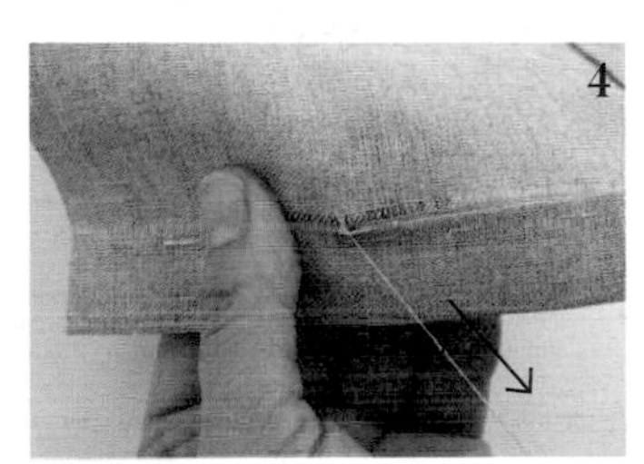

4

拉緊縫線。
重複步驟1至4。

5
數股數

當捲邊縫至接近角落時，先數剩餘的織線，取3至4股的距離進行調整，在角落收尾。

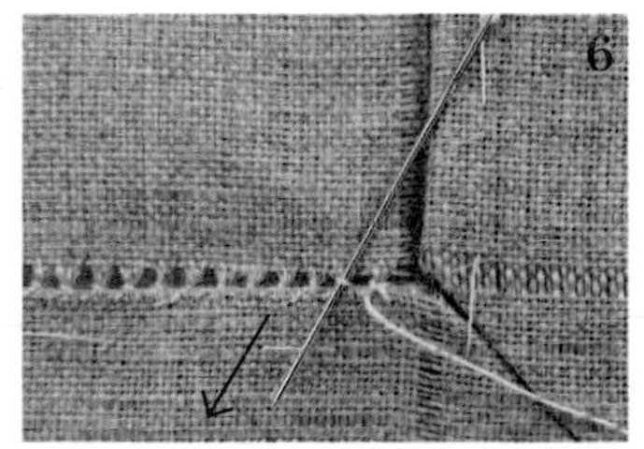

6

縫至角落後收線。由上往下將針穿入左鄰的捲邊縫線中。

7

在往上翻摺的布料之中入針（避免於正面側出針），隱藏線頭。

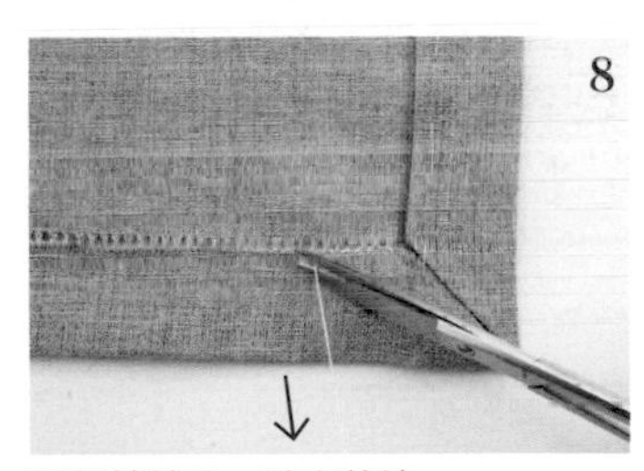

8

輕輕拉線後，貼布剪線。

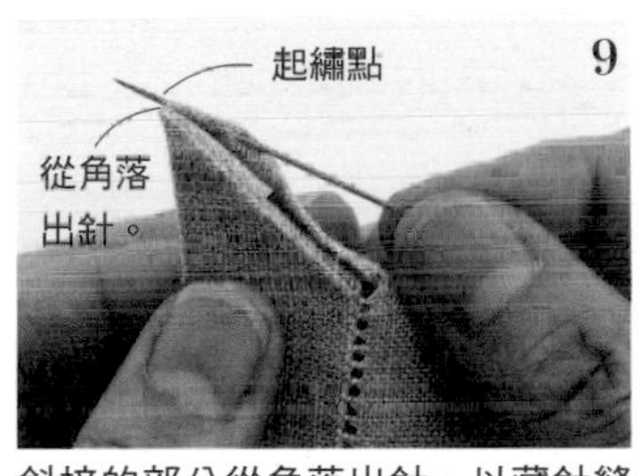

起繡點
9
從角落
出針。

斜接的部分從角落出針，以藏針縫縫合。

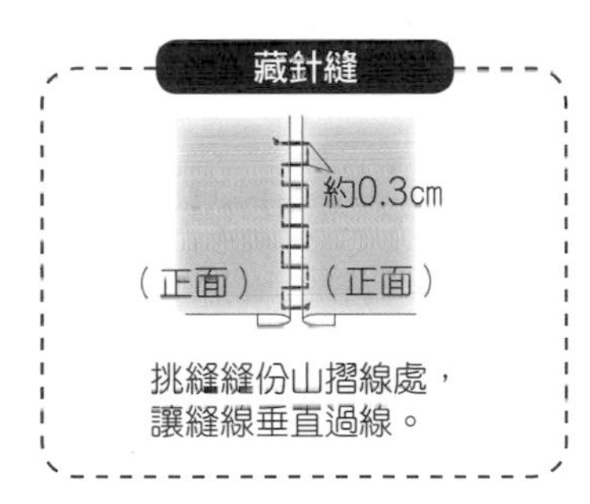

藏針縫
約0.3cm
（正面）
（正面）
挑縫縫份山摺線處，
讓縫線垂直過線。

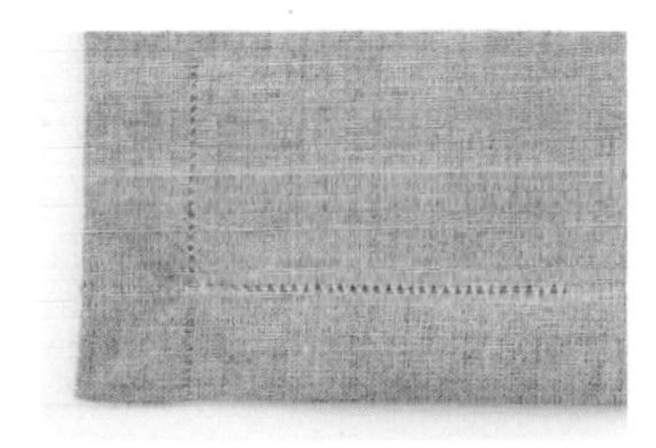

各邊皆以相同方式捲邊縫，完成！

原寸刺繡圖案

※一使用木棉縫線細口（原色），
其他皆使用25號繡線（深藍色）。

※( ) 內數字為繡線股數

輪廓繡（1）
直線繡（1）
緞面繡（2）

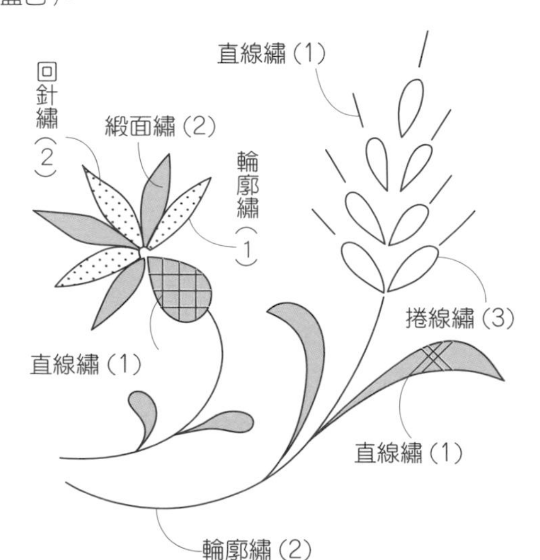

回針繡（2）
緞面繡（2）
輪廓繡（1）
直線繡（1）
直線繡（1）
捲線繡（3）
直線繡（1）
輪廓繡（2）

使用的繡法

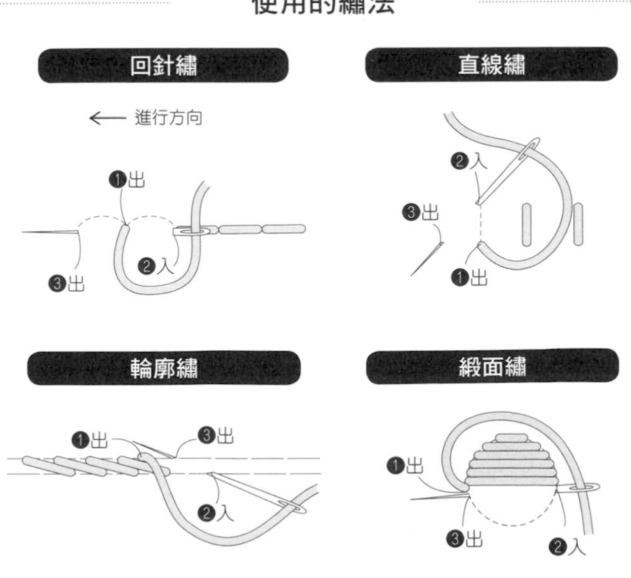

回針繡
進行方向
❶出
❷入
❸出
直線繡
❷入
❸出
❶出
輪廓繡
❶出
❸出
❷入
緞面繡
❶出
❸出
❷入

手作職人——洪藝芳老師
教你運用質感北歐風格印花製作職人系口金包

10 cm 雙層口金
貓的灰色調
HISTOIRE
CONSULAT
L'EMPIRE

職人訂製口金包
北歐風格印花布×口金袋型應用選
內含紙型
職人訂製口金包
北歐風格印花布 × 口金袋型應用選
洪藝芳◎著
全彩 96 頁／ 21cm×26cm
定價 480 元

貓的灰色調

材料：表布（A）20cm×26cm、
裡布（A）24cm×26cm、
鋪棉（單膠）20cm×26cm、
裡布（B）24cm×40cm
使用口金：雙層口金
口金尺寸：10cm
作品紙型請見《職人訂製口金包：北歐風格印花布x口金袋型應用選》一書

How to make

【挑戰指數：★★★　適合進階程度者製作】

小提醒：為使作品清楚示範，拍攝時使用的布料可能與原作品色不同。

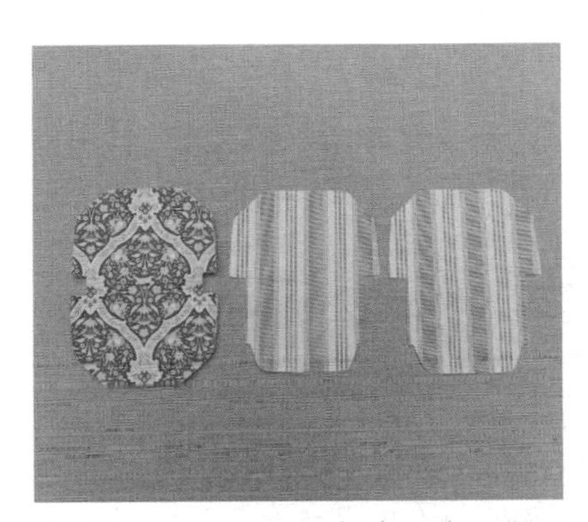

1 依紙型裁剪表布（A）1片，背面燙上鋪棉（單膠）、裡布（B）2片。

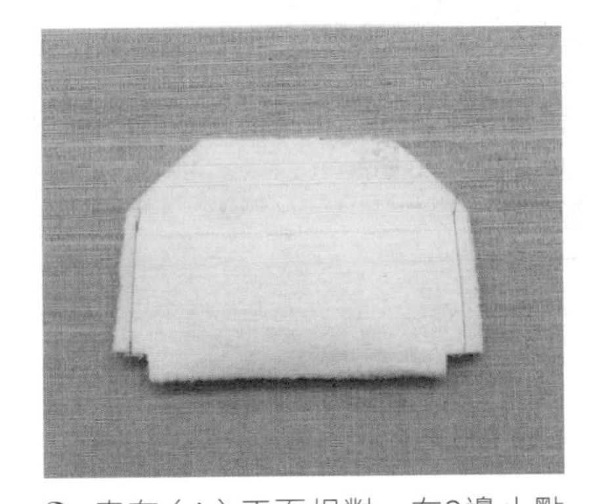

2 表布（A）正面相對，在2邊止點下方處進行半回針縫。

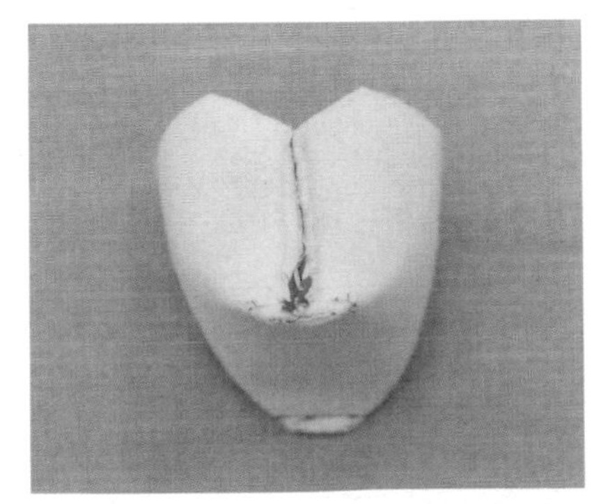

3 底部摺角處以半回針縫縫合。

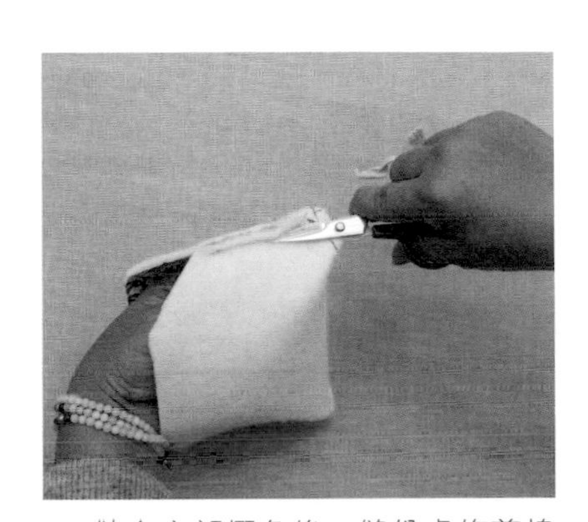

4 縫合底部摺角後，縫份處修剪棉襯。

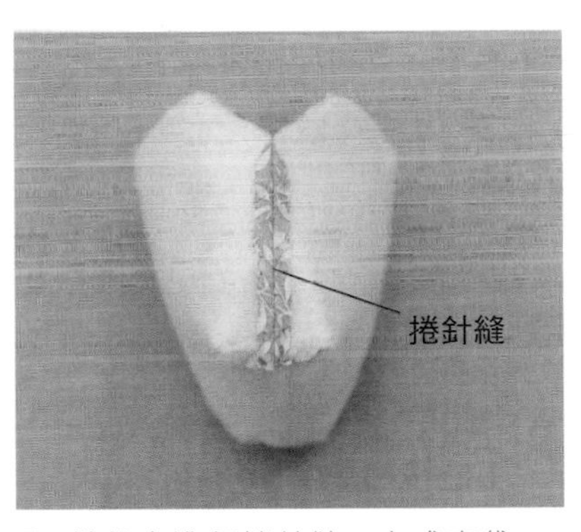
捲針縫

5 縫份處進行捲針縫，完成表袋。

6 裡布（B）底部摺角處縫份對縫份，往內進行平針縫1cm，另1片作法相同。

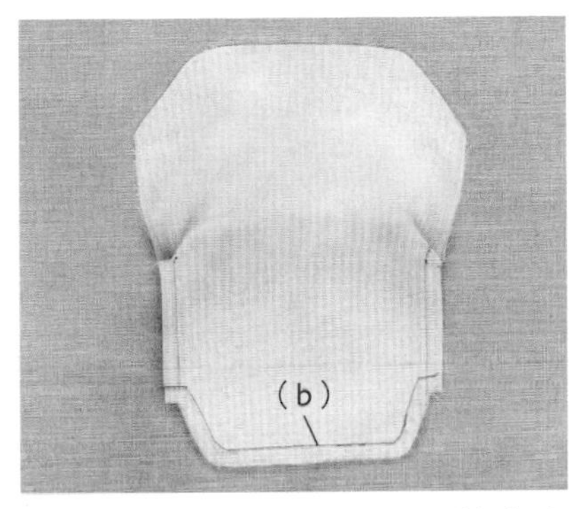
(b)

7 裡布2片正面相對，如圖於（b）位置進行平針縫。

8 縫份轉彎處皆剪牙口。

▼

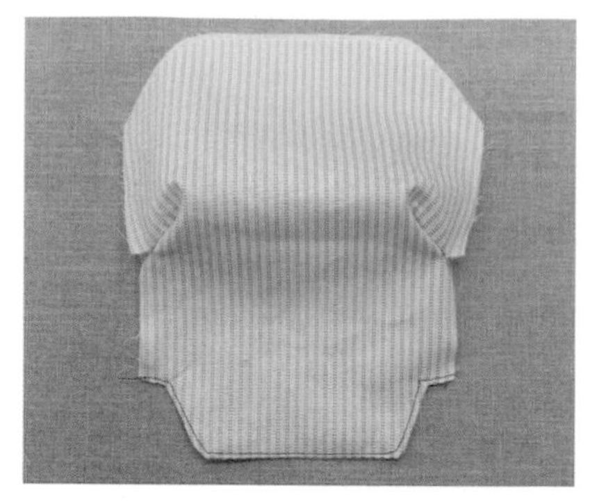

9 翻至正面。（b）位置接合線下進行0.3cm壓線。

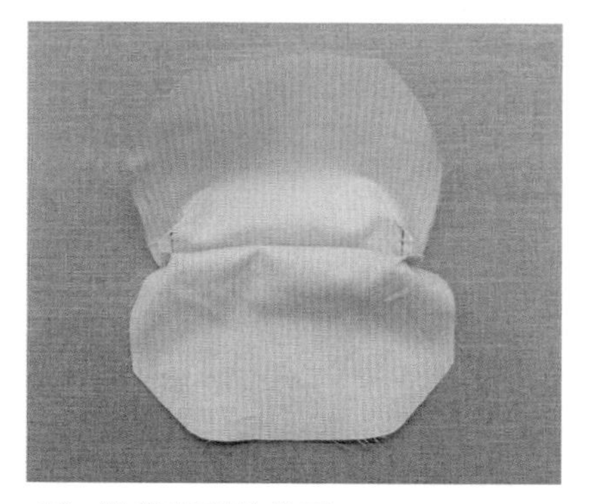

10 裡袋背面的樣子。

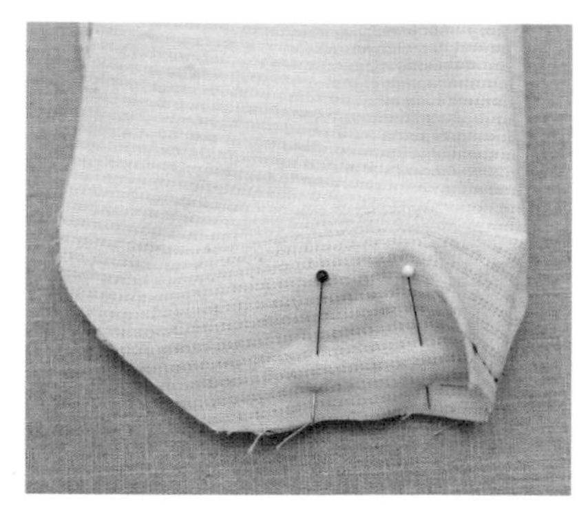

11 裡袋正面相對，兩邊止點下方別上珠針。

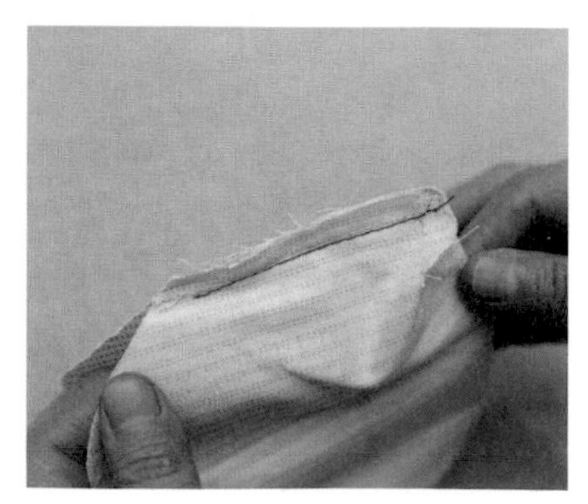

12 裡袋兩邊止點下方進行半回針縫。

13 翻至正面，完成裡袋。

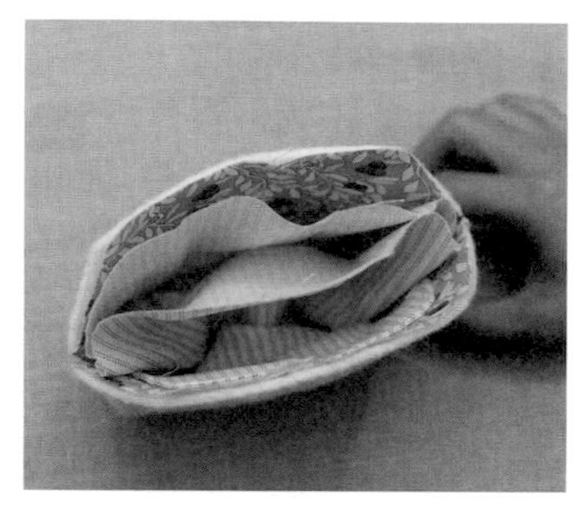

14 將步驟**5**表袋與步驟**13**裡袋正面相對套合。

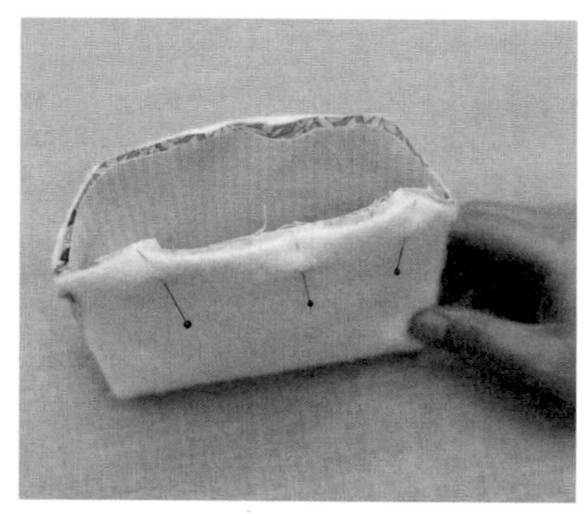

15 別上珠針固定。

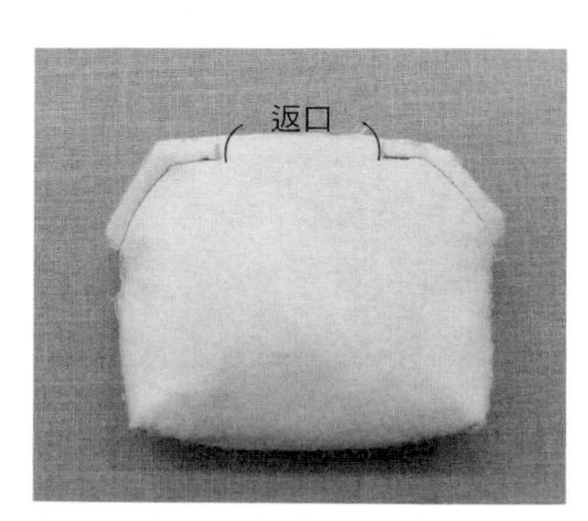
返口

16 以半回針縫縫合，其中一邊的中間請留5cm返口。

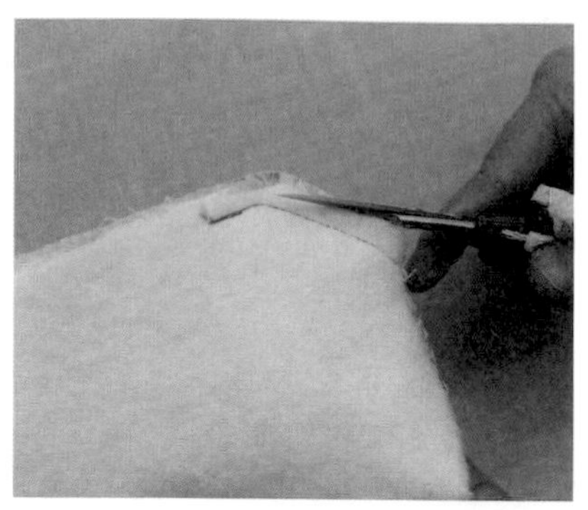

17 縫合後，縫份處修剪棉襯。

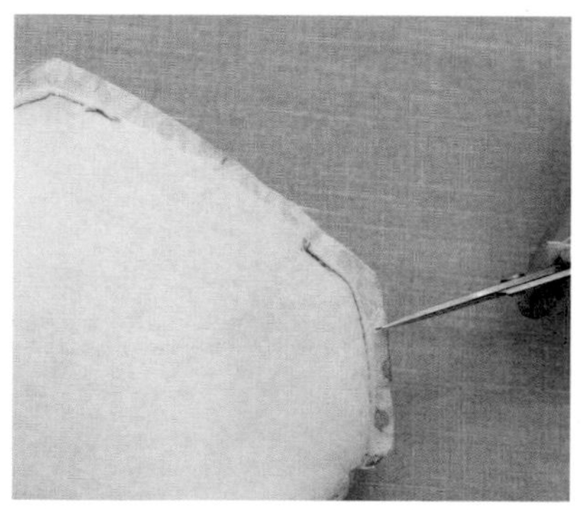

18 縫份轉彎處請剪牙口。

雙口金包

淺淺的灰，是具有大人味的風格色，
也宛如家中的貓咪毛色，高貴優雅。
雙口金框，是打開會讓人驚喜的設計。

"

本書附有口金包基本製作教學
及作品作法解說，
內附原寸圖案紙型，
書中介紹的作法亦附有貼心提醒
適合程度製作的標示，
不論是初學者或是稍有程度的進階者，
都可在本書找到適合自己製作的作品。
洪老師也在書中加入了口金包的製作Q&A，
分享她的口金包製作小撇步，
多製作幾個也不覺膩的口金包，
希望您在本書也能夠找到靈感，
訂製專屬於您的職人口金包。

"

20 套上口金縫合固定，即完成。

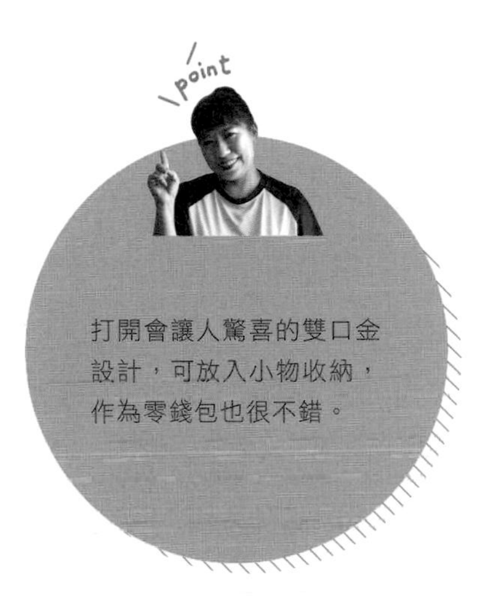
point
打開會讓人驚喜的雙口金
設計，可放入小物收納，
作為零錢包也很不錯。

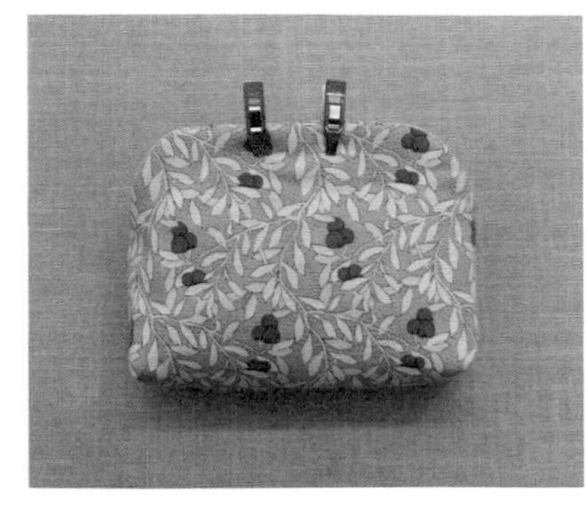

19 由返口翻至正面，將返口處縫份塞入，夾上強力夾，以藏針縫縫合。

▼

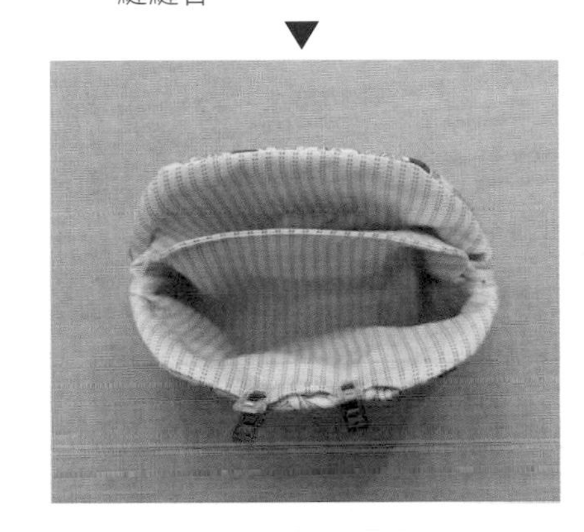

攝影＝回里純子　造型＝西森 萌　妝髮＝タニジュンコ　模特兒＝横田美憧

YOKO KATO

方便好用的圍裙

縫紉作家・加藤容子老師至今為止所製作過的圍裙數量已達200件以上！ 這期要來介紹男女皆可使用的牛仔質料圍裙

Back Style

肩帶穿過雞眼釦的設計，可利用打結位置調整長短。

NO.57

ITEM｜牛仔圍裙
作 法｜P.59

做菜、打掃、園藝……進行所有家事皆適用的簡單牛仔圍裙。在圍裙本體中心作開衩，亦可確保行走的順暢。

profile
加藤容子

裁縫作家。目前在各式裁縫書籍和雜誌中刊載許多作品。為了能夠達成「任何人都容易製作，並且能漂亮完成」的目標，每一件創作都是謹慎地檢視作法＆反覆調整製作而成，因此發表作品皆深具魅力。近期著作《「使い勝手のいい、エプロンと小物（暫譯：方便好用的圍裙＆小物）》Boutique社出版。
https://blog.goo.ne.jp/peitamama
@yokokatope

完成尺寸

總長（不含綁帶）97.5cm

原寸紙型

B面

材料

表布（舊牛仔褲）116cm×175cm

接著襯（薄）50cm×20cm

雞眼釦（內徑12mm）3組

P.58_ No.57

牛仔圍裙

5. 接縫腰帶

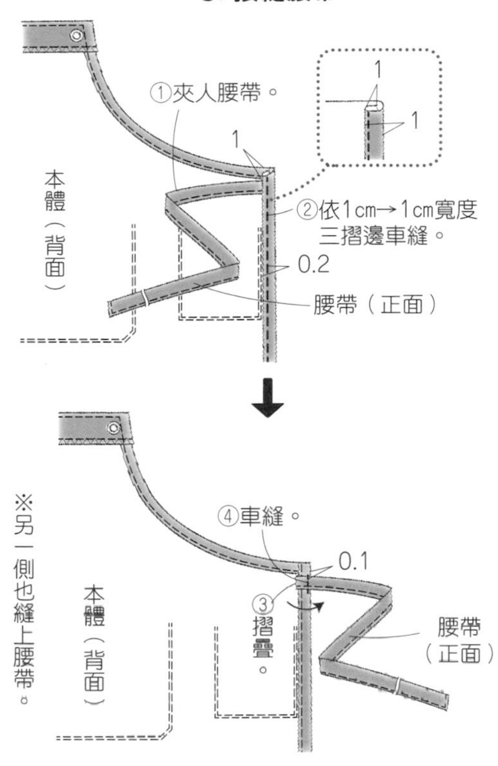

①夾入腰帶。
②依1cm→1cm寬度三摺邊車縫。
0.2
腰帶（正面）
本體（背面）
1

※另一側也縫上腰帶。

④車縫。
0.1
③摺疊。
腰帶（正面）
本體（背面）

6. 車縫下襬線

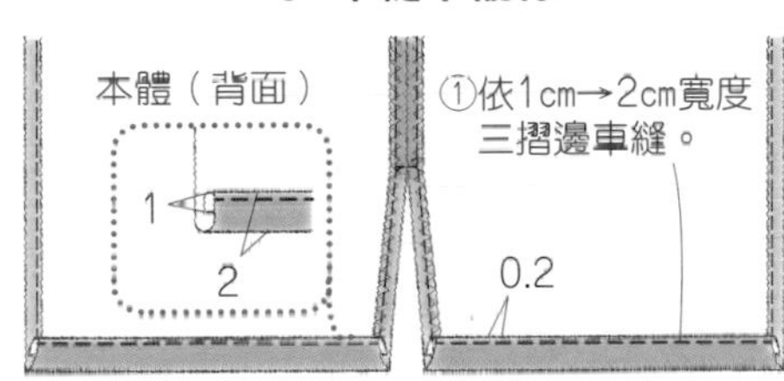

本體（背面）
①依1cm→2cm寬度三摺邊車縫。
0.2
1
2

7. 接縫肩帶

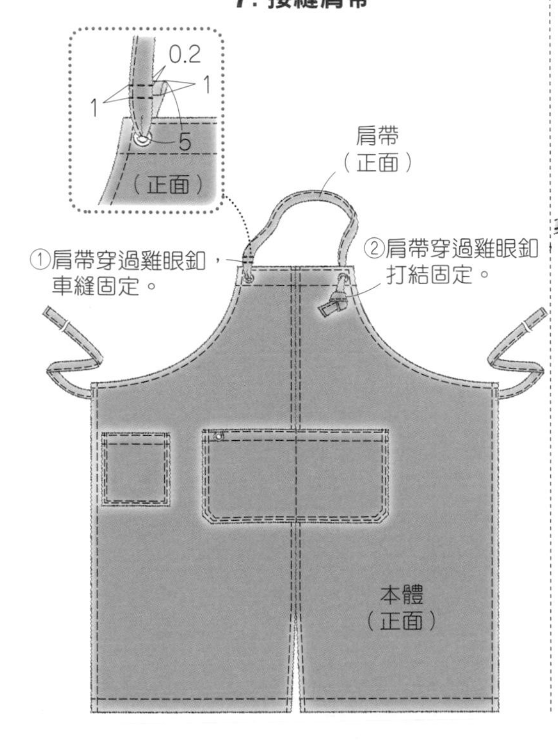

0.2
1
1
5
（正面）
肩帶（正面）
①肩帶穿過雞眼釦，車縫固定。
②肩帶穿過雞眼釦打結固定。
本體（正面）

2. 接縫口袋

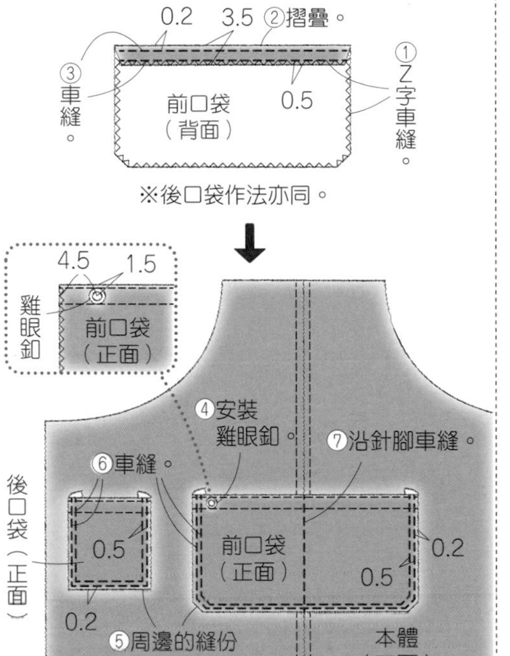

0.2
3.5
②摺疊。
③車縫。
①Z字車縫。
前口袋（背面）
0.5
※後口袋作法亦同。
4.5
1.5
雞眼釦
前口袋（正面）
④安裝雞眼釦。
⑦沿針腳車縫。
⑥車縫。
後口袋（正面）
0.5
前口袋（正面）
0.2
0.5
0.2
⑤周邊的縫份摺1cm。
本體（正面）

3. 接縫貼邊

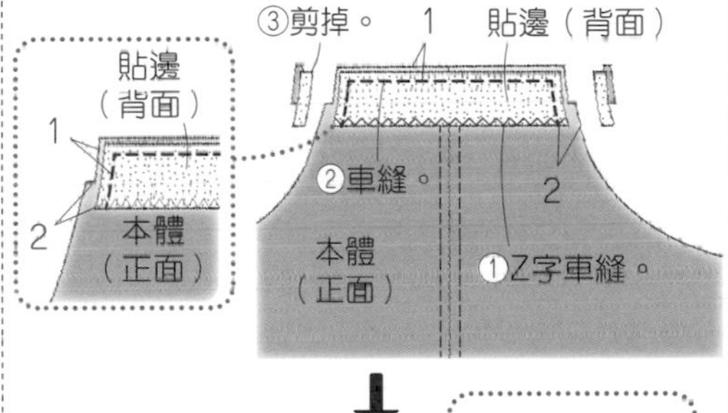

③剪掉。
1
貼邊（背面）
貼邊（背面）
1
2
本體（正面）
②車縫。
2
本體（正面）
①Z字車縫。

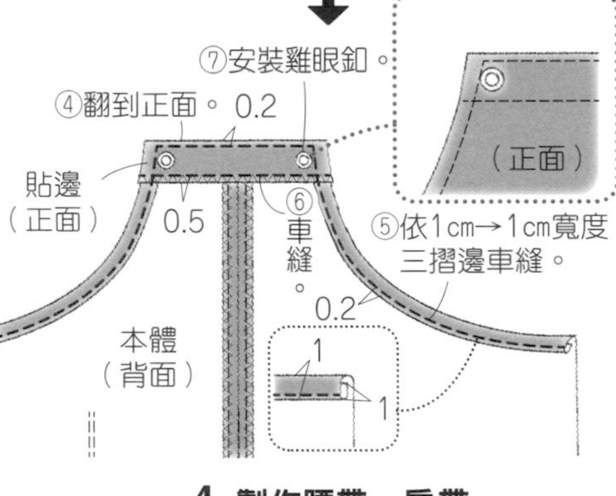

⑦安裝雞眼釦。
④翻到正面。
0.2
（正面）
貼邊（正面）
0.5
⑥車縫。
⑤依1cm→1cm寬度三摺邊車縫。
0.2
本體（背面）
1
1

4. 製作腰帶・肩帶

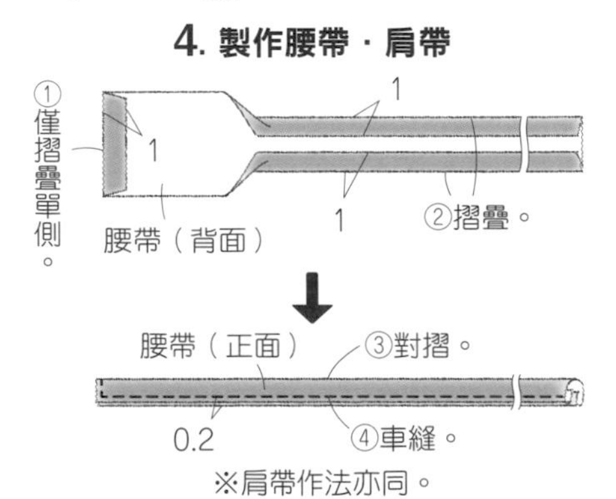

①僅摺疊單側。
1
1
1
②摺疊。
腰帶（背面）
腰帶（正面）
③對摺。
0.2
④車縫。

※肩帶作法亦同。

裁布圖

※後口袋、肩帶及腰帶無原寸紙型，請依標示尺寸（已含縫份）直接裁剪。

※▒處需於背面燙貼接著襯。

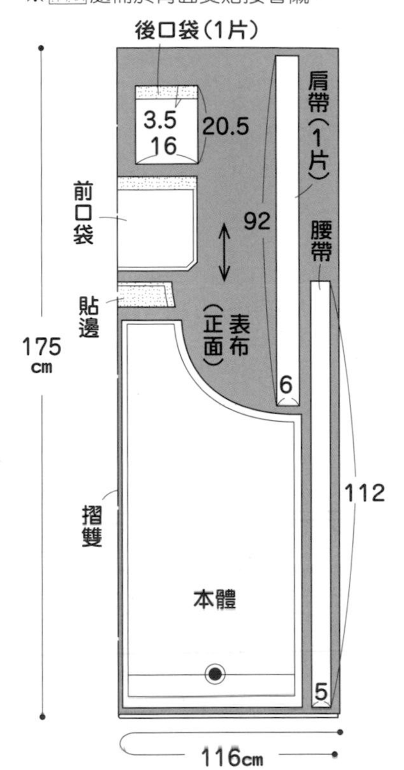

後口袋（1片）
3.5
16
20.5
肩帶（1片）
前口袋
92
腰帶
貼邊
表布（正面）
175cm
6
112
摺雙
本體
5
116cm

1. 製作前中心

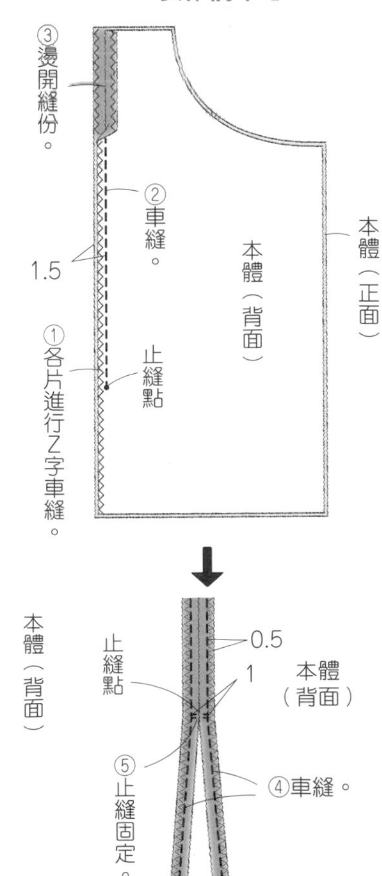

③燙開縫份。
②車縫。
1.5
①各片進行Z字車縫。
止縫點
本體（背面）
本體（正面）
本體（背面）
止縫點
0.5
1
本體（背面）
⑤止縫固定。
④車縫。

完成尺寸	材料
寬25×長25×側身18cm	**舊牛仔褲**1條／**配布**（羊毛布）60cm×30cm **裡布**（棉布）80cm×60cm／**布用雙面膠**（寬3mm）90cm **接著襯** 60cm×30cm／**接著襯**（厚不織布）80cm×60cm **皮帶** 寬1.8cm 1條／**固定釦**（頭9mm 腳9mm）8組

原寸紙型

A面

P.06_ No.

01 牛仔包

裡側身（正面）
⑥車縫。
裡底
（背面）
1

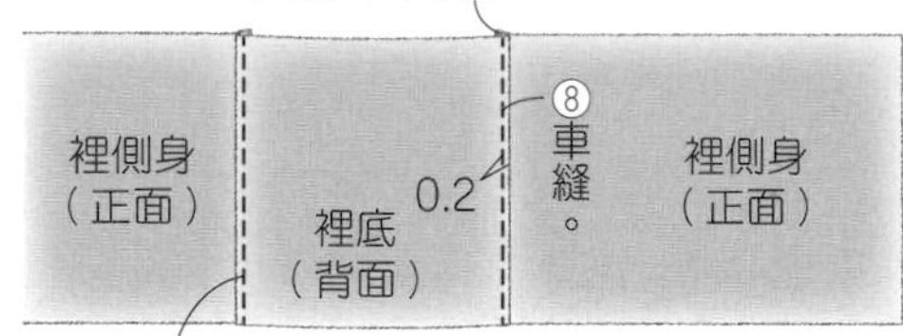

⑦縫份倒向底側。
裡側身
（正面）
裡底
（背面）
0.2
⑧車縫。
裡側身
（正面）
※另一側也依⑥至⑧縫製。

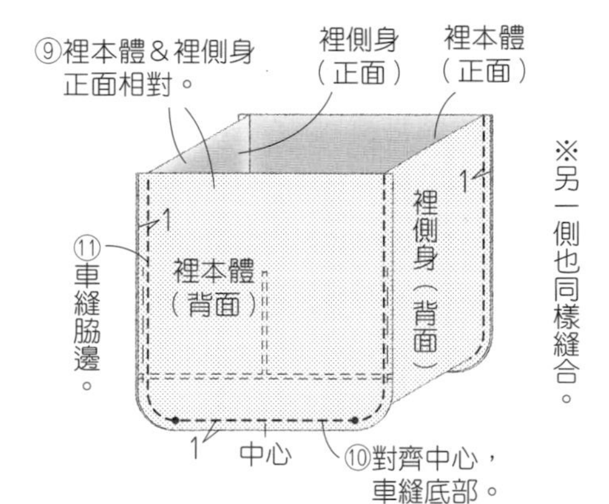

⑨裡本體＆裡側身
正面相對。
裡側身
（正面）
裡本體
（正面）
⑪車縫脇邊。
裡本體
（背面）
裡側身（背面）
1
中心
⑩對齊中心，
車縫底部。
※另一側也同樣縫合。

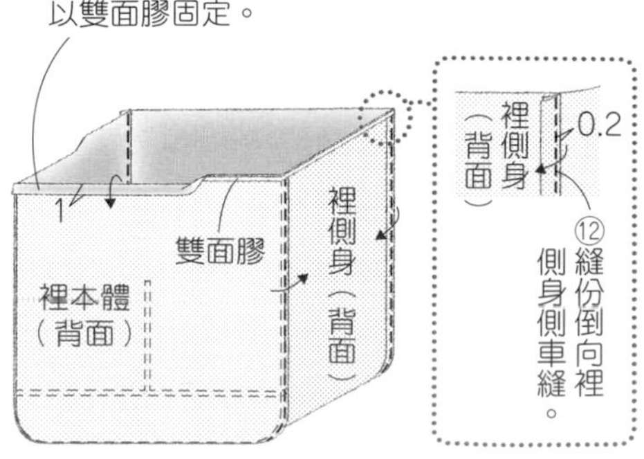

⑬包口的縫份摺向背面，
以雙面膠固定。
雙面膠
裡本體
（背面）
裡側身（背面）
裡側身
（背面）
0.2
⑫縫份倒向裡側身側車縫。

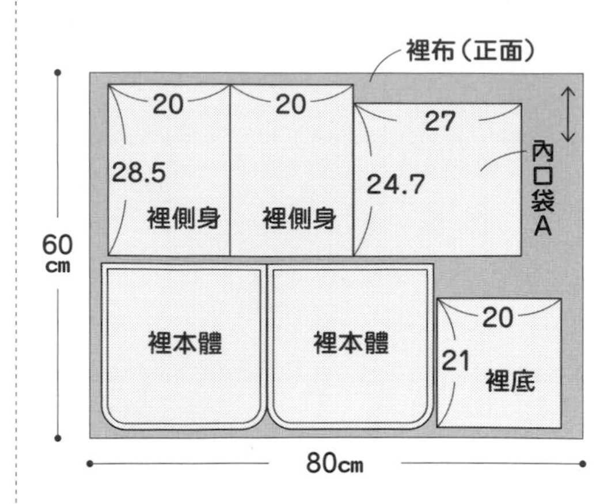

裡布（正面）
20
20
27
28.5
24.7
裡側身
裡側身
內口袋A
60cm
裡本體
裡本體
20
21
裡底
80cm

1. 製作裡本體

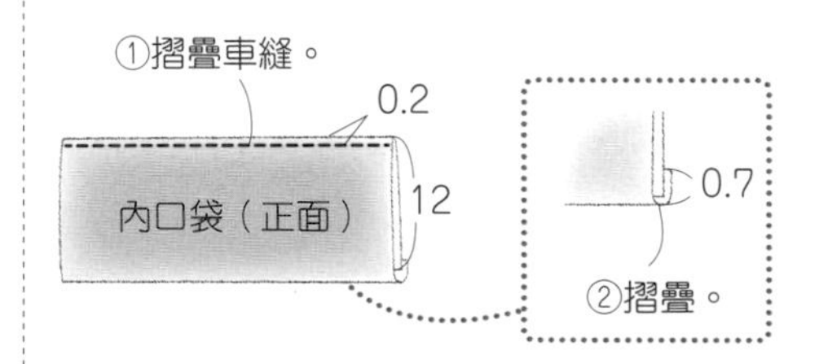

①摺疊車縫。
0.2
內口袋（正面）
12
0.7
②摺疊。

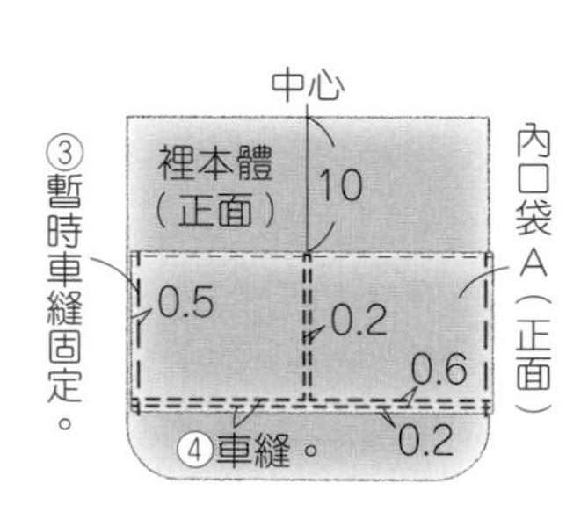

中心
③暫時車縫固定。
裡本體
（正面）
10
0.5
0.2
0.6
內口袋A（正面）
④車縫。
0.2

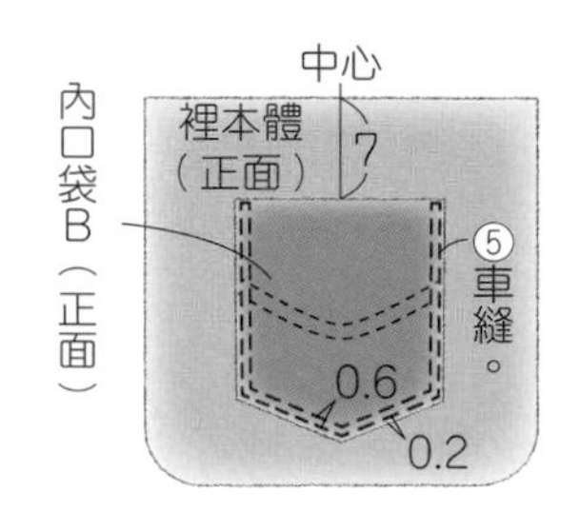

中心
內口袋B（正面）
裡本體
（正面）
7
⑤車縫。
0.6
0.2

裁布圖

※除了表前・表後本體＆裡本體之外皆無原寸紙型，請依標示尺寸（已含縫份）直接裁剪。

※□處需於背面燙貼接著襯。

※配布若為羊毛布或薄布，請在背面燙貼接著襯。

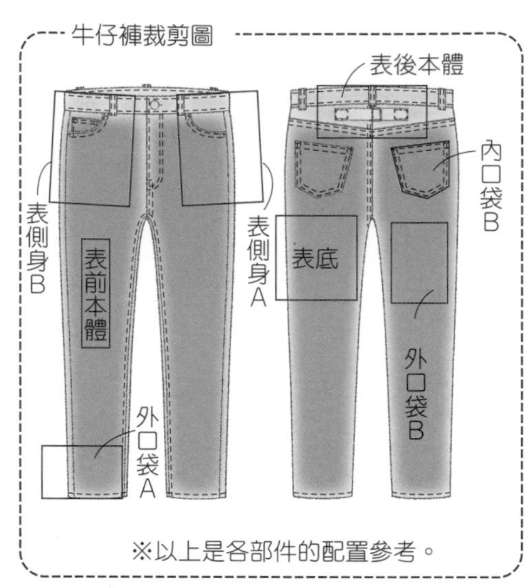

牛仔褲裁剪圖
表後本體
內口袋B
表側身B
表前本體
表側身A
表底
外口袋B
外口袋A
※以上是各部件的配置參考。

※由於表前・後本體是拼接牛仔褲與配布，請依紙型裁剪。

※適量取用褲耳與標籤等當裝飾（參見P.61 **2.**）。

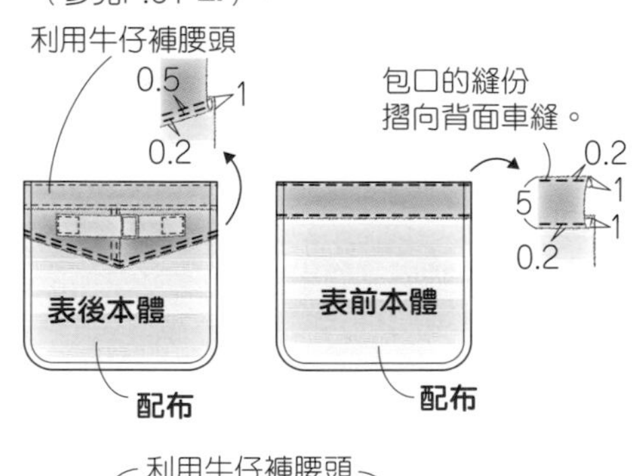

利用牛仔褲腰頭
0.5
1
0.2
包口的縫份
摺向背面車縫。
0.2
5
1
1
0.2
表後本體
表前本體
配布
配布

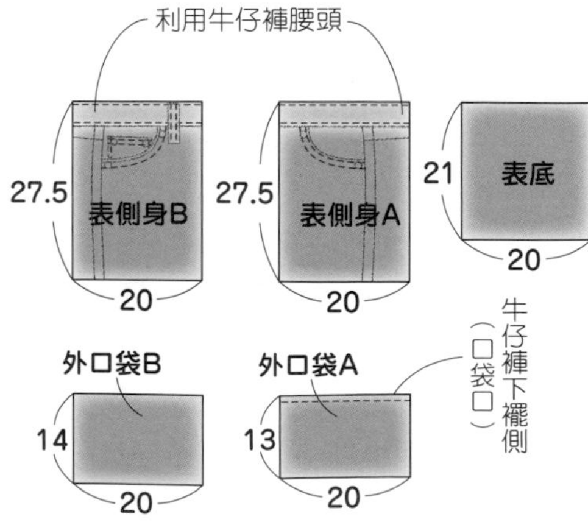

利用牛仔褲腰頭
27.5
表側身B
20
27.5
表側身A
20
21
表底
20
外口袋B
14
20
外口袋A
13
20
牛仔褲下襬側（口袋口）

內口袋B（利用牛仔褲口袋）

2. 製作表本體

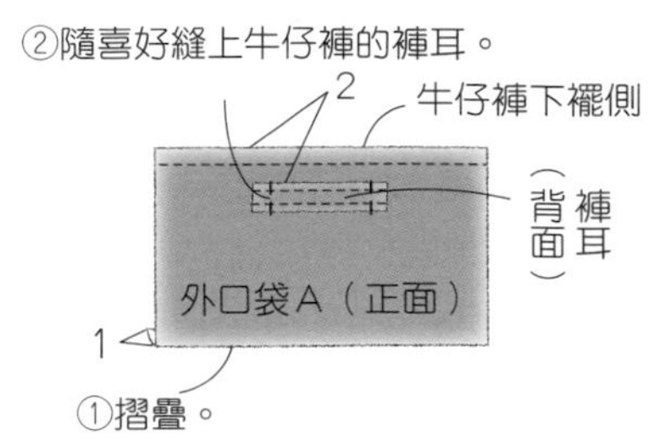

②隨喜好縫上牛仔褲的褲耳。
2
牛仔褲下襬側
褲耳（背面）
外口袋A（正面）
1
①摺疊。

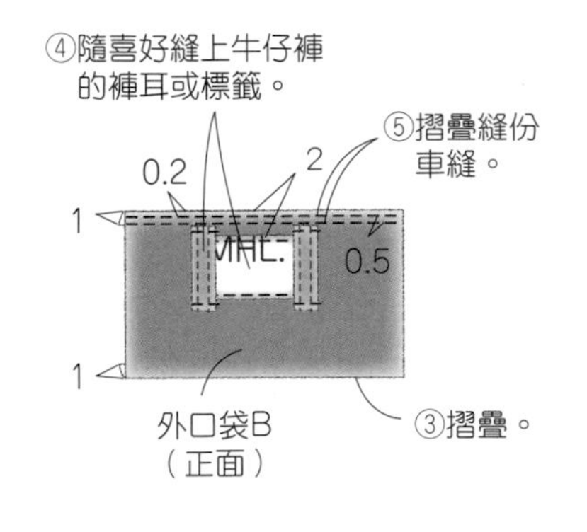

④隨喜好縫上牛仔褲的褲耳或標籤。
⑤摺疊縫份車縫。
0.2
2
1
MHL.
0.5
1
外口袋B（正面）
③摺疊。

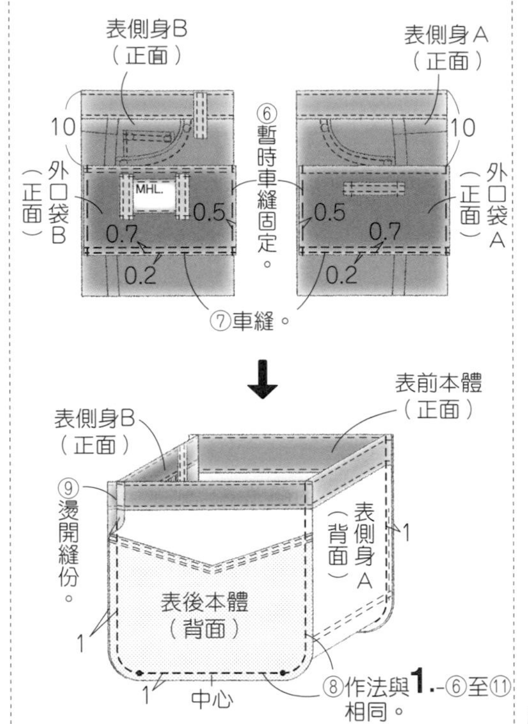

表側身B（正面）
表側身A（正面）
10
10
⑥暫時車縫固定。
外口袋B（正面）
外口袋A（正面）
MHL.
0.5
0.5
0.7
0.7
0.2
0.2
⑦車縫。
表前本體（正面）
表側身B（正面）
⑨燙開縫份。
表側身A（背面）
1
表後本體（背面）
1
1
中心
⑧作法與1.-⑥至⑪相同。

3. 完成

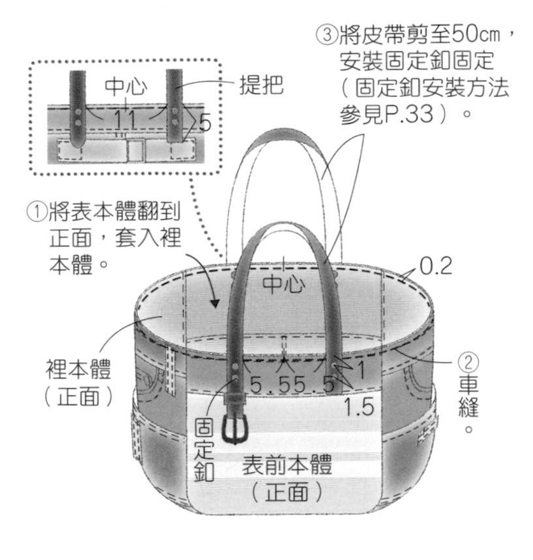

③將皮帶剪至50cm，安裝固定釦固定（固定釦安裝方法參見P.33）。
中心
提把
11
5
①將表本體翻到正面，套入裡本體。
中心
0.2
裡本體（正面）
②車縫。
5.5
5.5
5
1
1.5
固定釦
表前本體（正面）

完成尺寸	材料
寬約20×長約25cm	**手帕** 30cm×30cm 1條 **裡布**（棉布）25cm×35cm **魔鬼氈** 寬2cm 2.5cm

原寸紙型

C面

P.08_ No.07 手帕圍兜

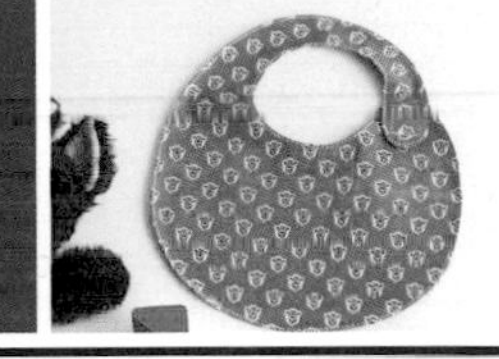

裁布圖

手帕（正面）

表本體

30cm

30cm

裡布（正面）

裡本體上

裡本體下

35cm

25cm

1. 製作裡本體

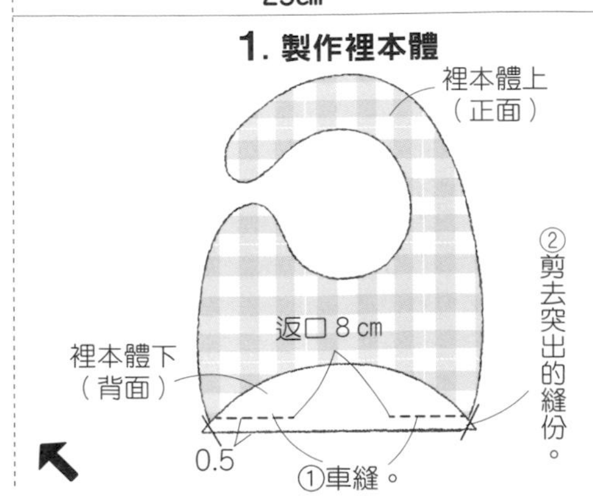

裡本體上（正面）
②剪去突出的縫份。
返口8cm
裡本體下（背面）
0.5
①車縫。

2. 疊合表・裡本體

裡本體上（背面）

③燙開縫份。

裡本體上（背面）

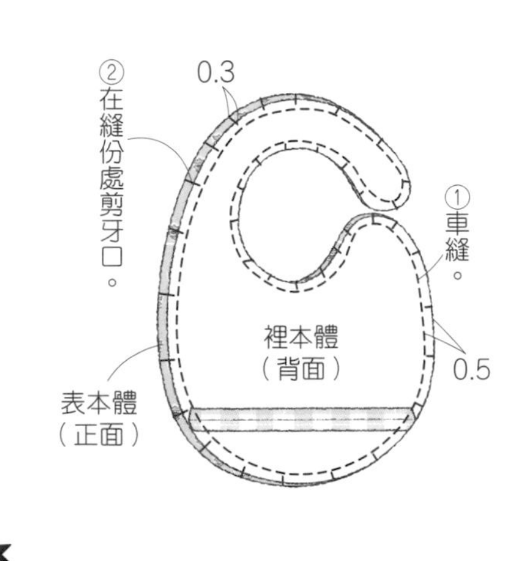

②在縫份處剪牙口。
0.3
①車縫。
裡本體（背面）
0.5
表本體（正面）

④車縫。

0.2

表本體（正面）

裡本體（正面）

③翻至正面，縫合返口。

3. 縫上魔鬼氈

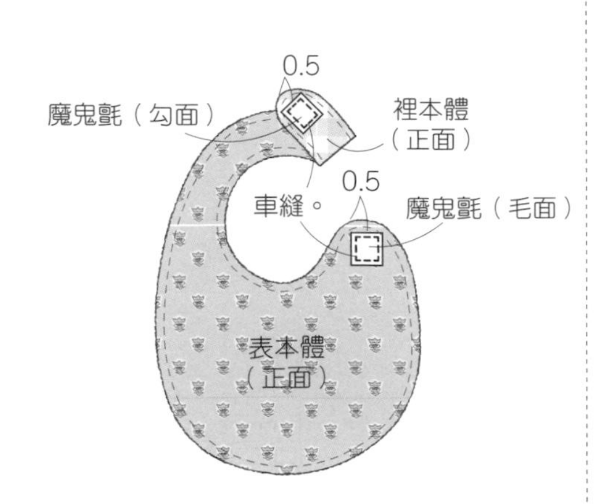

0.5
魔鬼氈（勾面）
裡本體（正面）
車縫。
0.5
魔鬼氈（毛面）
表本體（正面）

完成尺寸

寬21×長15cm

原寸紙型

A面

材料

舊牛仔褲 適量／**配布**（羊毛布）25cm×15cm

裡布（棉布）45cm×35cm／**金屬拉鍊** 20cm 1條

接著襯（厚不織布）25cm×15cm

皮革條 寬0.5cm 15cm／**D型環** 15mm 1個

P.06_ No.02

牛仔波奇包

裁布圖

※除了內口袋之外皆無原寸紙型，請依標示尺寸（已含縫份）直接裁剪。

※□處需於背面燙貼接著襯。

※適量取用褲耳與標籤等當裝飾（參見2.）。

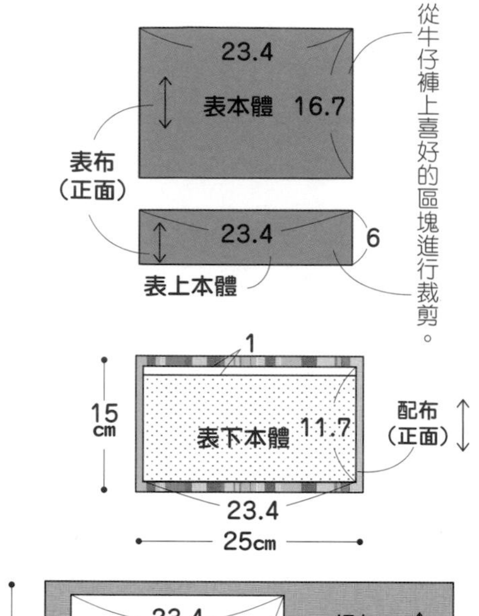

23.4
表本體 16.7
表布（正面）
23.4
6
表上本體
從牛仔褲上喜好的區塊進行裁剪。
1
15cm
表下本體 11.7
配布（正面）
23.4
25cm

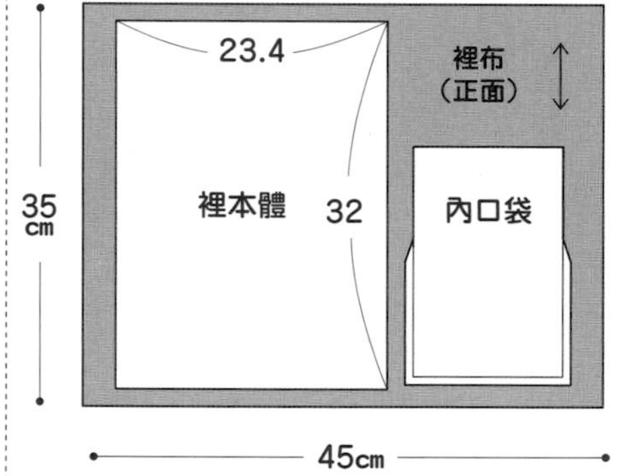

23.4
裡布（正面）
35cm
裡本體 32
內口袋
45cm

1. 製作裡本體

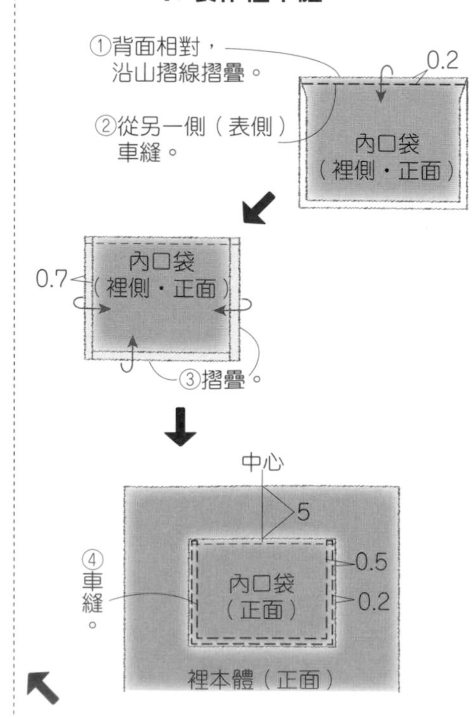

①背面相對，沿山摺線摺疊。
0.2
②從另一側（表側）車縫。
內口袋（裡側・正面）
0.7
內口袋（裡側・正面）
③摺疊。
中心
5
④車縫。
內口袋（正面）
0.5
0.2
裡本體（正面）

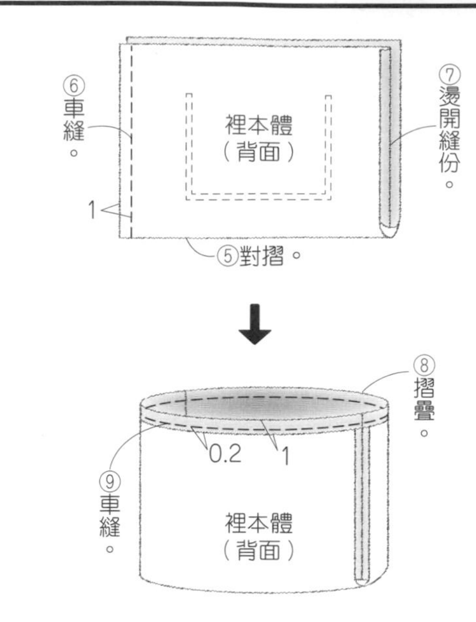

⑥車縫。
裡本體（背面）
⑦燙開縫份。
1
⑤對摺。
⑧摺疊。
0.2
1
⑨車縫。
裡本體（背面）

2. 製作表本體

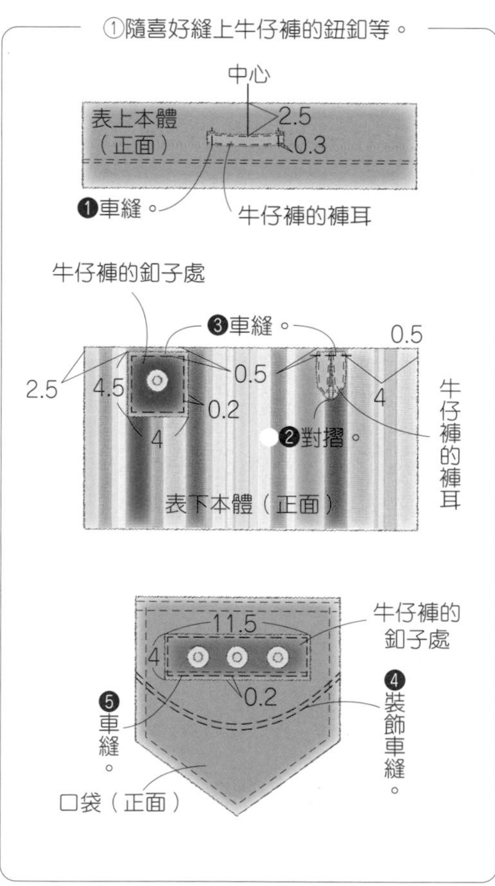

①隨喜好縫上牛仔褲的鈕釦等。
中心
表上本體（正面）
2.5
0.3
❶車縫。
牛仔褲的褲耳
牛仔褲的釦子處
❸車縫。
0.5
2.5
4.5
0.5
0.2
4
4
❷對摺。
牛仔褲的褲耳
表下本體（正面）
11.5
牛仔褲的釦子處
4
0.2
❺車縫。
❹裝飾車縫。
口袋（正面）

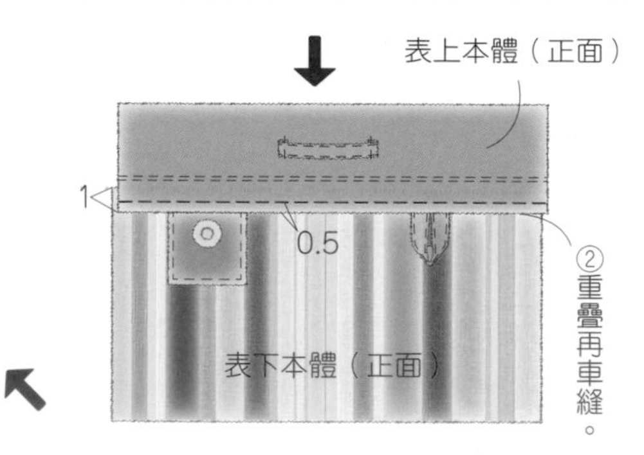

表上本體（正面）
1
0.5
②重疊再車縫。
表下本體（正面）

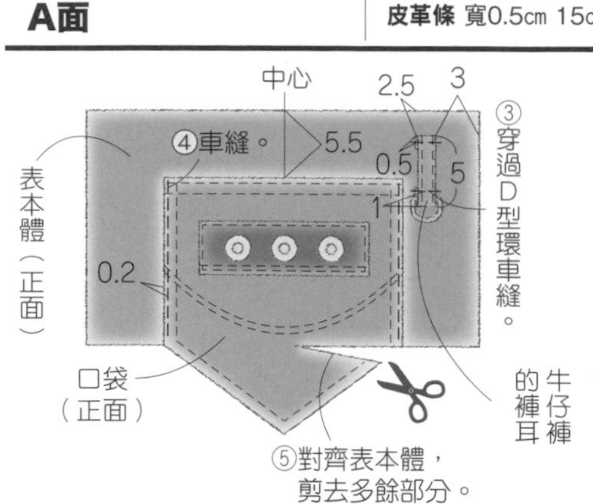

中心
2.5
3
④車縫。
5.5
③穿過D型環車縫。
0.5
5
1
表本體（正面）
0.2
口袋（正面）
牛仔褲的耳
⑤對齊表本體，剪去多餘部分。

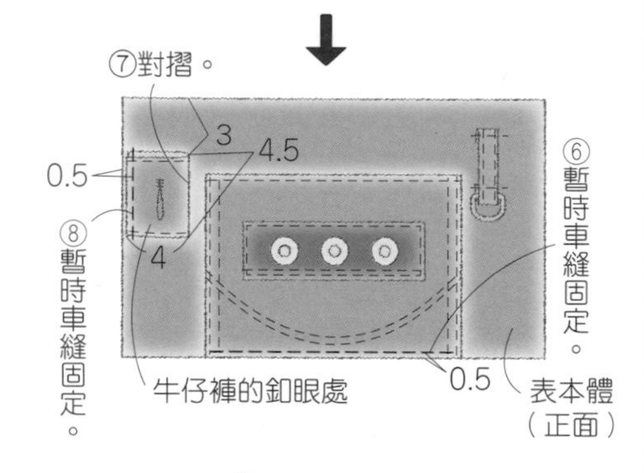

⑦對摺。
3
4.5
0.5
⑥暫時車縫固定。
⑧暫時車縫固定。
4
牛仔褲的釦眼處
0.5
表本體（正面）

3. 接縫拉鍊

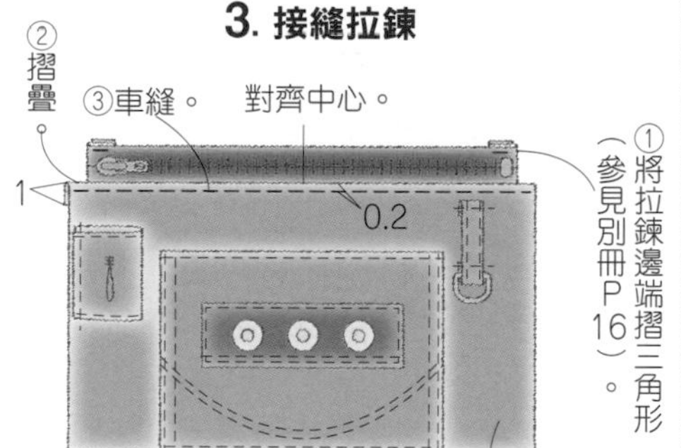

②摺疊。
③車縫。
對齊中心。
①將拉鍊邊端摺三角形（參見別冊P16）。
1
0.2
表本體（正面）

※另一側也以相同作法接縫拉鍊。

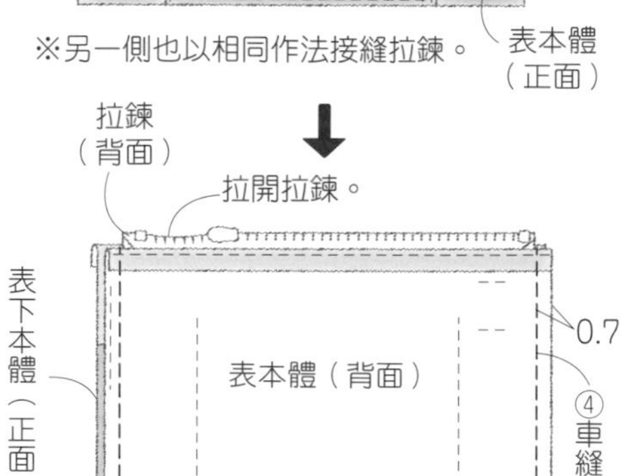

拉鍊（背面）
拉開拉鍊。
表下本體（正面）
表本體（背面）
0.7
④車縫。

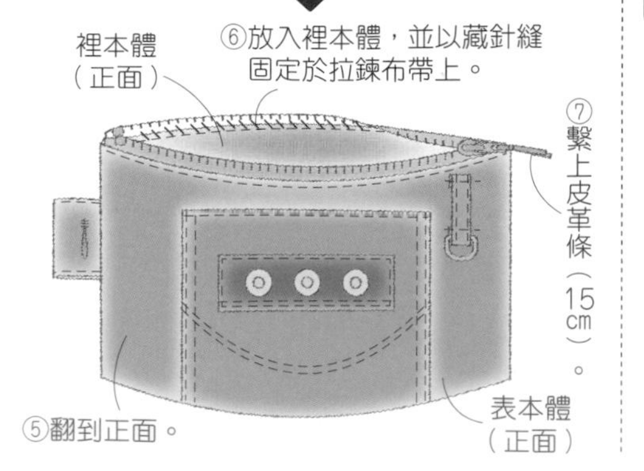

裡本體（正面）
⑥放入裡本體，並以藏針縫固定於拉鍊布帶上。
⑦繫上皮革條（15cm）。
表本體（正面）
⑤翻到正面。

P.07_ No.03 牛仔工具盒

完成尺寸
寬22×長15×側身10cm

原寸紙型
無

材料
舊牛仔褲 1條

1. 製作本體

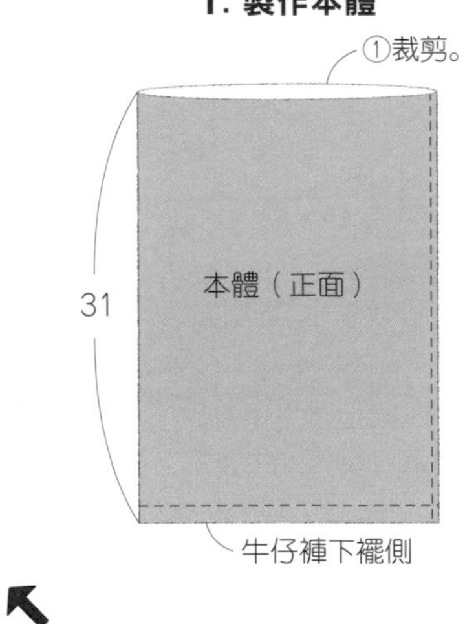

①裁剪。
31
本體（正面）
牛仔褲下襬側

牛仔褲下襬側
本體（背面）
1
②車縫。

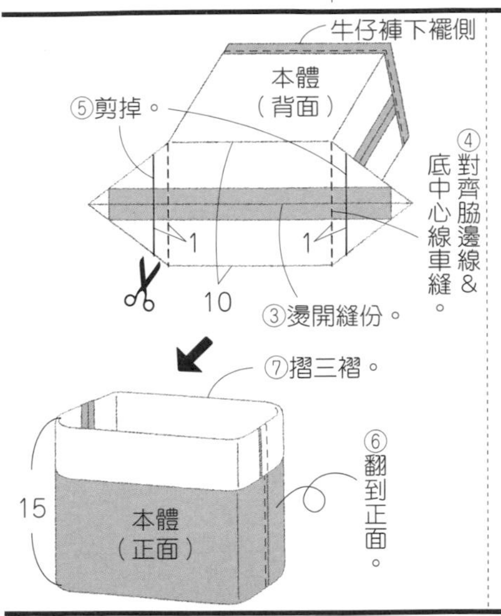

牛仔褲下襬側
本體
（背面）
⑤剪掉。
④對齊脇邊線&底中心線車縫。
1
1
10
③燙開縫份。
⑦摺三褶。
15
本體
（正面）
⑥翻到正面。

P.07_ No.04 牛仔隔熱手套

完成尺寸
寬17×長26cm

原寸紙型
A面

材料（1隻）
表布（舊牛仔褲、棉質碎布）適量
裡布（棉布）40cm×35cm
麂皮風滾邊條 寬12mm 30cm
接著鋪棉 50cm×30m

裁布圖

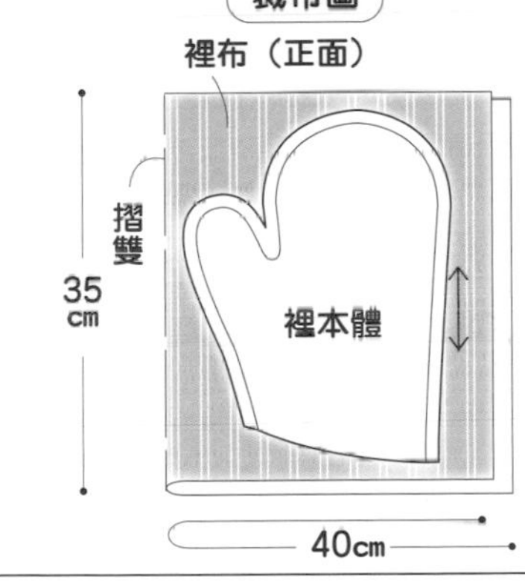

裡布（正面）
摺雙
35cm
裡本體
40cm

1. 裁剪表本體

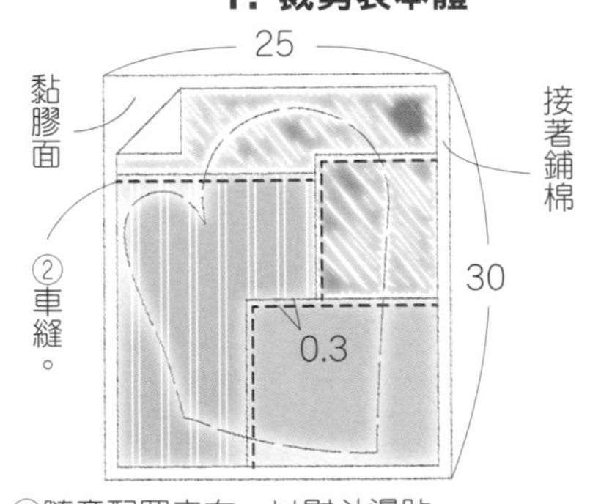

25
黏膠面
接著鋪棉
②車縫。
30
0.3

①隨意配置表布，以熨斗燙貼。
※製作2片。

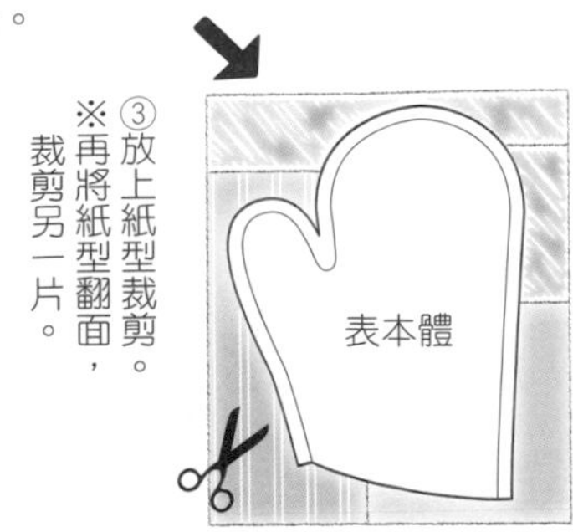

③放上紙型裁剪。
※再將紙型翻面，裁剪另一片。
表本體

2. 製作本體

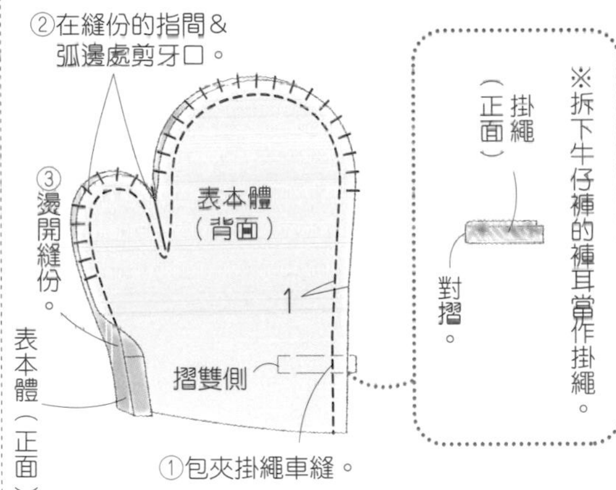

②在縫份的指間&弧邊處剪牙口。
③燙開縫份。
表本體（背面）
1
表本體（正面）
摺雙側
①包夾掛繩車縫。
※拆下牛仔褲的褲耳當作掛繩。
掛繩（正面）
對摺。

※裡本體作法亦同，但無掛繩。

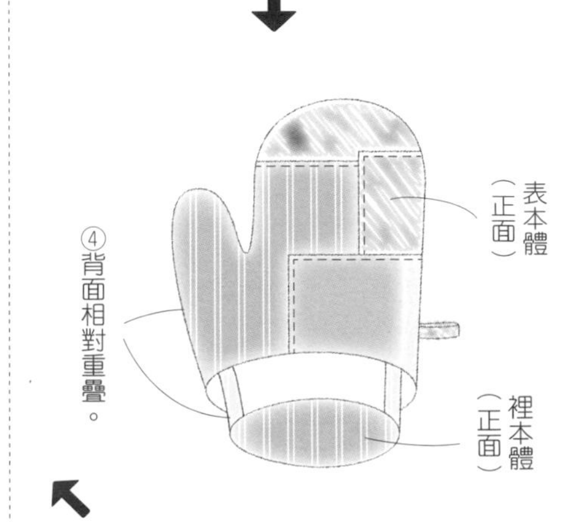

④背面相對重疊。
表本體（正面）
裡本體（正面）

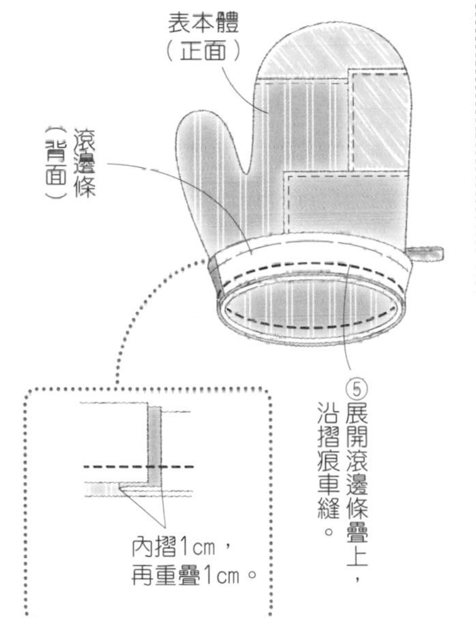

表本體
（正面）
滾邊條（背面）
⑤展開滾邊條疊上，沿摺痕車縫。
內摺1cm，
再重疊1cm。

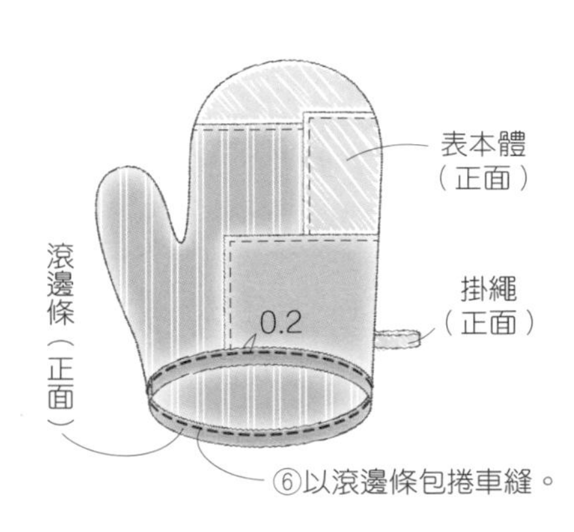

表本體
（正面）
滾邊條（正面）
掛繩
（正面）
0.2
⑥以滾邊條包捲車縫。

完成尺寸

寬34×長41.5cm

原寸紙型

A面

材料

洗臉毛巾 34cm×80cm 1條
配布（棉細平布）75cm×35cm
裡布（棉布）20cm×25cm
接著襯（薄）15cm×5cm／**塑膠四合釦** 10mm 2組

P.10_ No.12

掛式連身裙擦手巾

4. 疊合表本體&裡本體

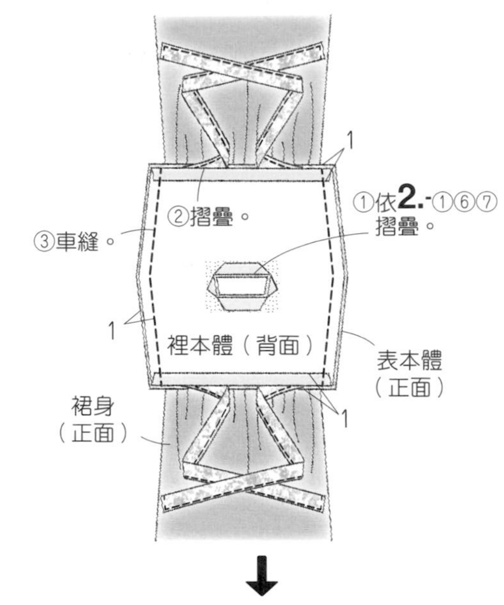

①依2.-①⑥⑦摺疊。
②摺疊。
③車縫。
1
裡本體（背面）
表本體（正面）
裙身（正面）

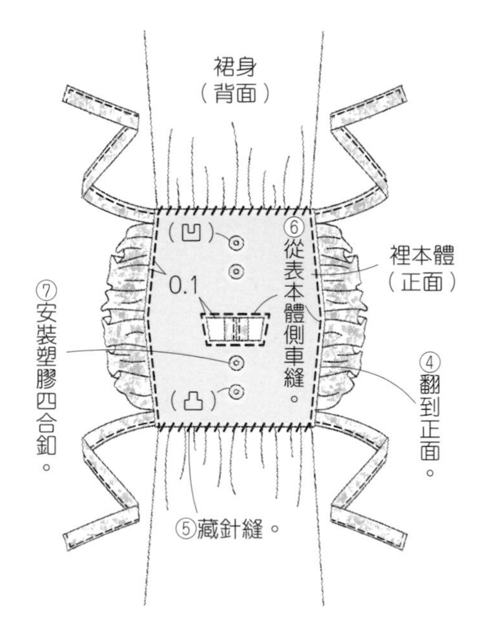

裙身（背面）
⑥從表本體側車縫。
裡本體（正面）
0.1
⑦安裝塑膠四合釦。
④翻到正面。
⑤藏針縫。

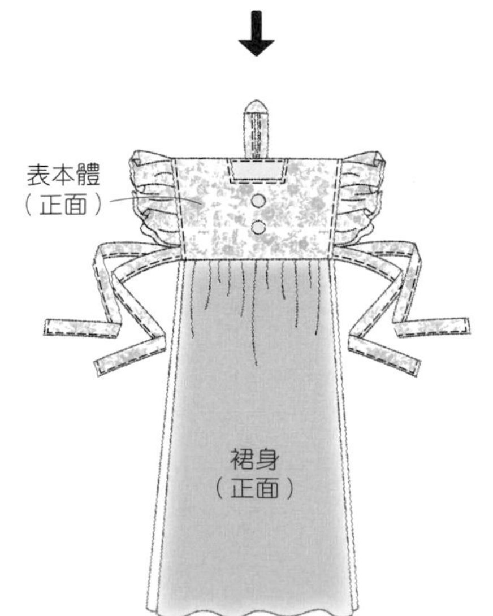

表本體（正面）
裙身（正面）

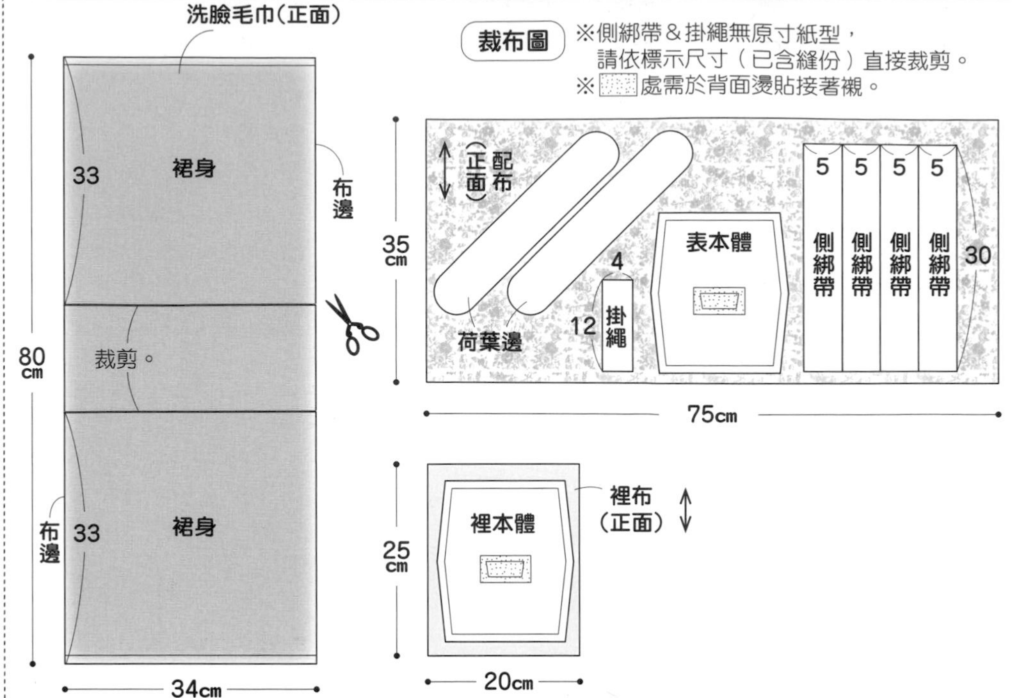

洗臉毛巾（正面）
33
裙身
布邊
80cm
裁剪。
34cm
裁布圖
※側綁帶&掛繩無原寸紙型，請依標示尺寸（已含縫份）直接裁剪。
※處需於背面燙貼接著襯。
配布（正面）
35cm
荷葉邊
4
12
掛繩
表本體
5
側綁帶
30
75cm
裡本體
裡布（正面）
25cm
20cm

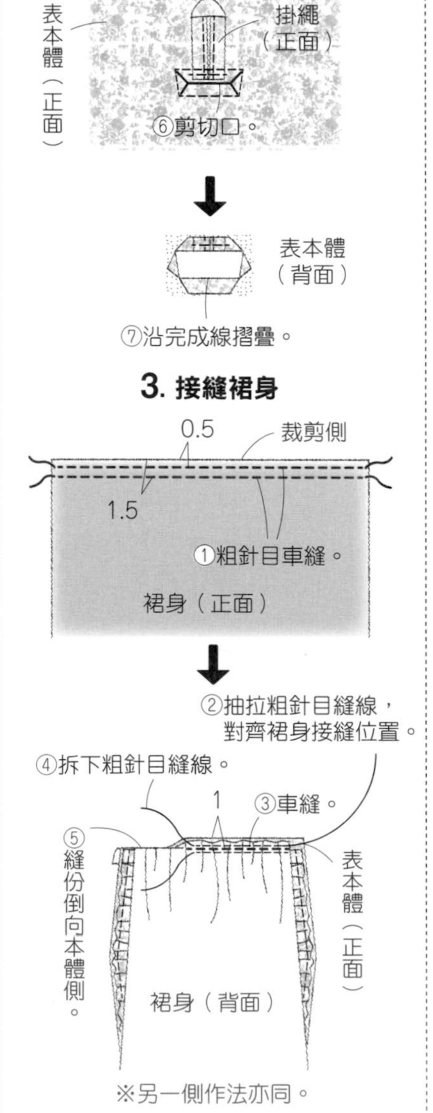

表本體（正面）
掛繩（正面）
⑥剪切口。
表本體（背面）
⑦沿完成線摺疊。
3. 接縫裙身
0.5
裁剪側
1.5
①粗針目車縫。
裙身（正面）
②抽拉粗針目縫線，對齊裙身接縫位置。
④拆下粗針目縫線。
1
③車縫。
⑤縫份倒向本體側。
表本體（正面）
裙身（背面）
※另一側作法亦同。

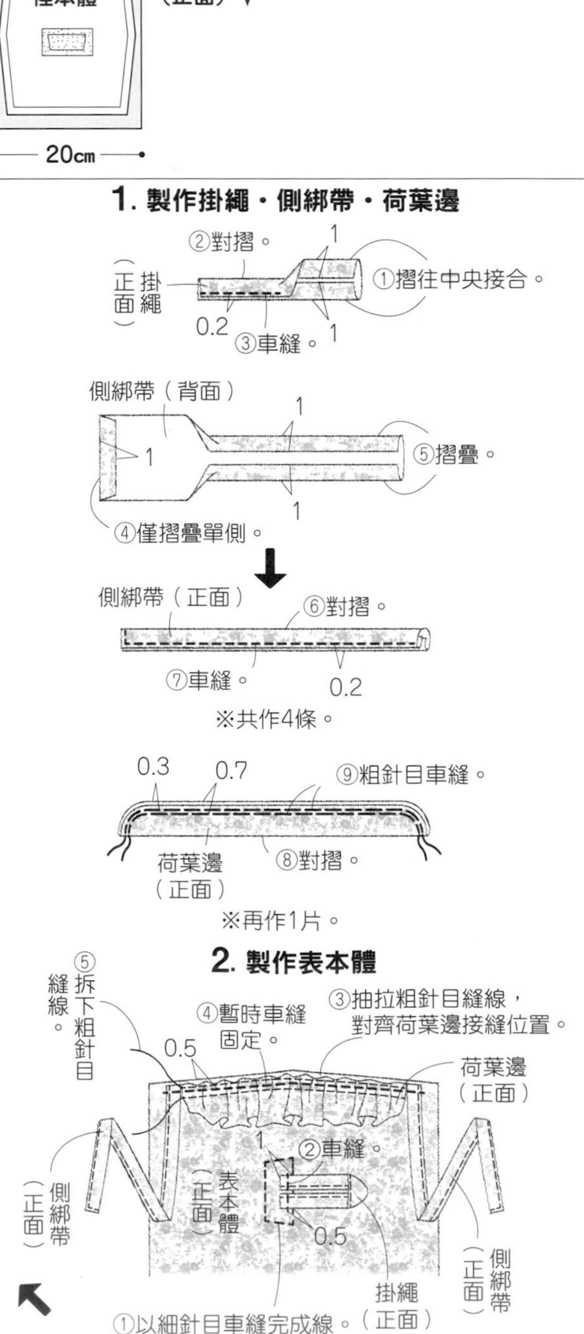

1. 製作掛繩・側綁帶・荷葉邊
②對摺。
1
①摺往中央接合。
掛繩（正面）
0.2
③車縫。
側綁帶（背面）
⑤摺疊。
④僅摺疊單側。
側綁帶（正面）
⑥對摺。
⑦車縫。
0.2
※共作4條。
0.3
0.7
⑨粗針目車縫。
荷葉邊（正面）
⑧對摺。
※再作1片。
2. 製作表本體
⑤拆下粗針目縫線。
④暫時車縫固定。
③抽拉粗針目縫線，對齊荷葉邊接縫位置。
0.5
荷葉邊（正面）
②車縫。
側綁帶（正面）
表本體（正面）
0.5
掛繩（正面）
①以細針目車縫完成線。

完成尺寸

寬31×長7.6cm

原寸紙型

下載紙型
下載方法參見 P.05
https://cfpshop.stores.jp/

材料

表布A（棉布）20cm×35cm／**表布B**（棉布）10cm×25cm
表布C（棉布）20cm×20cm／**裡布**（棉布）20cm×30cm
接著襯・接著鋪棉 30cm×35cm各1片
尼龍拉鍊 20cm 1條／**25號繡線**（白色）
不織布貼紙（黑色）直徑0.7cm 1片・（白色）直徑1cm 1片

P.49_ No.53

秋刀魚波奇包

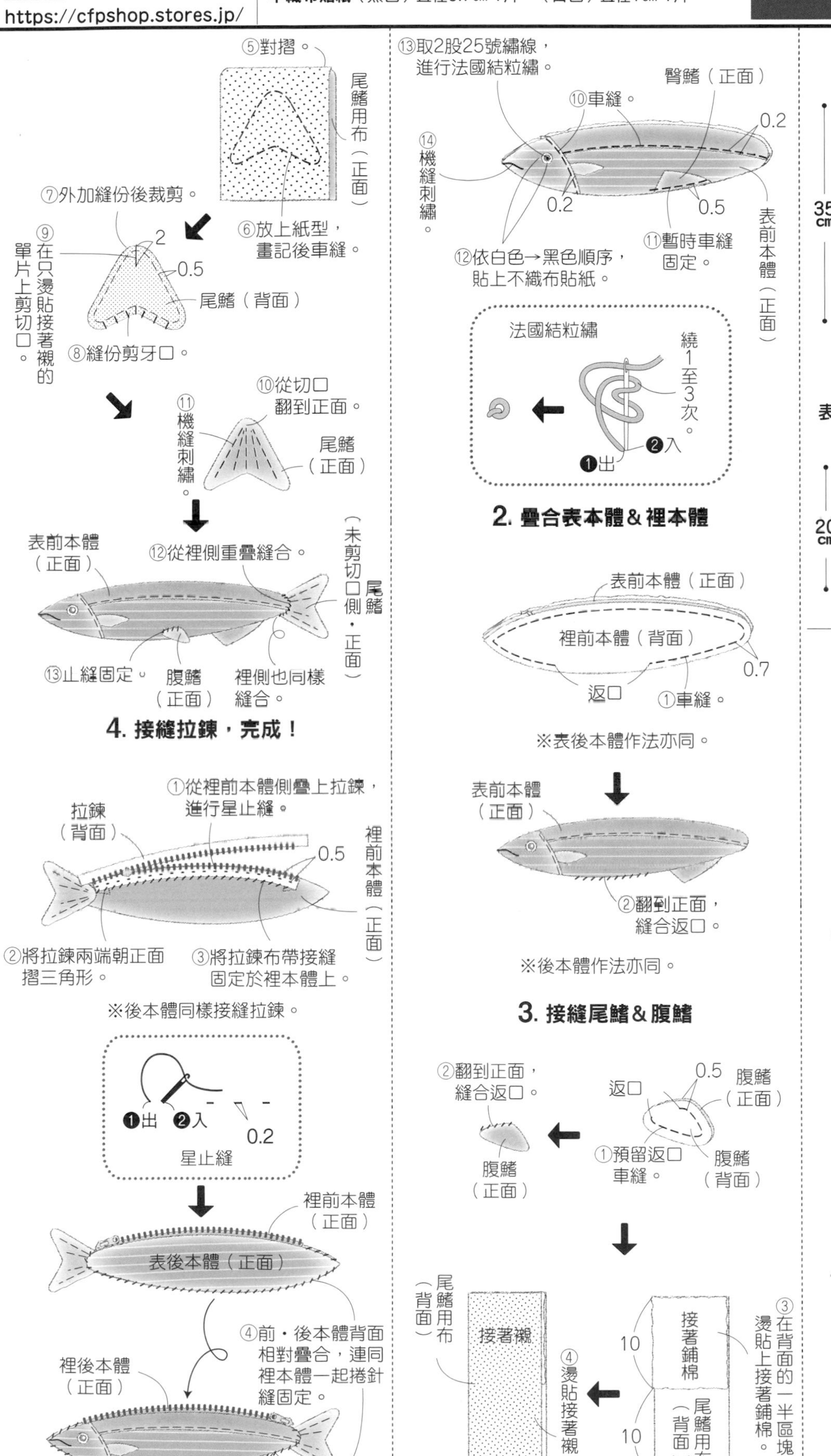

⑤對摺。
尾鰭用布（正面）
⑥放上紙型，畫記後車縫。
⑦外加縫份後裁剪。
⑨在只燙貼接著襯的單片上剪切口。
2
0.5
尾鰭（背面）
⑧縫份剪牙口。
⑩從切口翻到正面。
⑪機縫刺繡。
尾鰭（正面）
表前本體（正面）
⑫從裡側重疊縫合。
尾鰭（未剪切口側・正面）
⑬止縫固定。
腹鰭（正面）
裡側也同樣縫合。
4. 接縫拉鍊，完成！
①從裡前本體側疊上拉鍊，進行星止縫。
拉鍊（背面）
0.5
裡前本體（正面）
②將拉鍊兩端朝正面摺三角形。
③將拉鍊布帶接縫固定於裡本體上。
※後本體同樣接縫拉鍊。
❶出 ❷入
0.2
星止縫
裡前本體（正面）
表後本體（正面）
④前・後本體背面相對疊合，連同裡本體一起捲針縫固定。
裡後本體（正面）
表前本體（正面）
⑬取2股25號繡線，進行法國結粒繡。
臀鰭（正面）
⑩車縫。
0.2
⑭機縫刺繡。
0.2
0.5
表前本體（正面）
⑫依白色→黑色順序，貼上不織布貼紙。
⑪暫時車縫固定。
法國結粒繡
繞1至3次。
❶出 ❷入
2. 疊合表本體&裡本體
表前本體（正面）
裡前本體（背面）
0.7
返口
①車縫。
※表後本體作法亦同。
表前本體（正面）
②翻到正面，縫合返口。
※後本體作法亦同。
3. 接縫尾鰭&腹鰭
②翻到正面，縫合返口。
返口
0.5
腹鰭（正面）
①預留返口車縫。
腹鰭（背面）
腹鰭（正面）
尾鰭用布（背面）
接著襯
④燙貼接著襯。
10
10
接著鋪棉
尾鰭用布（背面）
③在背面的一半區塊燙貼上接著鋪棉。

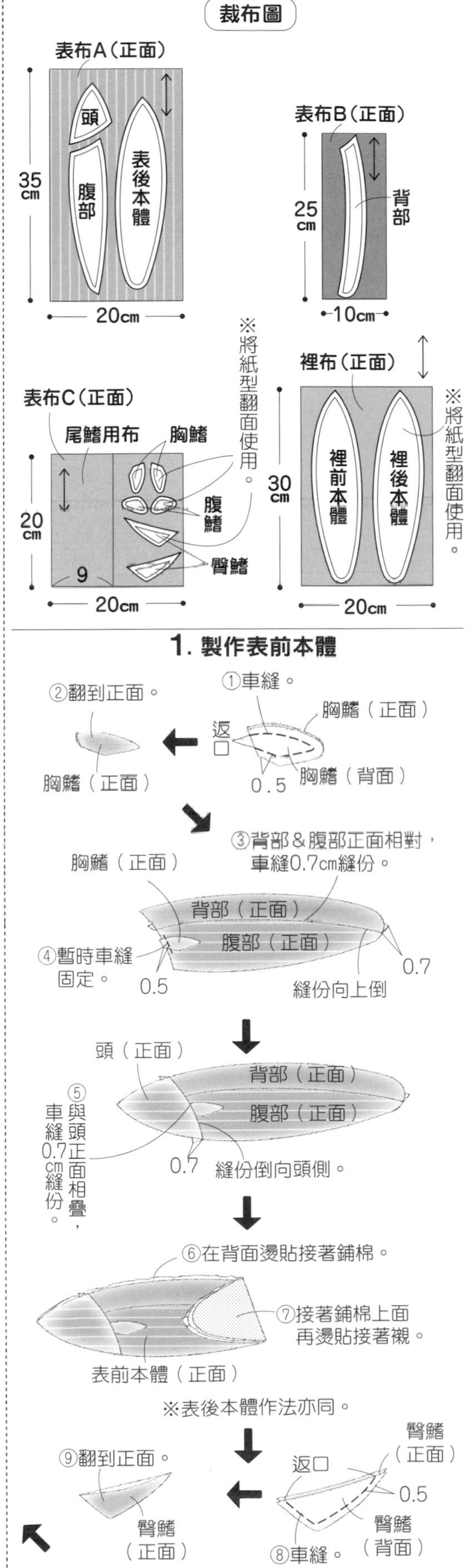

裁布圖
表布A（正面）
頭
腹部
表後本體
35cm
20cm
表布B（正面）
25cm
背部
10cm
※將紙型翻面使用。
裡布（正面）
表布C（正面）
尾鰭用布
胸鰭
腹鰭
臀鰭
20cm
9
20cm
30cm
裡前本體
裡後本體
20cm
※將紙型翻面使用。
1. 製作表前本體
②翻到正面。
①車縫。
胸鰭（正面）
返口
胸鰭（正面）
0.5
胸鰭（背面）
③背部&腹部正面相對，車縫0.7cm縫份。
胸鰭（正面）
背部（正面）
腹部（正面）
④暫時車縫固定。
0.5
0.7
縫份向上倒
頭（正面）
背部（正面）
腹部（正面）
⑤與頭正面相疊，車縫0.7cm縫份。
0.7
縫份倒向頭側。
⑥在背面燙貼接著鋪棉。
⑦接著鋪棉上面再燙貼接著襯。
表前本體（正面）
※表後本體作法亦同。
臀鰭（正面）
⑨翻到正面。
返口
0.5
臀鰭（正面）
臀鰭（背面）
⑧車縫。

完成尺寸

直徑37×高16cm

原寸紙型

A面

材料

浴巾A・B 120cm×60cm 各1條

配布（厚木棉布）45cm×45cm

鋪棉 45cm×45cm／**填充棉** 600g

P.11_ No.16 毛巾寵物床

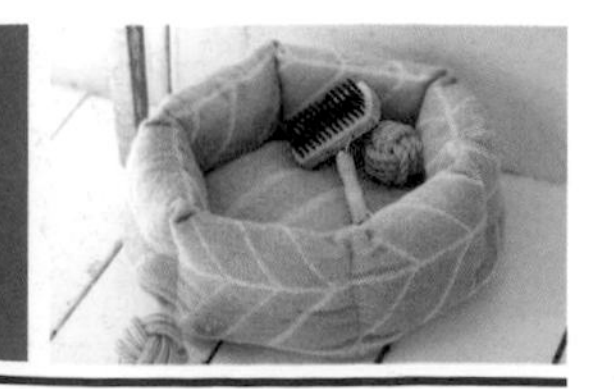

裁布圖 ※除了底・軟墊之外皆無原寸紙型，請依標示尺寸（已含縫份）直接裁剪。

配布（正面） 底 45cm 45cm

浴巾A 軟墊 60cm 120cm 摺雙 布邊

浴巾B 側面 34 60cm 120cm 摺雙 布邊

1. 製作睡窩

①車縫。

②燙開縫份。

③背面相向對摺。

④分成六等分車縫。

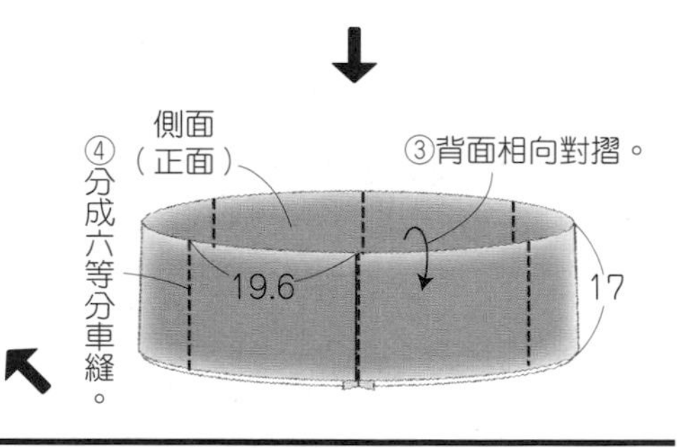

1
1
側面
（背面）
34
側面
（正面）
19.6
17

⑤從下方的開口塞入填充棉。棉花盡量推往摺雙側，接縫底部時會比較好作業。

⑥車縫。

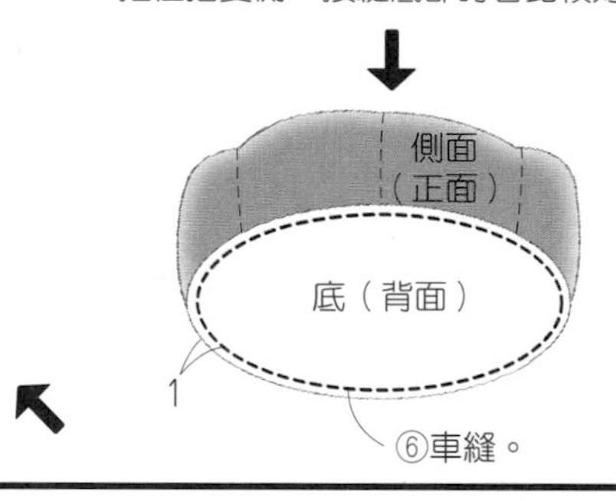

摺雙側
側面
（正面）
填充棉
填充棉
側面
（正面）
底（背面）
1

底（背面）

⑦翻到正面。

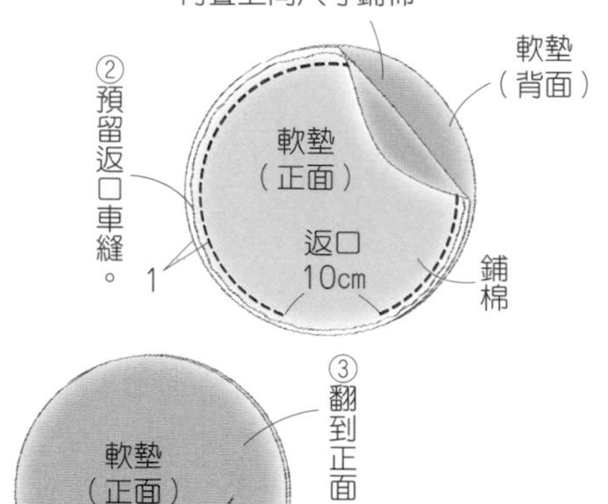

側面
（正面）

2. 製作軟墊

①兩片軟墊正面相對疊合，再疊上同尺寸鋪棉。

②預留返口車縫。

③翻到正面。

④塞入填充棉。

⑤縫合返口。

⑥將軟墊放入睡窩內。

軟墊（背面） 軟墊（正面） 返口 10cm 鋪棉 1

軟墊（正面） 填充棉

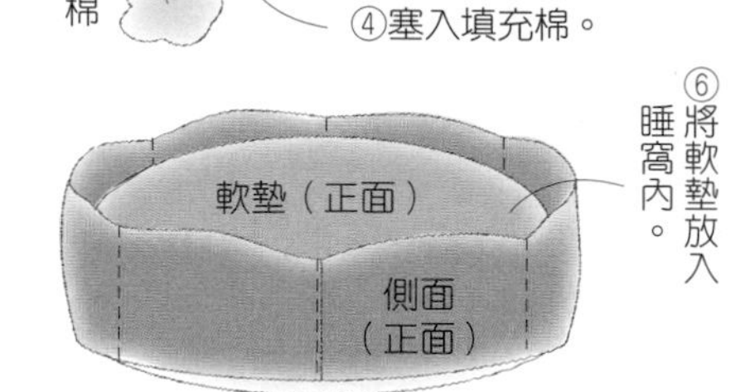

軟墊（正面）
側面
（正面）

完成尺寸

No.31：寬10×長10cm

No.32：寬45×長33cm

原寸紙型

無

材料（■…No.31・■…No.32・■…通用）

表布（平織布）30cm×15cm 100cm×35cm

滾邊條 寬11mm 50cm 165cm

P.28_ No.31 方杯墊

P.28_ No.32 方餐墊

No.32
No.31

裁布圖

※標示尺寸已含縫份。

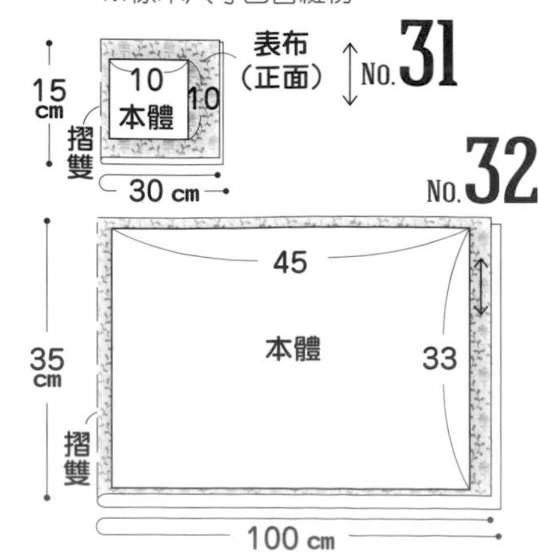

表布
（正面）
No.31
15cm
10
10
本體
摺雙
30 cm
No.32
45
35cm
本體
33
摺雙
100 cm

1. 製作本體

①本體背面相對疊合，暫時車縫固定。

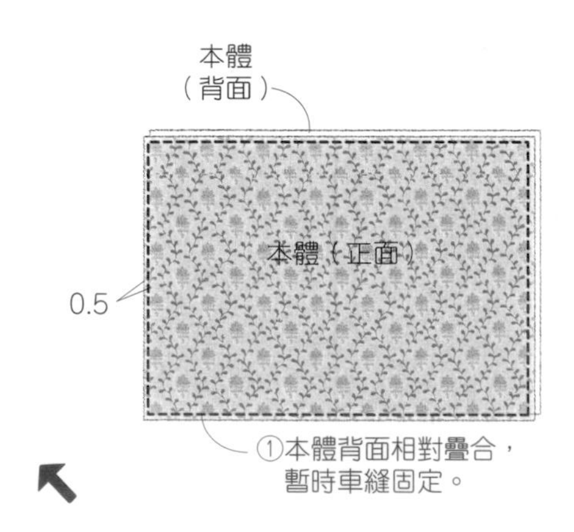

本體
（背面）
本體（正面）
0.5

②P.23「包邊的作法・車縫包捲法2.」
P.24「始縫&終縫的處理2.」
P.25「角落的車縫1.」
參見以上作法，使用滾邊條進行包邊。

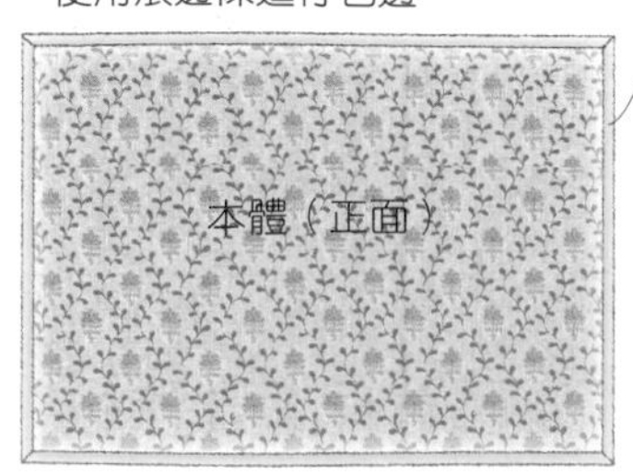

本體（正面）

No.31作法亦同。

完成尺寸

寬12×長4×側身9cm

原寸紙型

無

材料

毛巾手帕 25cm×25cm 1條
VISLON拉鍊 20cm 1條

P.09_ No.10
毛巾手帕波奇包

1. 接縫拉鍊

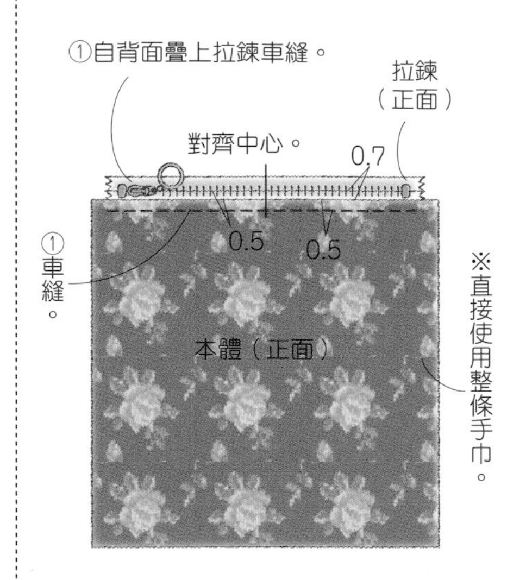

①自背面疊上拉鍊車縫。
拉鍊（正面）
對齊中心。
0.7
0.5
0.5
①車縫。
本體（正面）
※直接使用整條手巾。

※另一側同樣接縫拉鍊。

2. 製作本體

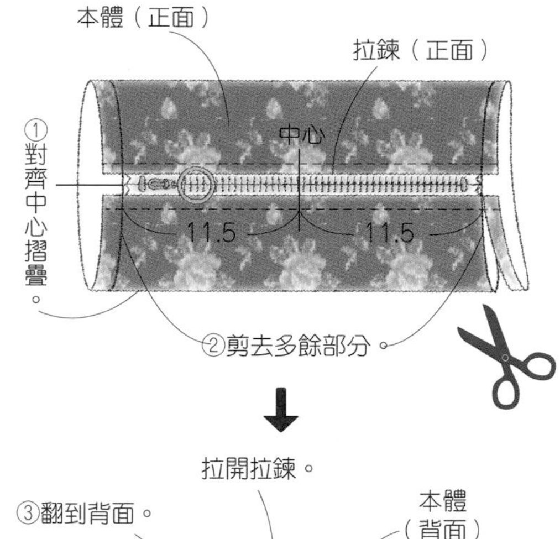

本體（正面）
拉鍊（正面）
中心
①對齊中心摺疊。
11.5
11.5
②剪去多餘部分。

拉開拉鍊。

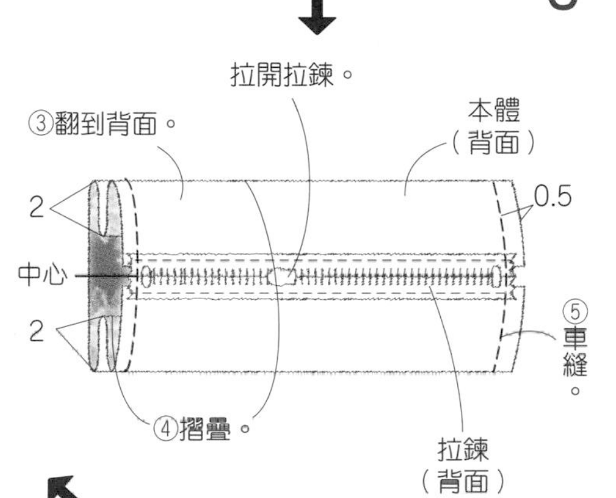

③翻到背面。
本體（背面）
0.5
2
中心
2
⑤車縫。
④摺疊。
拉鍊（背面）

本體（背面）

⑥Z字車縫。

拉鍊（背面）

本體（正面）

⑦翻到正面。

完成尺寸

寬8×長25×直徑8cm

原寸紙型

無

材料

舊毛衣 單邊袖子
不織布 10cm×10cm
皮繩 寬0.5cm 60cm

P.12_ No.17
針織茶壺保溫罩

1. 裁剪

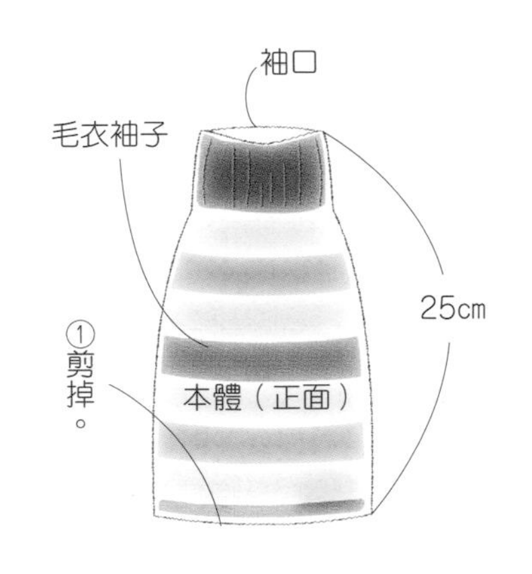

袖口
毛衣袖子
25cm
①剪掉。
本體（正面）

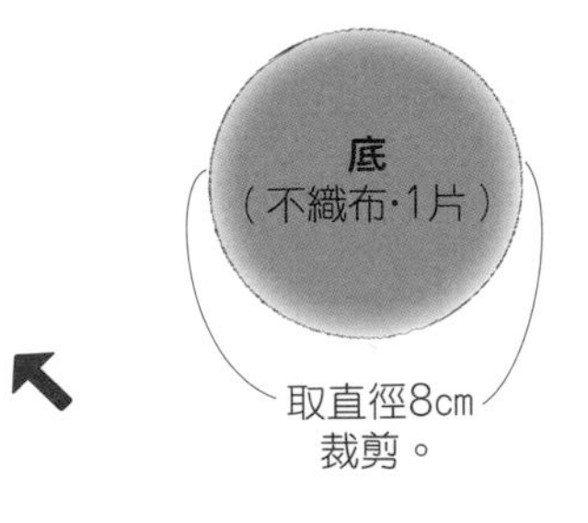

底
（不織布·1片）

取直徑8cm裁剪。

③剪洞後，沾黏白膠防止綻線。

1.5

3

②翻往正面，寬度三摺邊縫合。依3cm→3cm

本體（正面）

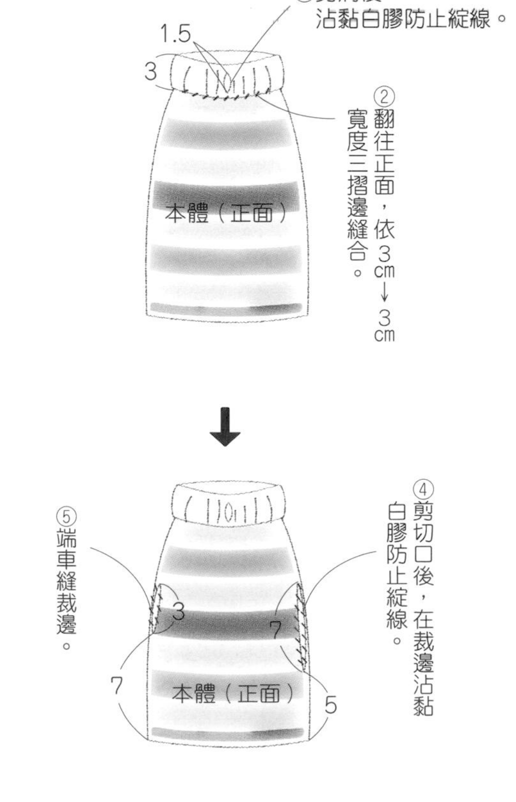

⑤端車縫裁邊。
④剪切口後，在裁邊沾黏白膠防止綻線。
3
7
7
5
本體（正面）

2. 接縫底部，完成！

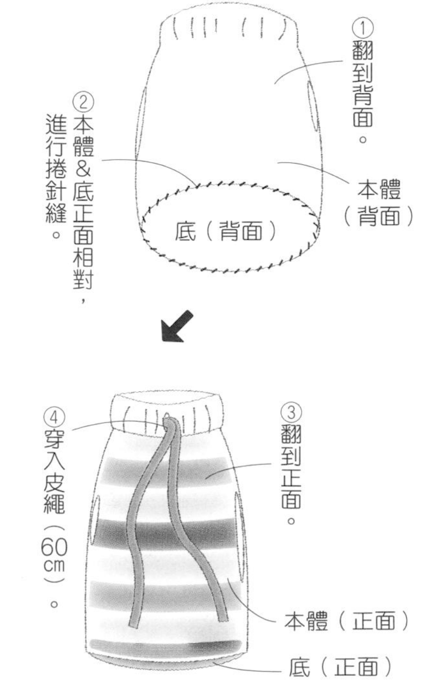

①翻到背面。
②本體&底正面相對，進行捲針縫。
本體（背面）
底（背面）
④穿入皮繩（60cm）。
③翻到正面。
本體（正面）
底（正面）

完成尺寸
長30cm

原寸紙型

下載紙型
下載方法參見 P.05
https://cfpshop.stores.jp/

材料

舊毛衣A 兩隻袖子
舊毛衣B 單隻袖子
毛球 直徑0.8cm 1顆
鈕釦 12mm 1顆／**丸小玻璃珠**（黑色）1顆
填充棉、**25號繡線**（紅色・白色）適量

P.12_ No.18 針織狐狸君

1. 裁剪

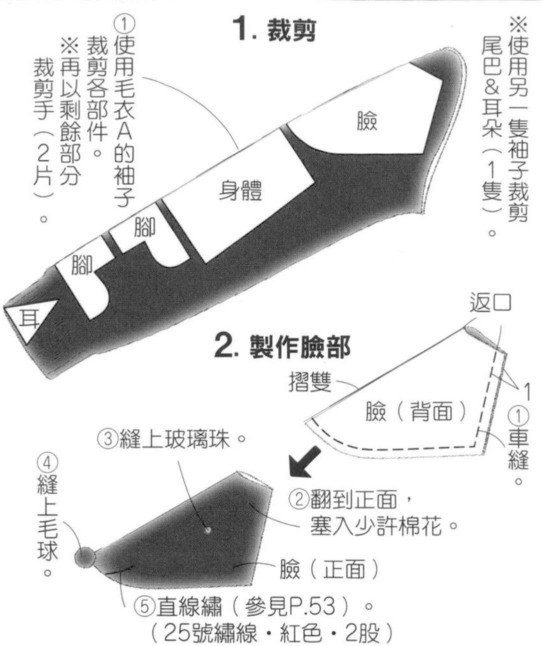

※使用另一隻袖子裁剪尾巴＆耳朵（1隻）。
①使用毛衣A的袖子裁剪各部件。
※再以剩餘部分裁剪手（2片）。
臉
身體
腳
腳
耳

2. 製作臉部

返口
摺雙
臉（背面）
1
①車縫。
③縫上玻璃珠。
②翻到正面，塞入少許棉花。
④縫上毛球。
臉（正面）
⑤直線繡（參見P.53）。（25號繡線・紅色・2股）

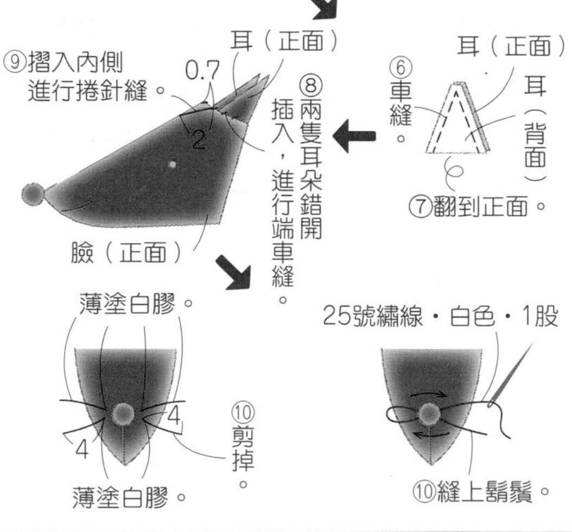

耳（正面）
⑨摺入內側進行捲針縫。
0.7
2
⑧兩隻耳朵錯開插入，進行端車縫。
⑥車縫。
耳（正面）
耳（背面）
⑦翻到正面。
臉（正面）

薄塗白膠。
4
4
薄塗白膠。
⑩剪掉。
25號繡線・白色・1股
⑩縫上鬍鬚。

3. 製作各部件＆組裝

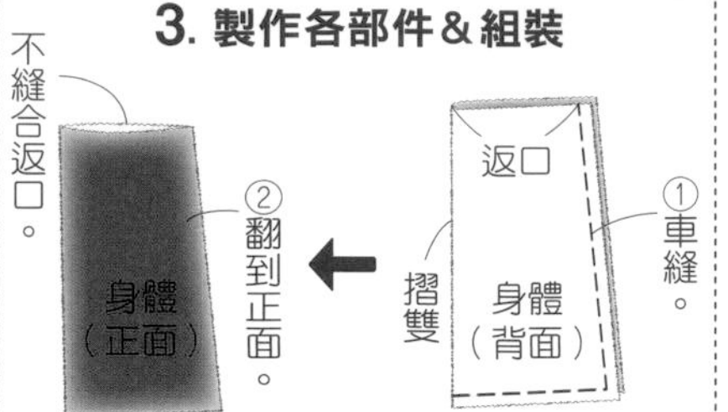

不縫合返口。
身體（正面）
②翻到正面。
返口
摺雙
身體（背面）
①車縫。

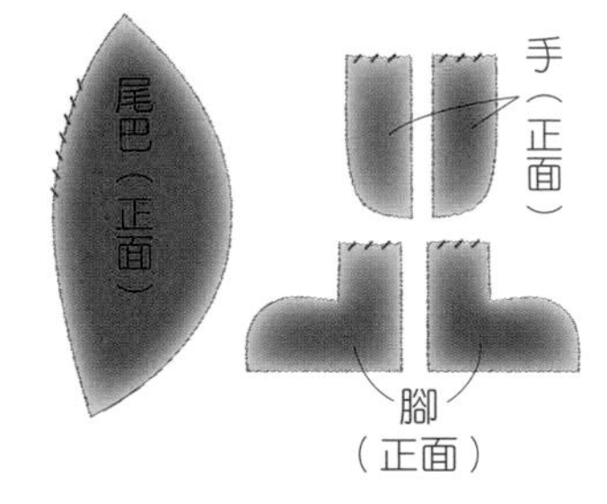

尾巴（正面）
手（正面）
腳（正面）

③依身體作法縫製其他部件並縫合返口。

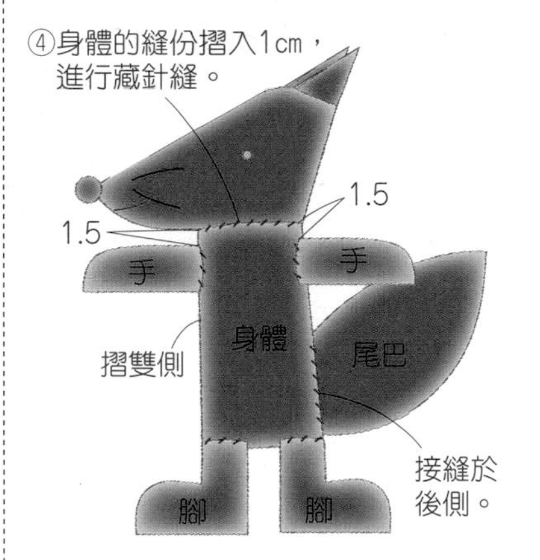

④身體的縫份摺入1cm，進行藏針縫。
1.5
1.5
手
手
身體
尾巴
摺雙側
接縫於後側。
腳
腳

⑤將各部件與身體接縫。

4. 製作背心

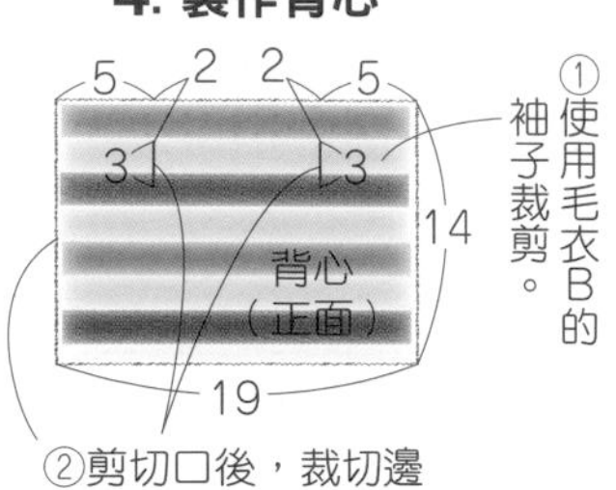

5
2
2
5
3
3
14
背心（正面）
19
①使用毛衣B的袖子裁剪。

②剪切口後，裁切邊沾黏白膠防止綻線。

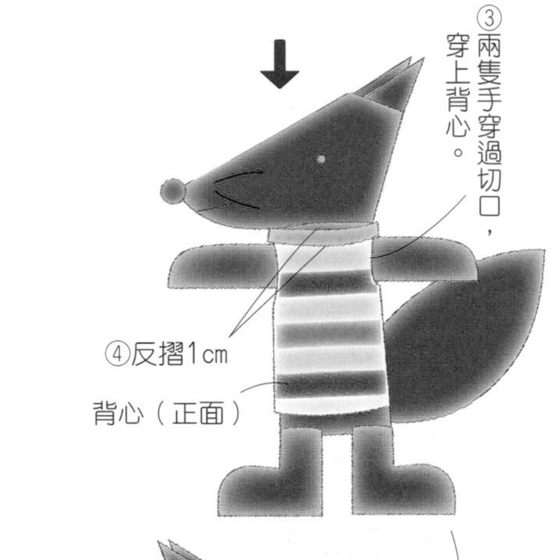

③兩隻手穿過切口，穿上背心。
④反摺1cm
背心（正面）

背心（正面）
⑤重疊1cm，縫上鈕釦加以固定。

完成尺寸
No.35：寬8×長6cm
No.36：直徑8cm

原寸紙型

C面

材料

表布（平織布）25cm×10cm
配布（平織布）30cm×30cm
棉繩 粗0.5cm 30cm
羊毛 適量

P.29_ No.35 方針插
P.29_ No.36 圓針插

1. 裁布

※■…No.35・■…No.36・■…通用

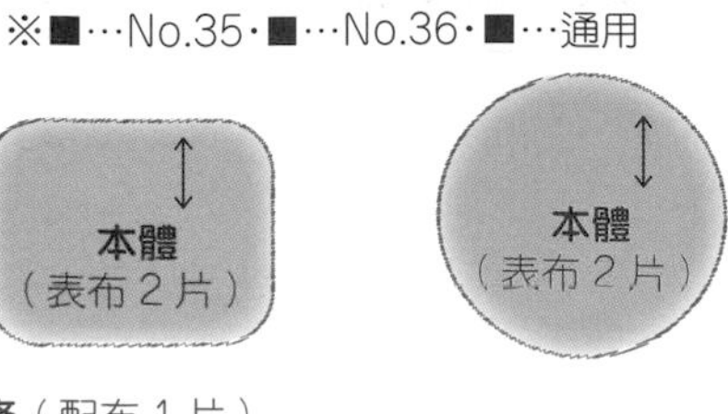

本體（表布2片）
本體（表布2片）
斜布條（配布1片）
28
26
3.3

2. 製作本體

①P.26「出芽滾邊條」
P.27「始縫＆終縫的處理2.」
參見以上作法，使用斜布條製作出芽＆車縫滾邊。

本體（正面）
出芽（正面）
本體（背面）
返口
5cm
②車縫。
③將返口以外的縫份剪至0.5cm。
1

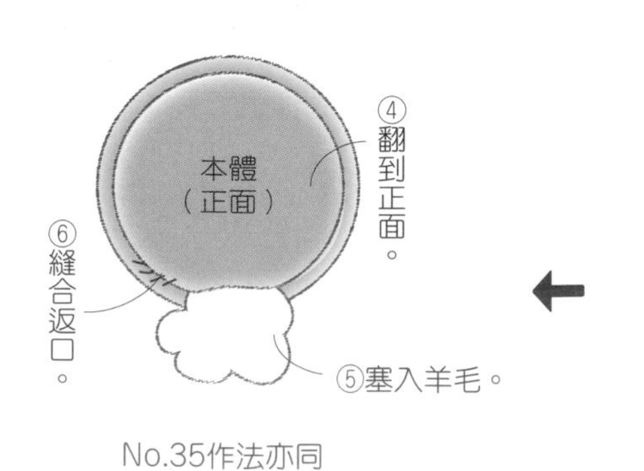

本體（正面）
④翻到正面。
⑥縫合返口。
⑤塞入羊毛。

No.35作法亦同

完成尺寸

寬33×長43cm

原寸紙型

無

材料

洗臉毛巾 33cm×80cm 2條

塑膠四合釦 13mm 3組

P.10_ No.14

毛巾壁掛收納袋

1. 裁剪

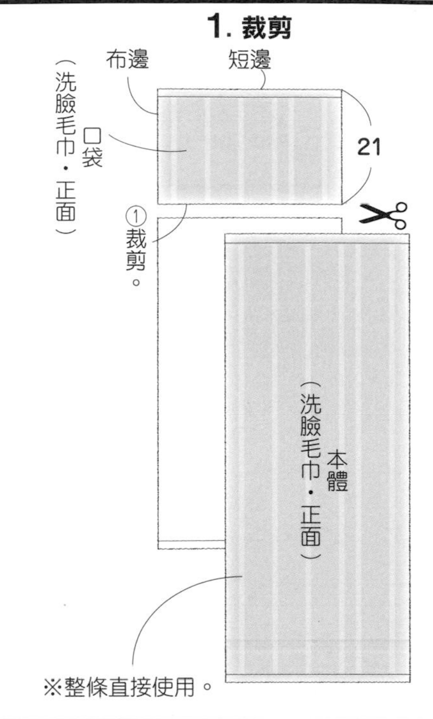

布邊
短邊
口袋
(洗臉毛巾・正面)
21
①裁剪。
本體
(洗臉毛巾・正面)
※整條直接使用。

2. 製作本體

①安裝塑膠四合釦。

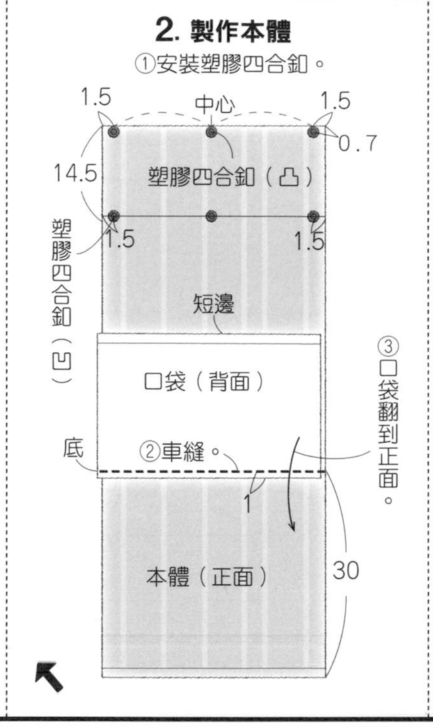

1.5
中心
1.5
0.7
14.5
塑膠四合釦(凸)
塑膠四合釦(凹)
1.5
1.5
短邊
口袋(背面)
③口袋翻到正面。
底
②車縫。
1
本體(正面)
30

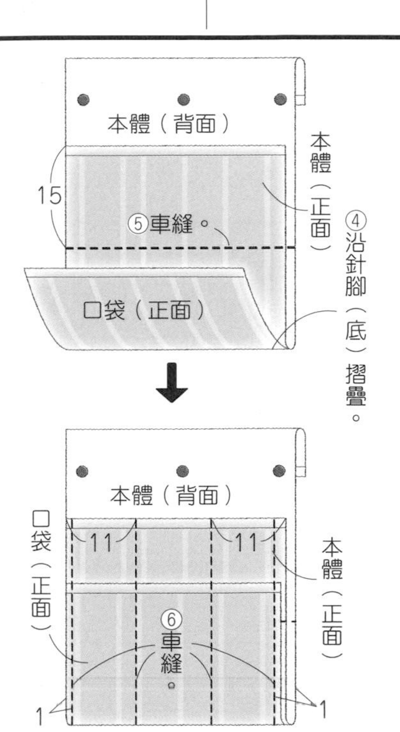

本體(背面)
15
⑤車縫。
本體(正面)
④沿針腳(底)摺疊。
口袋(正面)
本體(背面)
口袋(正面)
11
11
本體(正面)
⑥車縫。
1
1

完成尺寸

寬15×長30cm

原寸紙型

A面

材料

表布(尼龍布)35cm×35cm

毛巾 30cm×30cm 1條

尼龍拉鍊 60cm 1條

滾邊條 寬10mm 130cm

P.11_ No.15

毛巾傘套

1. 裁剪

※裡本體直接使用整條毛巾。

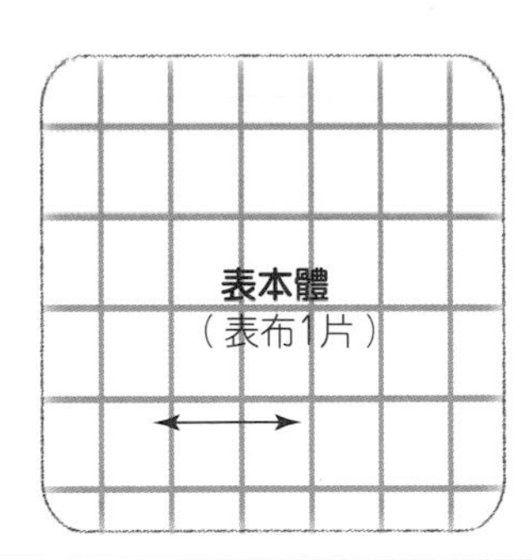

表本體
(表布1片)

2. 製作本體

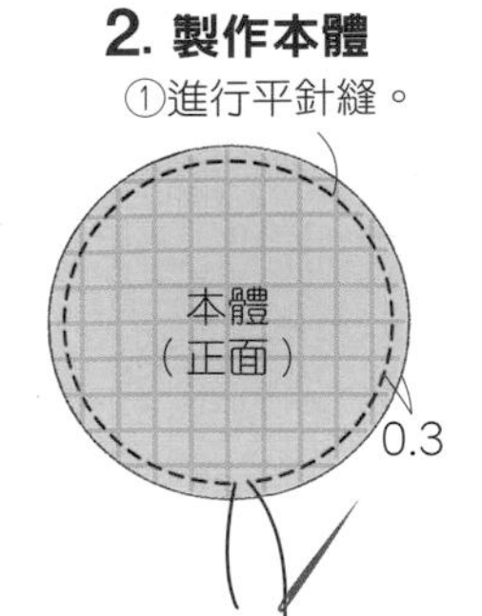

裡本體(背面)
②對齊表本體修剪成圓角。
表本體
(正面)
①暫時車縫固定。
0.5

③參照別冊P.18,
縫上拉鍊並以滾邊條包捲縫份。

拉鍊(正面)
裡本體
(正面)
滾邊條(正面)

完成尺寸

直徑6cm

原寸紙型

A面

材料

手帕 20cm×20cm 1條

羊毛 適量

瓶蓋(直徑6cm)1個

P.08_ No.08

手帕針插

1. 裁剪

使用手帕裁剪本體。

本體
(1片)

2. 製作本體

①進行平針縫。

本體
(正面)
0.3

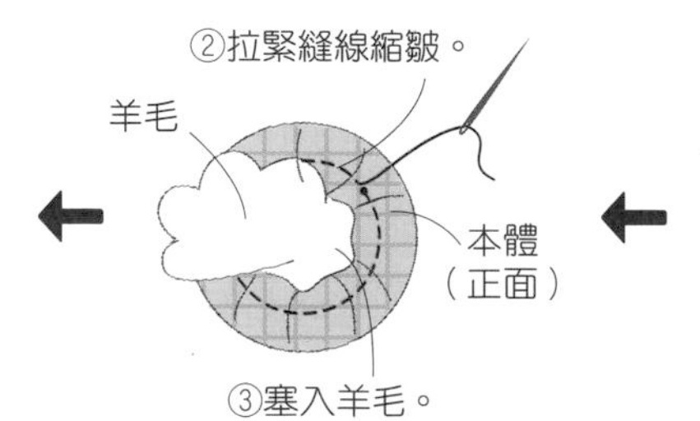

②拉緊縫線縮皺。
羊毛
本體
(正面)
③塞入羊毛。

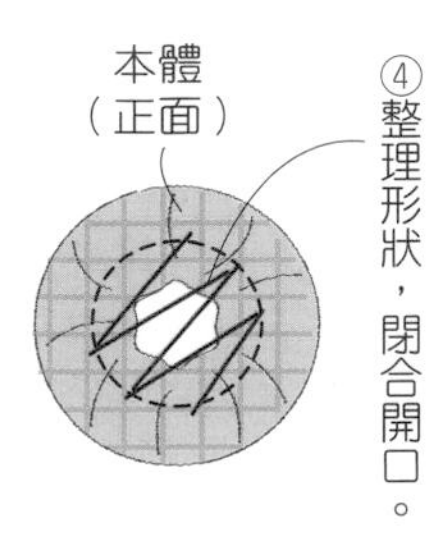

本體
(正面)
④整理形狀,閉合開口。

⑤以布用接著劑黏貼固定。

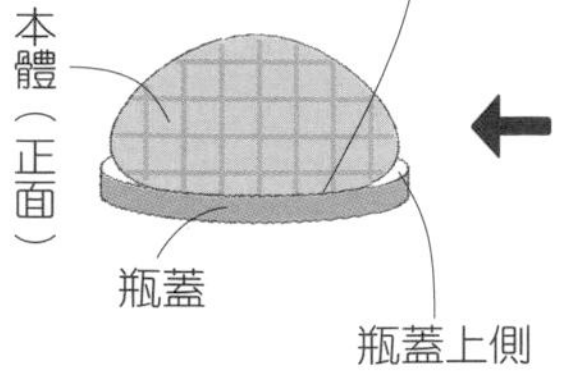

本體
(正面)
瓶蓋
瓶蓋上側

完成尺寸	材料
寬12×長26cm（腳的尺寸為23至24cm）	**舊毛衣** 1件
原寸紙型	**配布**（合成皮）35cm×35cm
A面	**裡布**（搖粒絨）80cm×40cm
	接著襯（中厚）110cm×35cm

P.13_ NO.21 針織室內鞋

裁布圖

※▭處需於背面燙貼接著襯。

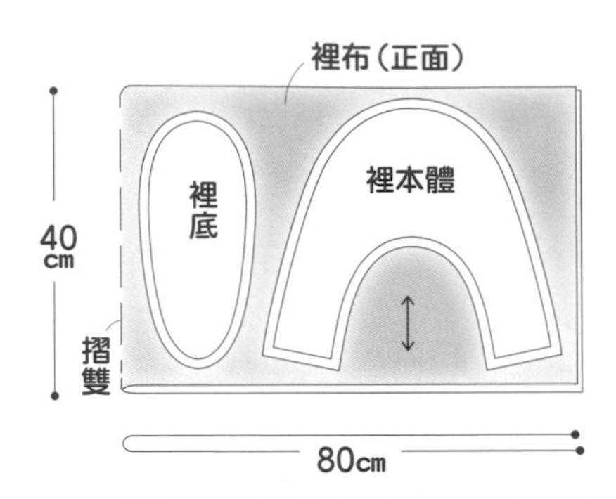

裡布（正面）
裡底
裡本體
40cm
摺雙
80cm

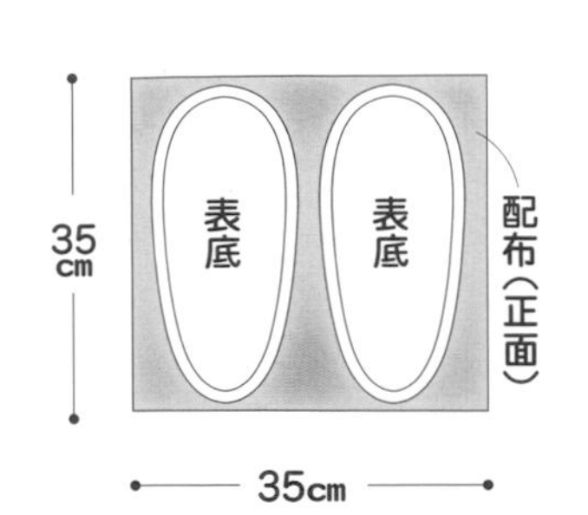

35cm
表底
表底
配布（正面）
35cm

※從毛衣上喜好的區塊裁下2片。

表本體

1. 製作本體

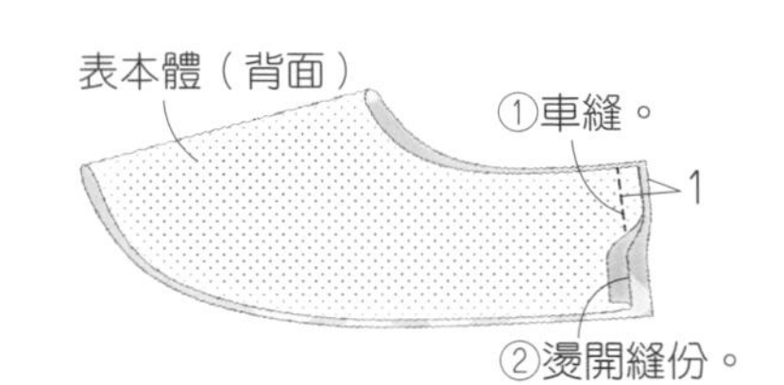

表本體（背面）
①車縫。
1
②燙開縫份。

※裡本體作法亦同。

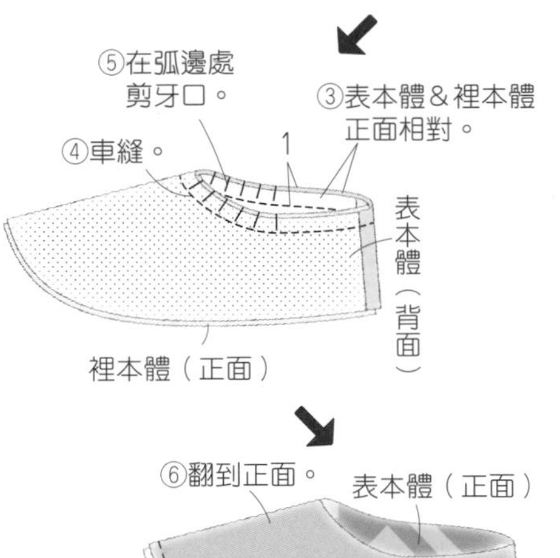

⑤在弧邊處剪牙口。
③表本體&裡本體正面相對。
④車縫。
1
表本體（背面）
裡本體（正面）
⑥翻到正面。
表本體（正面）
⑦暫時車縫固定。
0.5
裡本體（正面）

2. 縫合鞋底

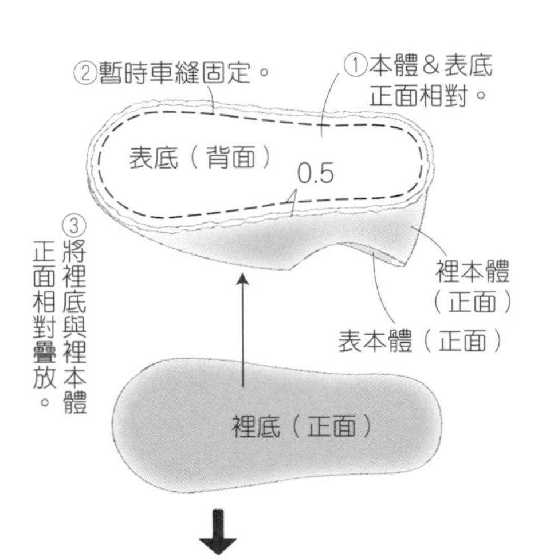

②暫時車縫固定。
①本體&表底正面相對。
表底（背面）
0.5
③將裡底與裡本體正面相對疊放。
裡本體（正面）
表本體（正面）
裡底（正面）

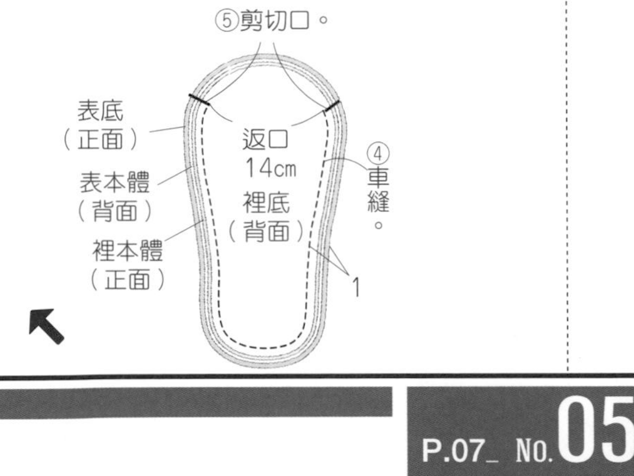

⑤剪切口。
表底（正面）
返口14cm
表本體（背面）
裡底（背面）
裡本體（正面）
④車縫。
1

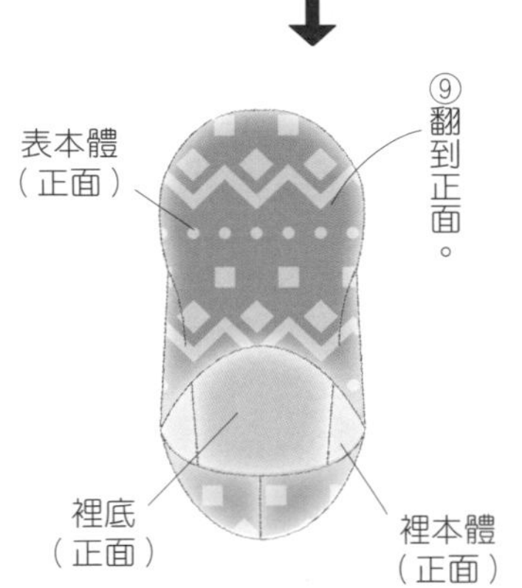

⑧縫份全部一起Z字車縫。
1
⑥翻到正面，使裡本體在外側。
裡本體（正面）
⑦車縫返口。
表底（正面）
表本體（正面）
表本體（正面）
⑨翻到正面。
裡底（正面）
裡本體（正面）

※另一隻鞋作法亦同。

完成尺寸	材料
長21×寬16cm	**舊牛仔褲** 1條
原寸紙型	
無	

P.07_ NO.05 牛仔充電口袋

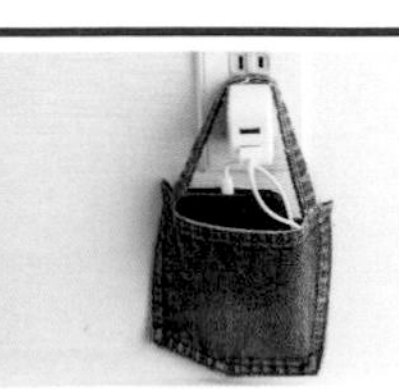

1. 裁剪

口袋（正面）

①沿著牛仔褲的後口袋，連同褲子的布面一起剪下。

②沿著三摺邊的邊緣剪下牛仔褲下襬。

23

牛仔褲下襬側

提把（正面）

2. 接縫提把

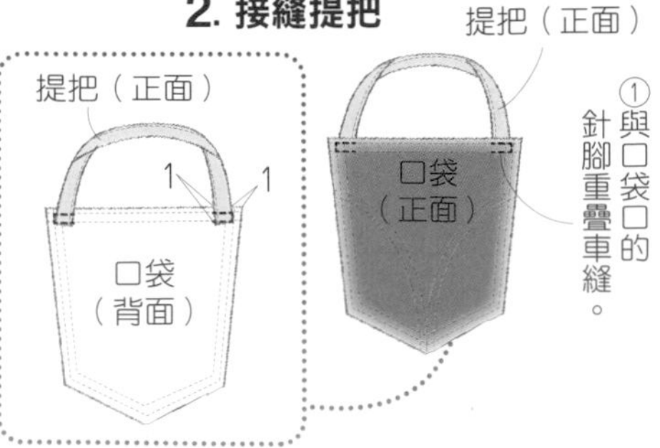

提把（正面）
1
1
口袋（背面）

提把（正面）

口袋（正面）

①與口袋口的針腳重疊車縫。

完成尺寸

寬23×脖圍140cm

原寸紙型

無

材料

舊毛衣A・B 2片

P.13_ NO.20 針織脖圍

1. 裁剪

①從毛衣裁剪本體A・B各2片。

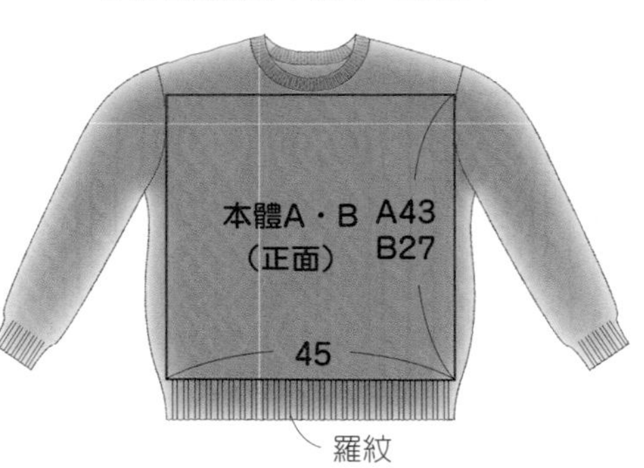

本體A・B A43 B27
（正面）
45
羅紋

2. 拼接

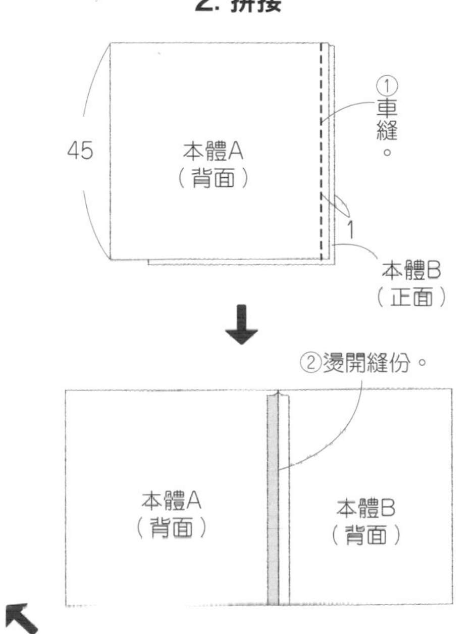

①車縫。
45
本體A
（背面）
1
本體B
（正面）
②燙開縫份。
本體A
（背面）
本體B
（背面）

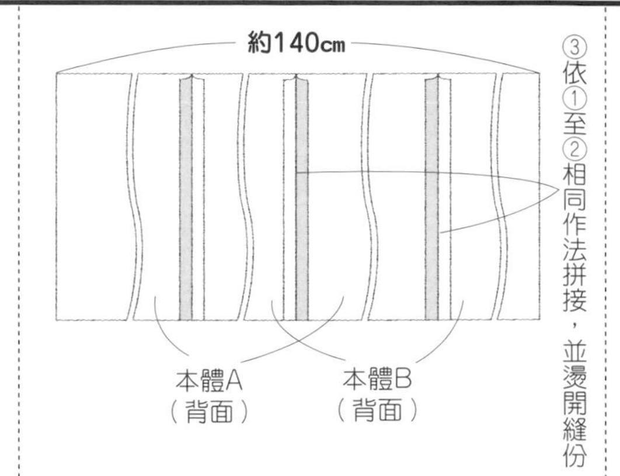

約140cm
③依①至②相同作法拼接，並燙開縫份。
本體A
（背面）
本體B
（背面）

3. 完成車縫

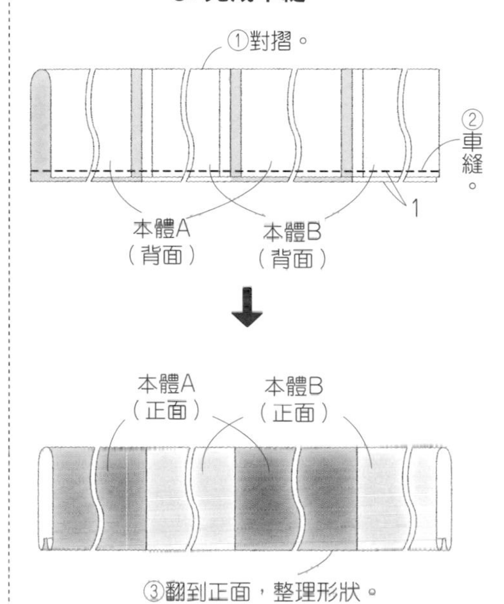

①對摺。
②車縫。
1
本體A
（背面）
本體B
（背面）
本體A
（正面）
本體B
（正面）
③翻到正面，整理形狀。

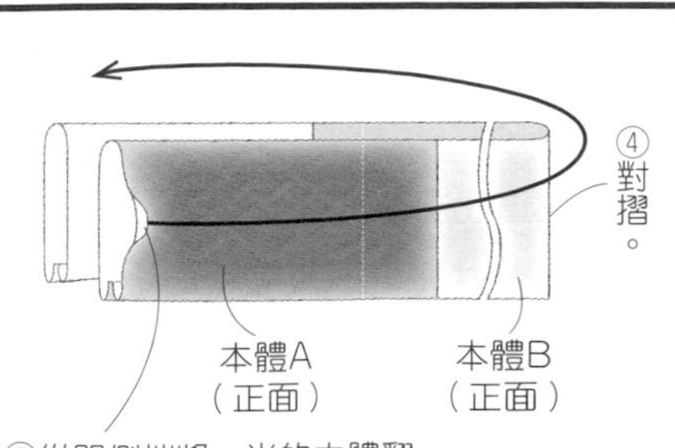

④對摺。
本體A
（正面）
本體B
（正面）
⑤從單側端將一半的本體翻至背面，與另一端套合。

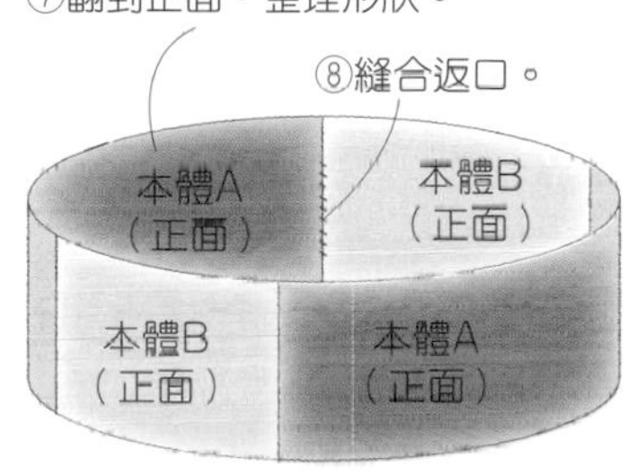

返口5cm
⑥車縫。
1
本體B
（背面）
本體A
（背面）

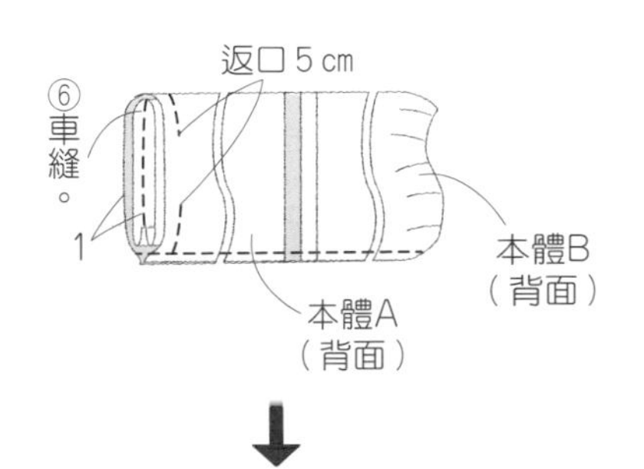

⑦翻到正面，整理形狀。
⑧縫合返口。
本體A
（正面）
本體B
（正面）
本體B
（正面）
本體A
（正面）

完成尺寸

寬35×長35cm

原寸紙型

無

材料

舊開襟衫 1片

毛線 適量

枕心 35cm×35cm 1個

P.12_ NO.19 針織抱枕套

1. 裁剪

①從開襟衫裁剪2片本體。

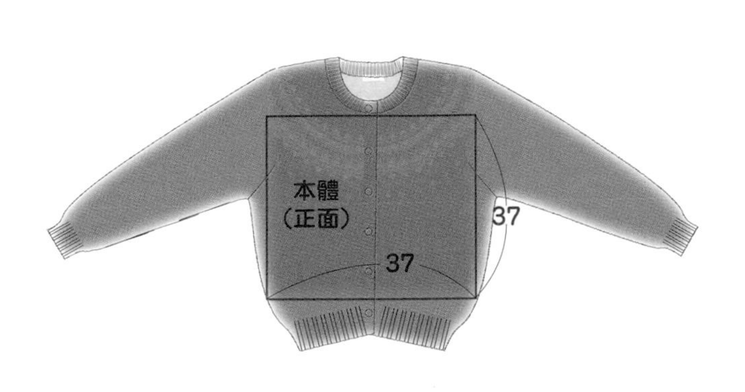

本體
（正面）
37
37

2. 製作本體

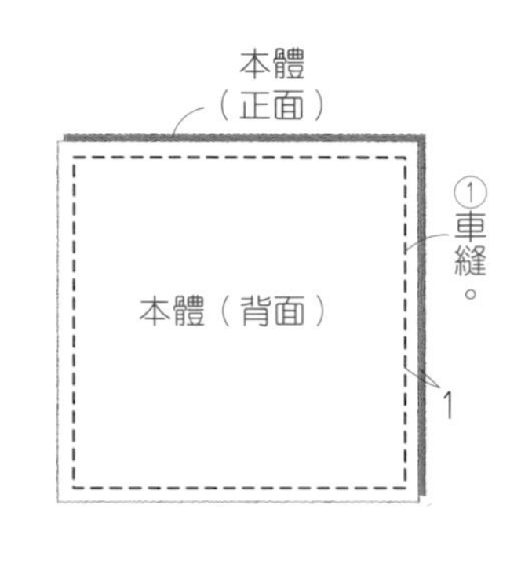

本體
（正面）
①車縫。
本體（背面）
1

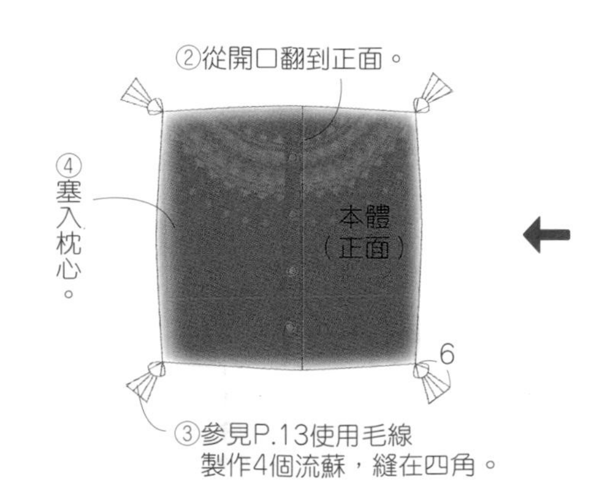

②從開口翻到正面。
④塞入枕心。
本體
（正面）
6
③參見P.13使用毛線製作4個流蘇，縫在四角。

完成尺寸

蓋毯：寬70×長100cm
蓋毯收納帶：寬19×長25cm

原寸紙型

無

材料（表布A至K皆為平織布）

表布A 20cm×30cm／**表布B** 30cm×35cm
表布C 30cm×40cm／**表布D** 80cm×150cm
表布E・F 各25cm×50cm／**表布G** 35cm×20cm
表布H 80cm×35cm／**表布I** 25cm×25cm／**表布K** 20cm×25cm
表布J 15cm×25cm／**塑膠四合釦** 13mm 2組
接著鋪棉 45cm×30cm／**接著襯**（薄）55cm×30cm
鈕釦 17mm 1顆／**蕾絲花片** 1片

P.15_ NO.
22 蓋毯&收納帶

1. 裁布

※標示尺寸已含縫份。

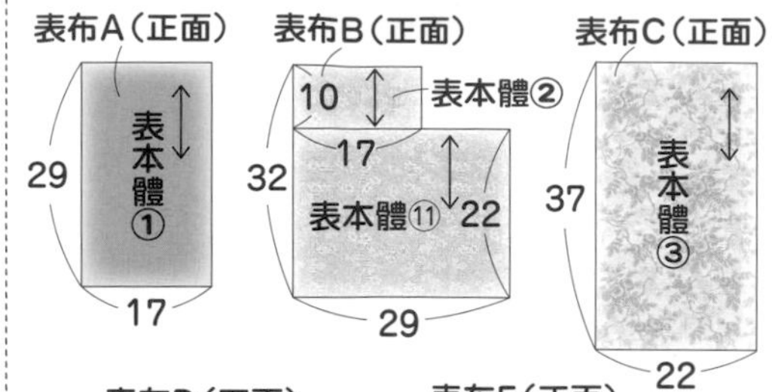

表布A（正面）
表本體①
29
17
表布B（正面）
10
表本體②
17
32
表本體⑪
22
29
表布C（正面）
表本體③
37
22

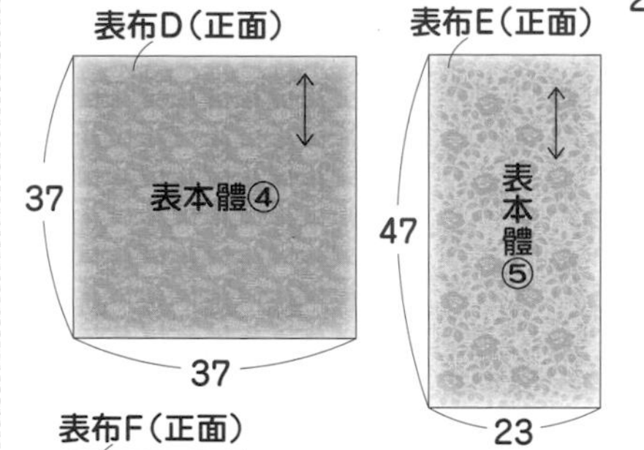

表布D（正面）
表本體④
37
37
表布E（正面）
表本體⑤
47
23

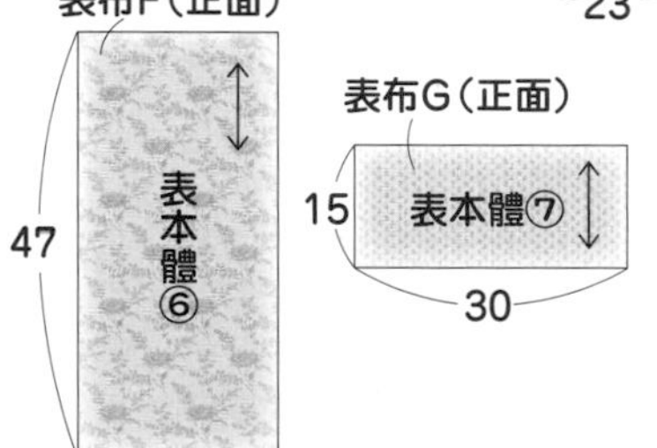

表布F（正面）
表本體⑥
47
23
表布G（正面）
15
表本體⑦
30

※在提把&收納帶本體a・b的背面燙貼接著襯。

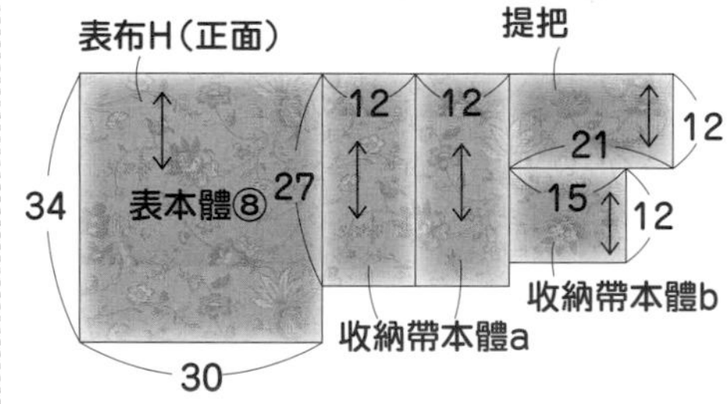

表布H（正面）
提把
表本體⑧
34
30
27
12
12
21
12
15
12
收納帶本體a
收納帶本體b

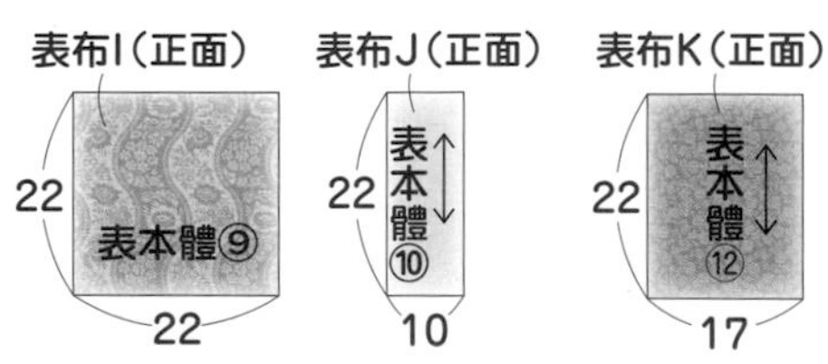

表布I（正面）
表本體⑨
22
22
表布J（正面）
22
表本體⑩
10
表布K（正面）
22
表本體⑫
17

1. 製作表本體

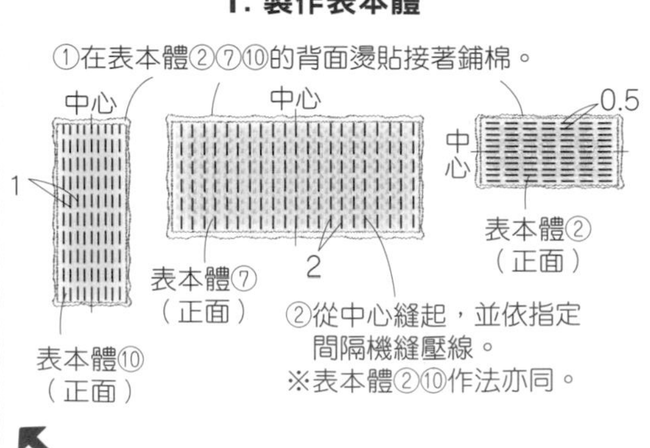

①在表本體②⑦⑩的背面燙貼接著鋪棉。
中心
中心
中心
0.5
1
2
表本體⑦（正面）
表本體②（正面）
表本體⑩（正面）
②從中心縫起，並依指定間隔機縫壓線。
※表本體②⑩作法亦同。

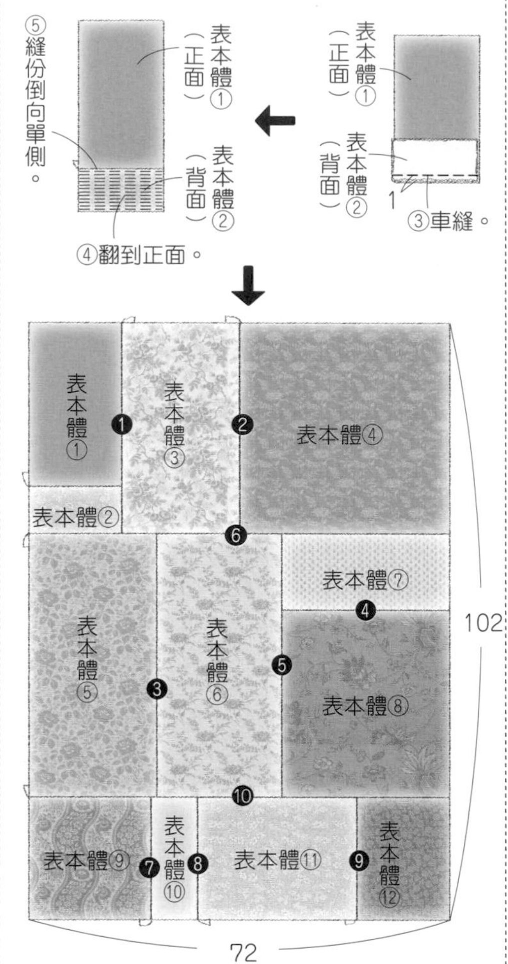

表本體①（正面）
表本體②（背面）
③車縫。
1
⑤縫份倒向單側。
④翻到正面。
表本體①
表本體③
表本體④
表本體②
表本體⑤
表本體⑥
表本體⑦
表本體⑧
表本體⑨
表本體⑩
表本體⑪
表本體⑫
102
72

⑥以③至⑤相同作法，依❶至❿的順序拼縫。

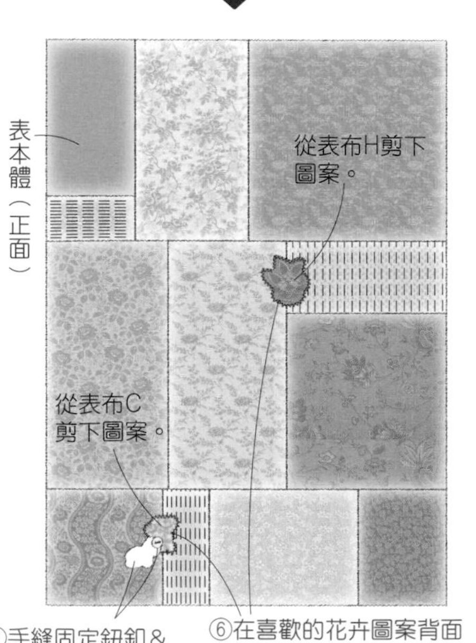

表本體（正面）
從表布H剪下圖案。
從表布C剪下圖案。
⑦手縫固定鈕釦&蕾絲花片。
⑥在喜歡的花卉圖案背面燙貼接著襯剪下，以Z字車縫固定於本體上。

2. 與裡本體疊合

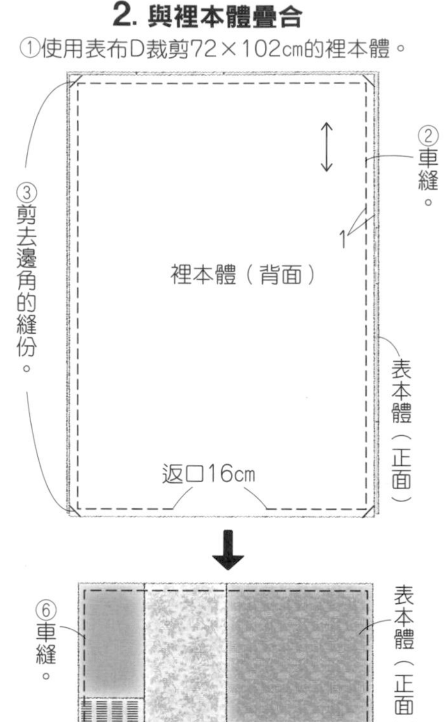

①使用表布D裁剪72×102cm的裡本體。
③剪去邊角的縫份。
②車縫。
1
裡本體（背面）
表本體（正面）
返口16cm
⑥車縫。
表本體（正面）
⑤沿針腳落機壓線。
1
④翻到正面，縫合返口。

3. 製作蓋毯收納帶

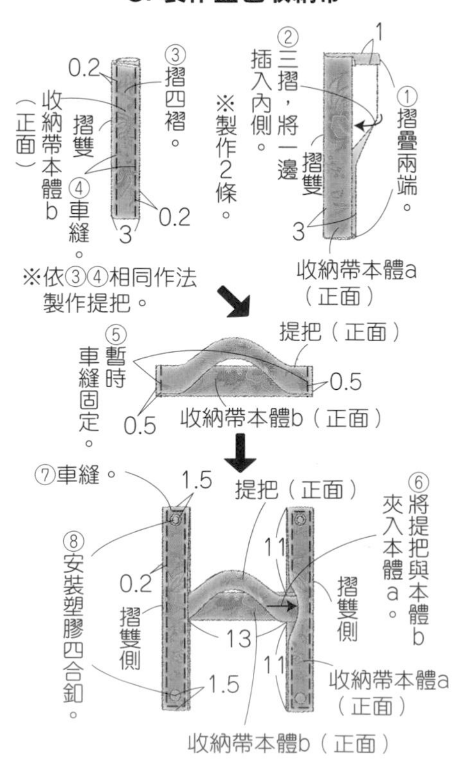

0.2
③摺四褶。
收納帶本體b（正面）
摺雙
④車縫
0.2
3
※製作2條。
②三摺，將一邊插入內側。
1
①摺疊兩端。
摺雙
3
收納帶本體a（正面）
※依③④相同作法製作提把。
提把（正面）
⑤暫時車縫固定。
0.5
0.5
收納帶本體b（正面）
⑦車縫。
1.5
提把（正面）
⑥將提把夾入本體a與本體b
⑧安裝塑膠四合釦。
0.2
摺雙側
11
摺雙側
13
11
1.5
收納帶本體a（正面）
收納帶本體b（正面）

完成尺寸

寬7.5×長10cm

原寸紙型

A面

材料

表布（平織布）10cm×25cm
配布（平織布）20cm×10cm
裡布（平織布）20cm×25cm
接著襯（厚）10cm×25cm／**接著鋪棉** 10cm×25cm
鈕釦 10mm 1顆／**口金** 寬7.5cm 高9.5cm 1個
25號繡線（紅色）、**羊毛** 各適量

P.16_ No 23 口金針線包

裁布圖

※內口袋無原寸紙型，請依標示尺寸（已含縫份）直接裁剪。
※ 處在整個背面燙貼接著襯。
處在接著襯之上，再燙貼接著鋪棉。（縫份除外）

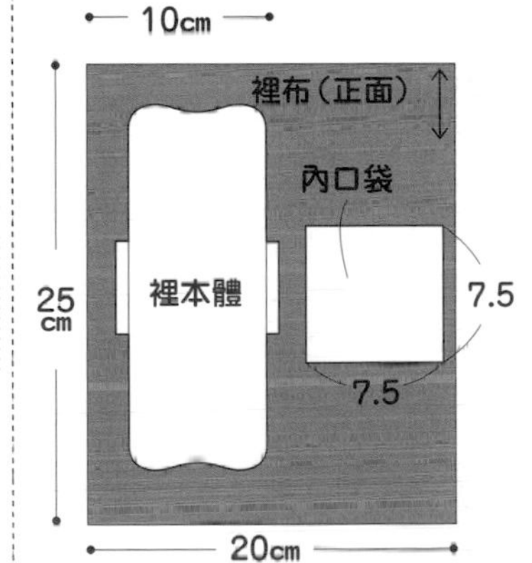

表布（正面）
25cm
表本體
10cm
配布（正面）
針插前片
10cm
針插後片
20cm

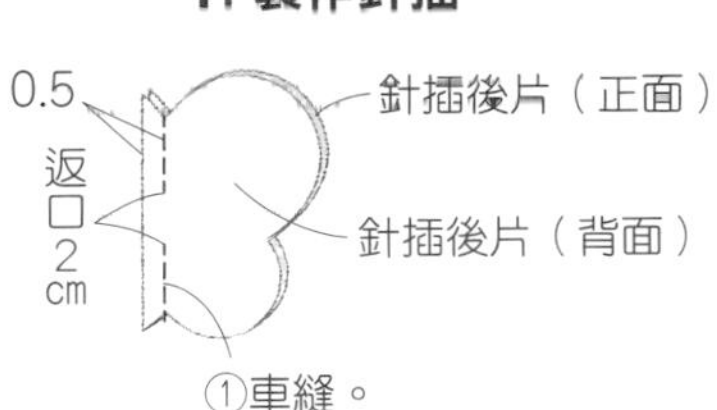

裡布（正面）
內口袋
25cm
裡本體
7.5
7.5
20cm

1. 製作針插

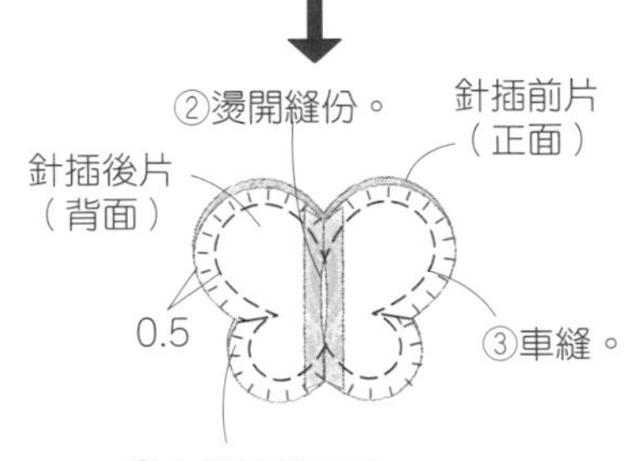

0.5
返口2cm
針插後片（正面）
針插後片（背面）
①車縫。
②燙開縫份。
針插前片（正面）
針插後片（背面）
0.5
③車縫。
④在縫份剪牙口。

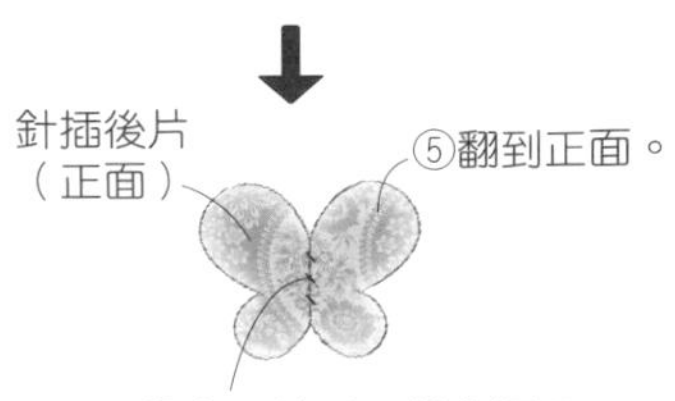

針插後片（正面）
⑤翻到正面。
⑥塞入羊毛，縫合返口。

2. 製作內口袋

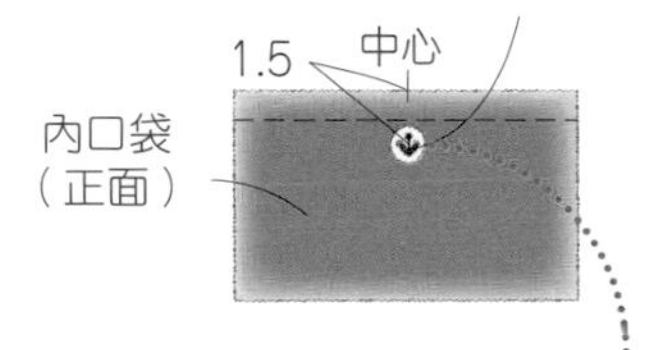

①依1cm→1cm寬度三摺邊車縫。
內口袋（背面）
1
0.2
1
1
1
②摺疊。

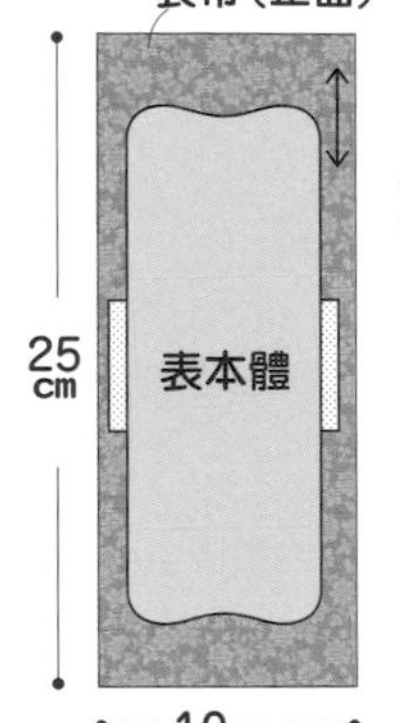

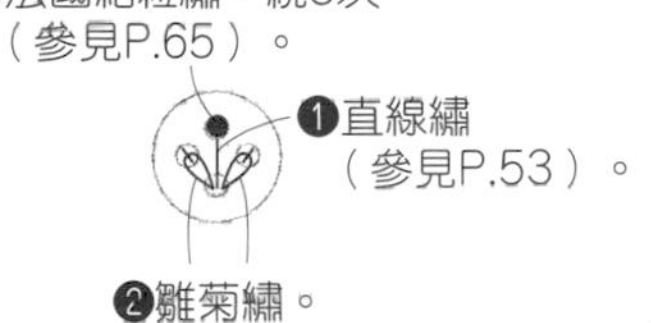

2股25號繡線
1.5
中心
內口袋（正面）

③縫上鈕釦。
❸法國結粒繡・繞3次（參見P.65）。
❶直線繡（參見P.53）。
❷雛菊繡。

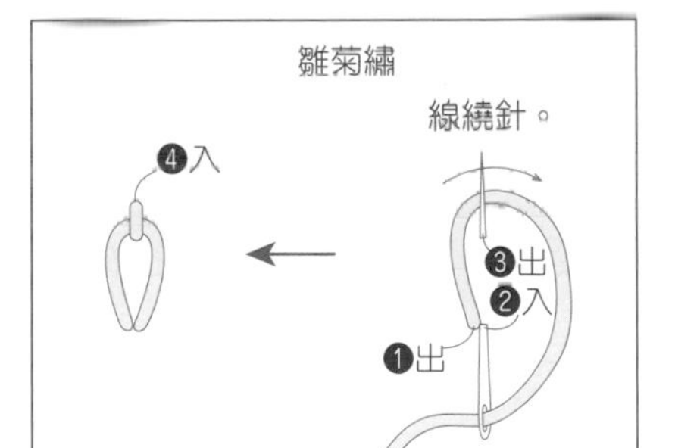

雛菊繡
線繞針。
❹入
❸出
❷入
❶出

3. 製作本體

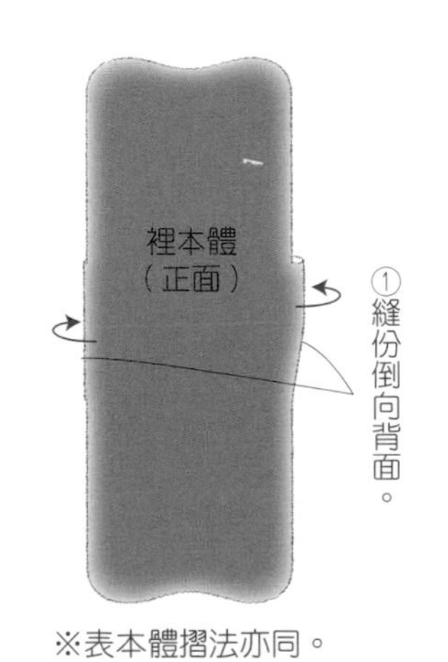

裡本體（正面）
①縫份倒向背面。

※表本體摺法亦同。

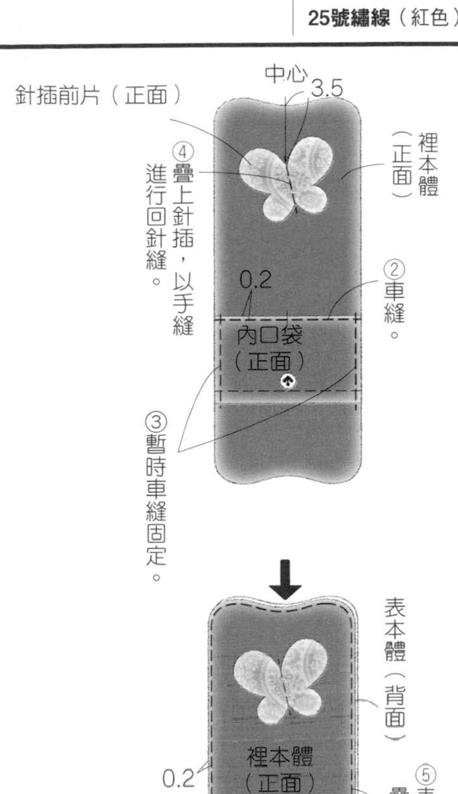

針插前片（正面）
中心
3.5
④疊上針插，以手縫進行回針縫。
裡本體（正面）
0.2
②車縫。
內口袋（正面）
③暫時車縫固定。

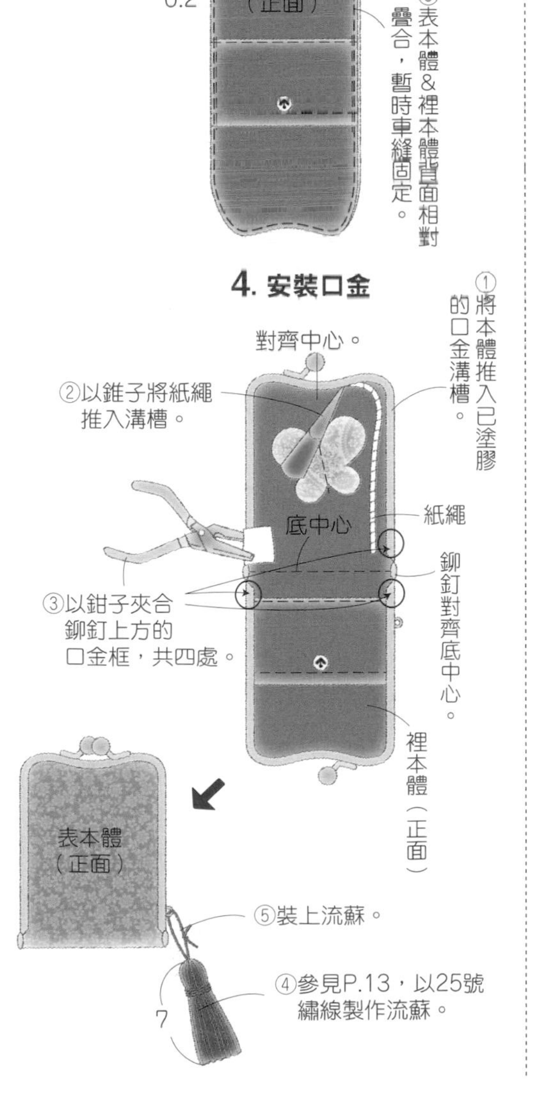

表本體（背面）
裡本體（正面）
0.2
⑤表本體＆裡本體背面相對疊合，暫時車縫固定。

4. 安裝口金

對齊中心。
①將本體推入已塗膠的口金溝槽。
②以錐子將紙繩推入溝槽。
紙繩
底中心
③以鉗子夾合鉚釘上方的口金框，共四處。
鉚釘對齊底中心。
裡本體（正面）
表本體（正面）
⑤裝上流蘇。
④參見P.13，以25號繡線製作流蘇。
7

完成尺寸

寬16.5×長14.5cm
寬54.5×長36cm

原寸紙型

No.25 A面
No.26 B面

材料（■…No.25・□…No.26　皆使用平織布）

表布 25cm×20cm／裡布 30cm×20cm
接著鋪棉 25cm×20cm
表布A 45cm×30cm／表布B 25cm×25cm
表布C 40cm×20cm／表布D 10cm×20cm
表布E 25cm×20cm
裡布 60cm×45cm／接著鋪棉 60cm×45cm

P.17_ No.25 杯墊
P.17_ No.26 餐墊

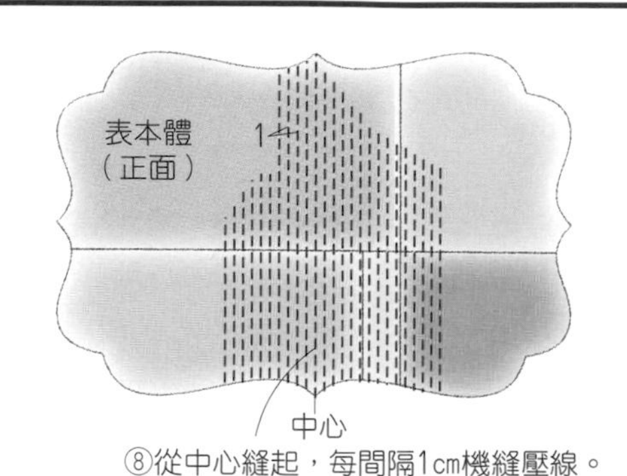

表本體
（正面）
1
中心
⑧從中心縫起，每間隔1cm機縫壓線。

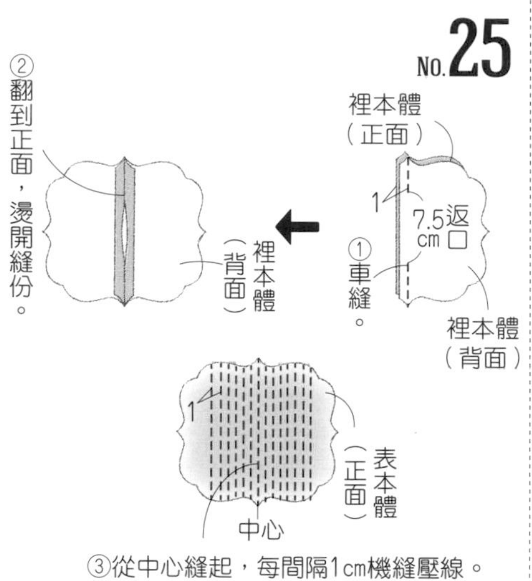

No.25
②翻到正面，燙開縫份。
裡本體（背面）
裡本體（正面）
1
7.5cm 返口
①車縫。
裡本體（背面）
1
表本體（正面）
中心
③從中心縫起，每間隔1cm機縫壓線。

2. 疊合表本體＆裡本體

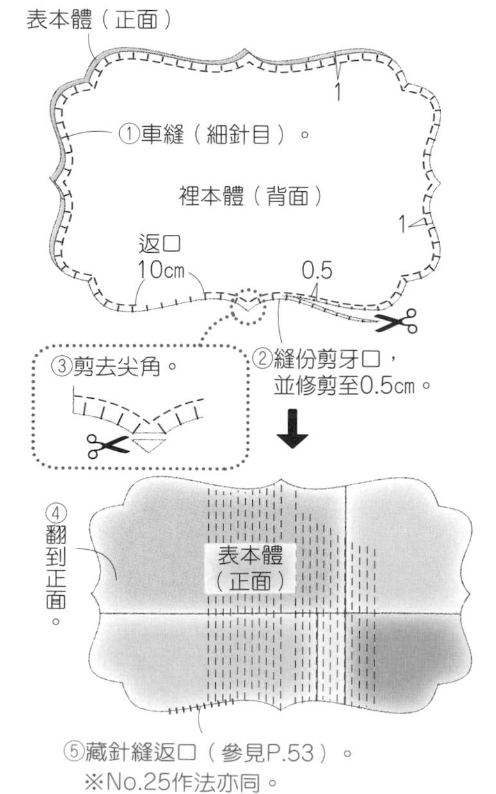

表本體（正面）
1
①車縫（細針目）。
裡本體（背面）
1
返口
10cm
0.5
③剪去尖角。
②縫份剪牙口，並修剪至0.5cm。
④翻到正面。
表本體
（正面）
⑤藏針縫返口（參見P.53）。
※No.25作法亦同。

1. 製作本體

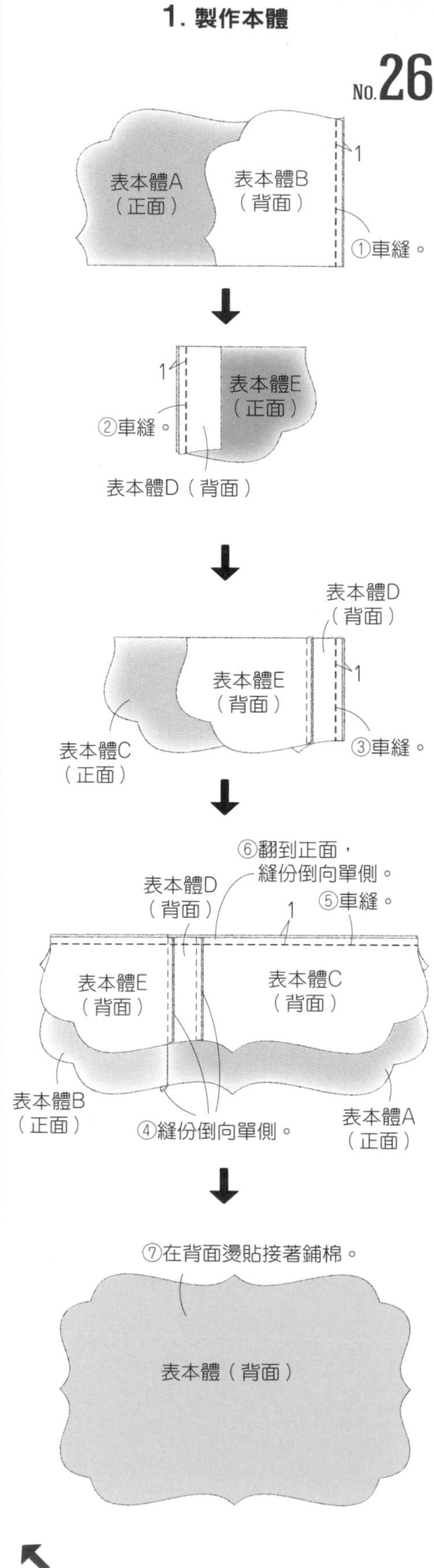

No.26
表本體A
（正面）
表本體B
（背面）
1
①車縫。
1
表本體E
（正面）
②車縫。
表本體D（背面）
表本體D
（背面）
1
表本體E
（背面）
表本體C
（正面）
③車縫。
⑥翻到正面，縫份倒向單側。
表本體D
（背面）
1
⑤車縫。
表本體E
（背面）
表本體C
（背面）
表本體B
（正面）
④縫份倒向單側。
表本體A
（正面）
⑦在背面燙貼接著鋪棉。
表本體（背面）

裁布圖

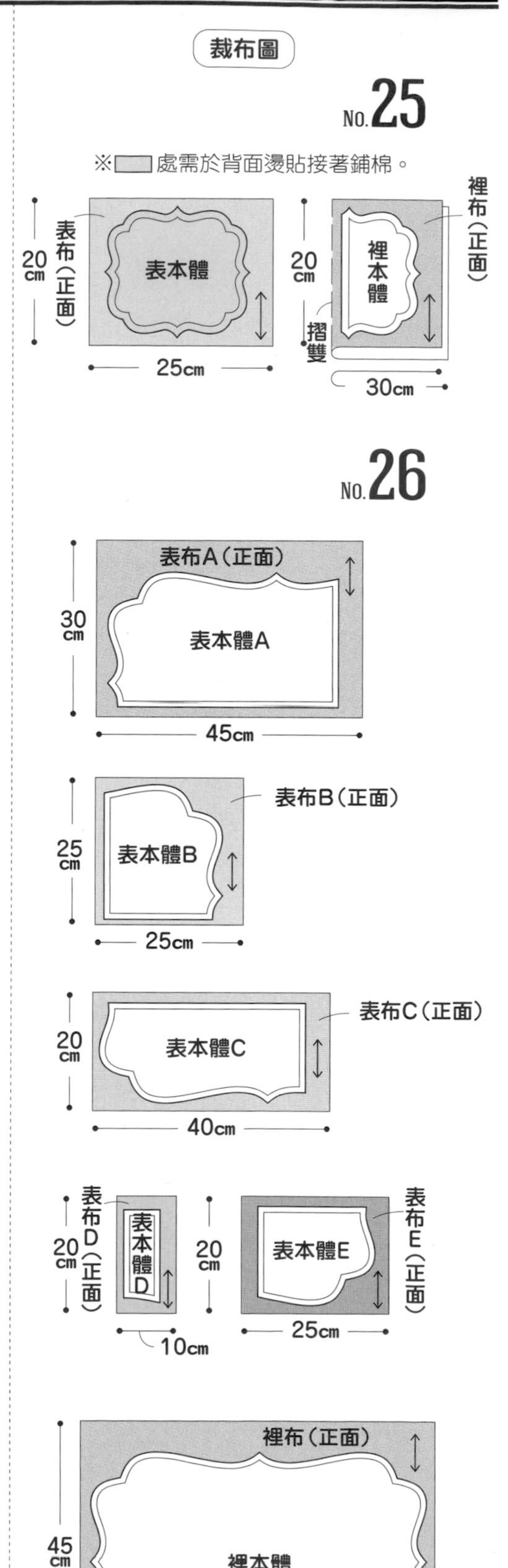

No.25
※□處需於背面燙貼接著鋪棉。
表布（正面）
20cm
表本體
25cm
20cm
裡本體
裡布（正面）
摺雙
30cm
No.26
表布A（正面）
30cm
表本體A
45cm
表布B（正面）
25cm
表本體B
25cm
表布C（正面）
20cm
表本體C
40cm
表布D（正面）
20cm
表本體D
10cm
20cm
表本體E
表布E（正面）
25cm
裡布（正面）
45cm
裡本體
60cm

完成尺寸
寬12×長10cm

原寸紙型
B面

材料
表布（棉細平布）60cm×25cm
裡布（棉斜紋布）30cm×15cm
接著襯（中厚）70cm×15cm
金屬拉鍊 20cm 1條／**塑膠四合釦** 10mm 1組
D型環 10mm 1個／**問號鉤** 10mm 1個

P.19_ NO.29

L型拉鍊錢包

裁布圖
※除了表・裡本體之外皆無原寸紙型，請依標示尺寸（已含縫份）直接裁剪。
※□處需於背面燙貼接著襯。

摺雙　裡布（正面）
15cm　裡本體
30cm

表布（正面）
※將紙型翻面使用。
21.5
表本體　表本體　卡片夾　13
耳絆 5×5cm
25cm
53　5
手拿帶
60cm

1. 製作耳絆・手拿帶

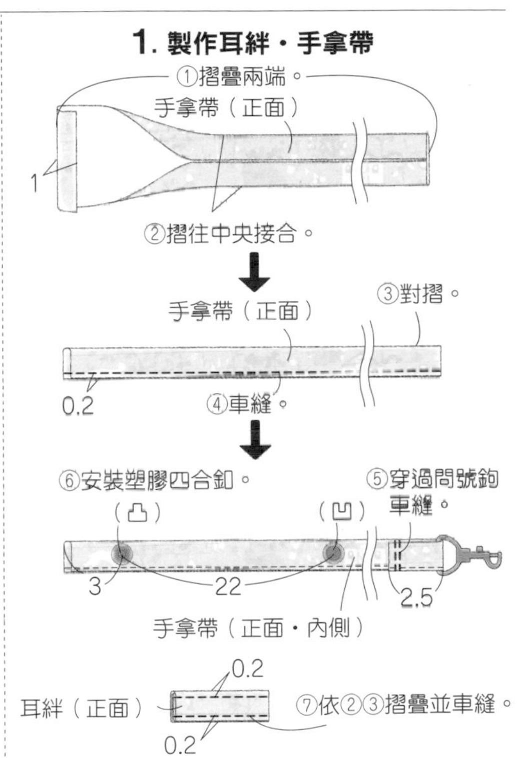
①摺疊兩端。
手拿帶（正面）
1
②摺往中央接合。
手拿帶（正面）
③對摺。
0.2
④車縫。
⑥安裝塑膠四合釦。
⑤穿過問號鉤車縫。
3
22
2.5
手拿帶（正面・內側）
耳絆（正面）
0.2
⑦依②③摺疊並車縫。
0.2

2. 製作卡片夾

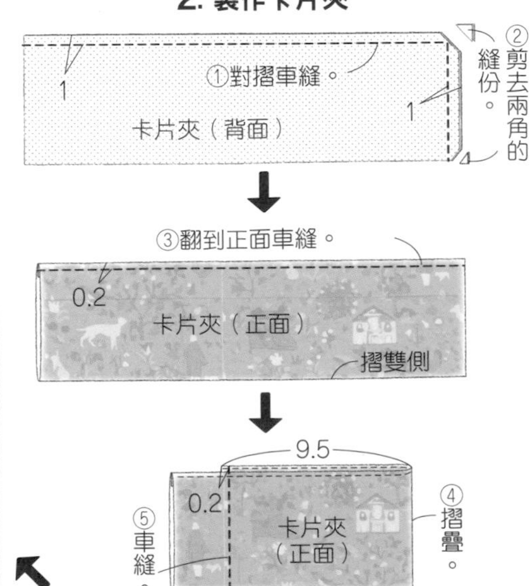
②剪去兩角的縫份。
1
①對摺車縫。
1
卡片夾（背面）
③翻到正面車縫。
0.2
卡片夾（正面）
摺雙側
9.5
0.2
卡片夾（正面）
⑤車縫。
④摺疊。

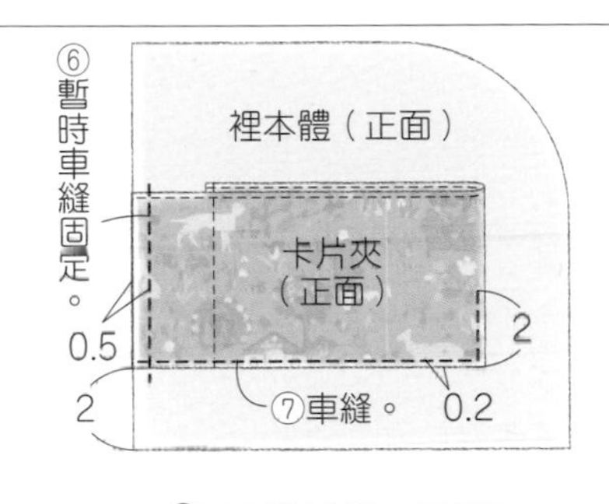
⑥暫時車縫固定。
裡本體（正面）
卡片夾（正面）
0.5
2
⑦車縫。
0.2
2

3. 接縫拉鍊・耳絆

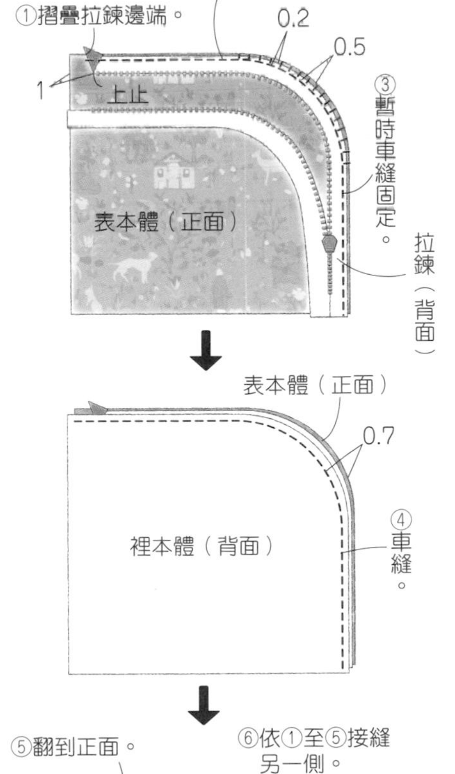
②在弧邊處剪牙口。
①摺疊拉鍊邊端。
0.2
0.5
1
上止
③暫時車縫固定。
表本體（正面）
拉鍊（背面）
表本體（正面）
0.7
裡本體（背面）
④車縫。
⑤翻到正面。
⑥依①至⑤接縫另一側。
裡本體（背面）
表本體（正面）
表本體（正面）

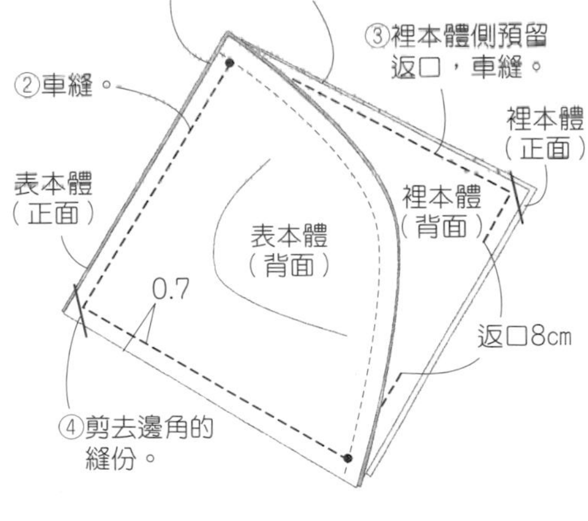
避開裡本體。
1
⑦耳絆穿過D型環，暫時車縫固定。
0.5
表本體（正面）

4. 縫合脇邊・底

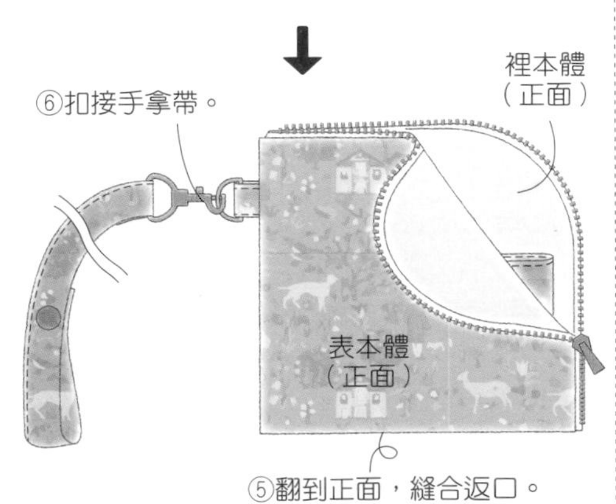
①表本體＆裡本體各自正面相對疊合。
②車縫。
③裡本體側預留返口，車縫。
裡本體（正面）
表本體（正面）
表本體（背面）
裡本體（背面）
0.7
返口8cm
④剪去邊角的縫份。
⑥扣接手拿帶。
裡本體（正面）
表本體（正面）
⑤翻到正面，縫合返口。

完成尺寸

寬約15.5×長10×側身10cm

原寸紙型

A面

材料

表布A（平織布）30cm×30cm
表布B（平織布）35cm×25cm
裡布（平織布）50cm×45cm
接著鋪棉（硬式）50cm×30cm
金屬拉鍊 30cm 1條

P.16_ No.24

半月型迷你波士頓包

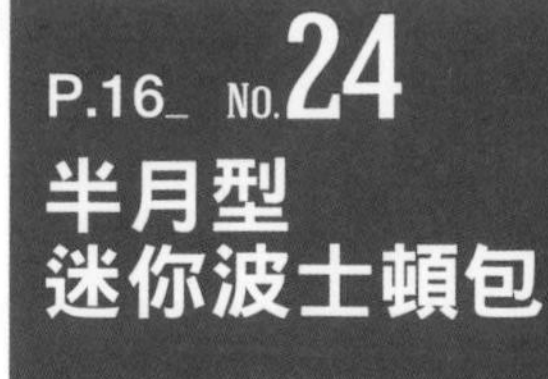

裁布圖

※提把、內口袋及斜布條無原寸紙型，請依標示尺寸（已含縫份）直接裁剪。
※ 處需於背面燙貼接著鋪棉。

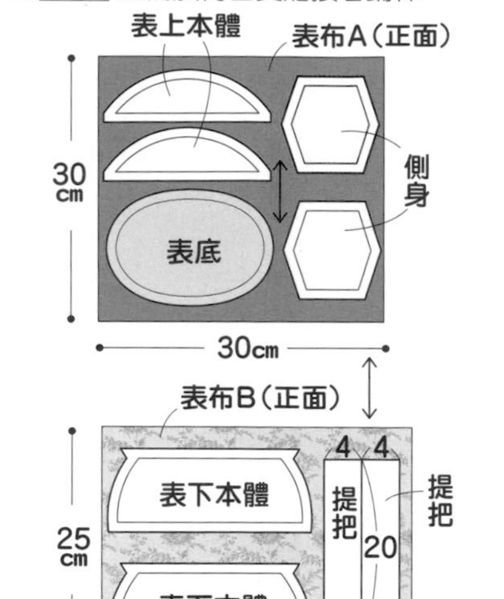

表上本體
表布A（正面）
側身
表底
30cm
30cm

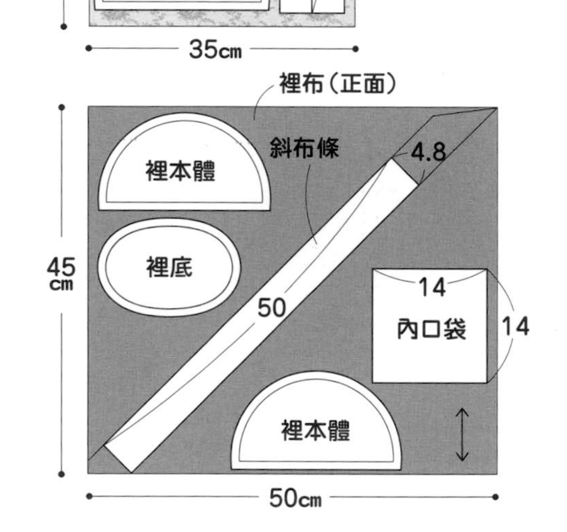

表布B（正面）
表下本體
表下本體
提把
提把
4
4
20
25cm
35cm

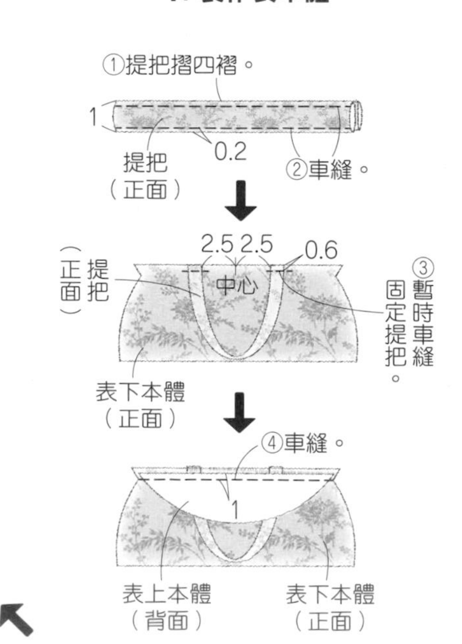

裡布（正面）
裡本體
斜布條
4.8
裡底
50
14
內口袋
14
裡本體
45cm
50cm

1. 製作表本體

①提把摺四褶。
1
0.2
②車縫。
提把（正面）
2.5 2.5 0.6
中心
提把（正面）
③暫時車縫固定提把。
表下本體（正面）
④車縫。
1
表上本體（背面）
表下本體（正面）

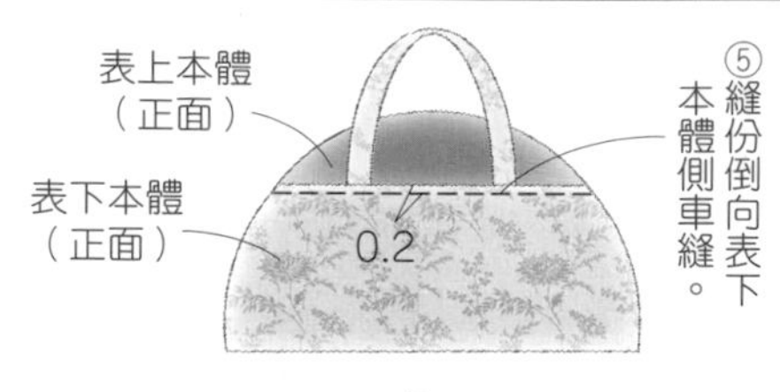

表上本體（正面）
表下本體（正面）
0.2
⑤縫份倒向表下本體側車縫。

表上本體（正面）
接著鋪棉
⑥在背面燙貼接著鋪棉。
表下本體（正面）

※另一片作法亦同。

2. 製作內口袋

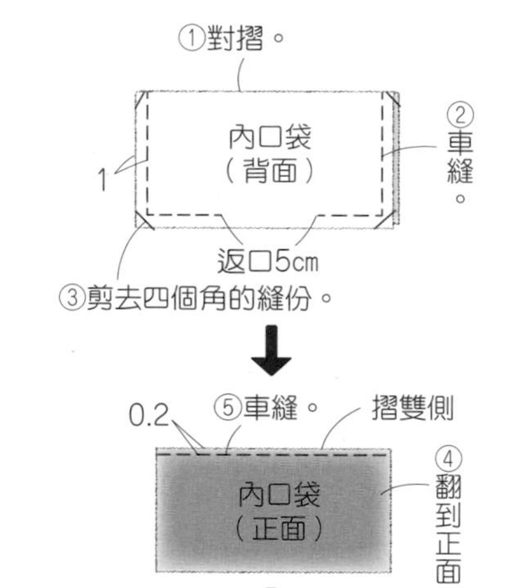

①對摺。
內口袋（背面）
1
②車縫。
返口5cm
③剪去四個角的縫份。
0.2
⑤車縫。
摺雙側
內口袋（正面）
④翻到正面。

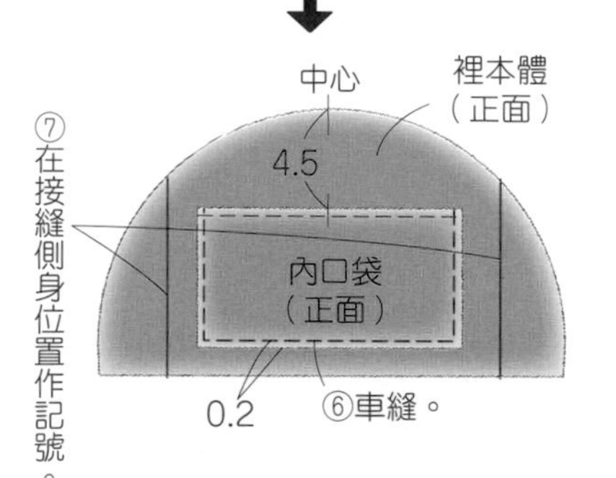

中心
裡本體（正面）
4.5
內口袋（正面）
⑦在接縫側身位置作記號。
0.2
⑥車縫。

3. 接縫拉鍊

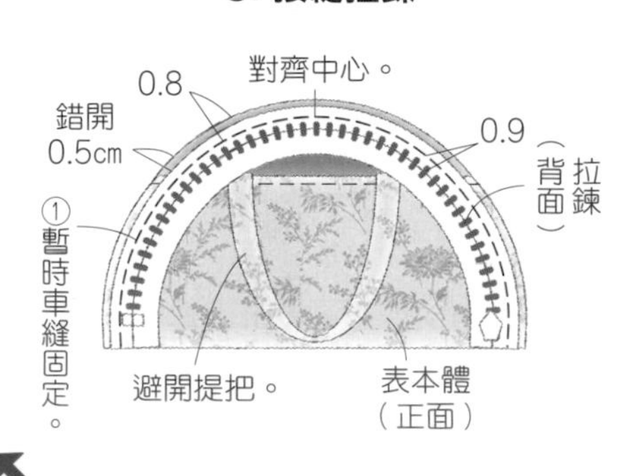

對齊中心。
0.8
錯開0.5cm
0.9
拉鍊（背面）
①暫時車縫固定。
避開提把。
表本體（正面）

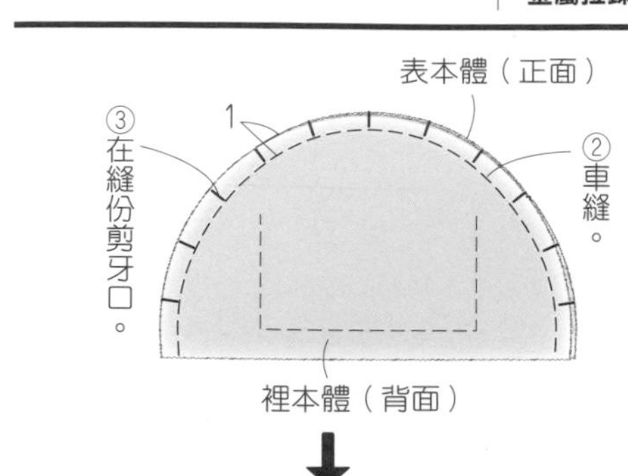

表本體（正面）
1
③在縫份剪牙口。
②車縫。
裡本體（背面）

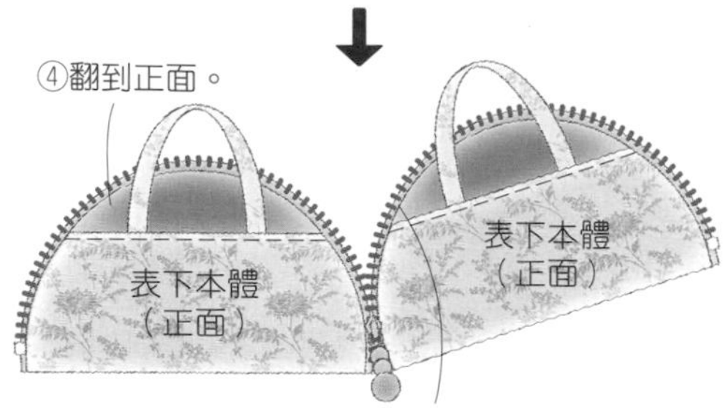

④翻到正面。
表下本體（正面）
表下本體（正面）

⑤另一片表本體＆裡本體也依①至④接縫拉鍊。

4. 接縫側身＆底

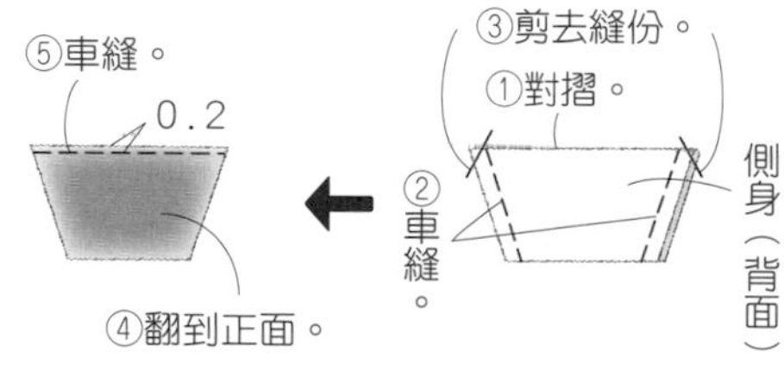

③剪去縫份。
⑤車縫。
0.2
①對摺。
②車縫。
側身（背面）
④翻到正面。

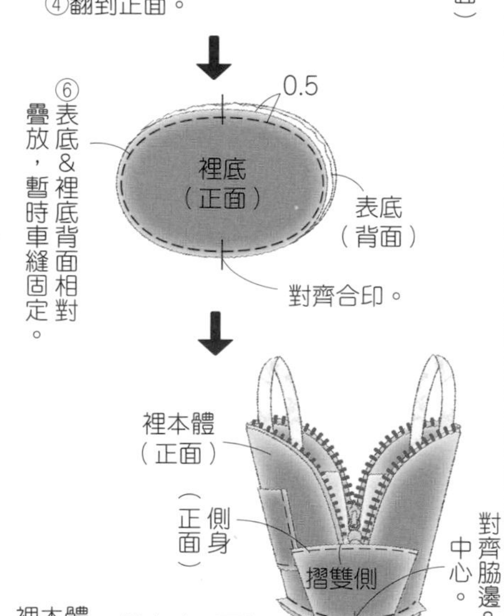

0.5
⑥表底&裡底背面相對疊放，暫時車縫固定。
裡底（正面）
表底（背面）
對齊合印。
裡本體（正面）
側身（正面）
摺雙側
對齊中心&脇邊
脇邊

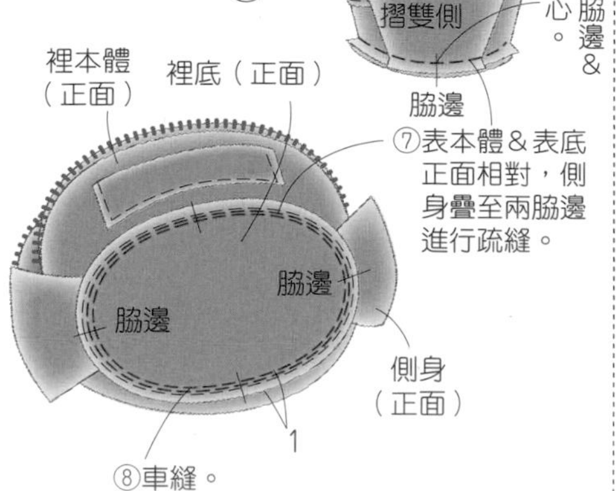

裡本體（正面）
裡底（正面）
⑦表本體＆表底正面相對，側身疊至兩脇邊進行疏縫。
脇邊
脇邊
側身（正面）
1
⑧車縫。

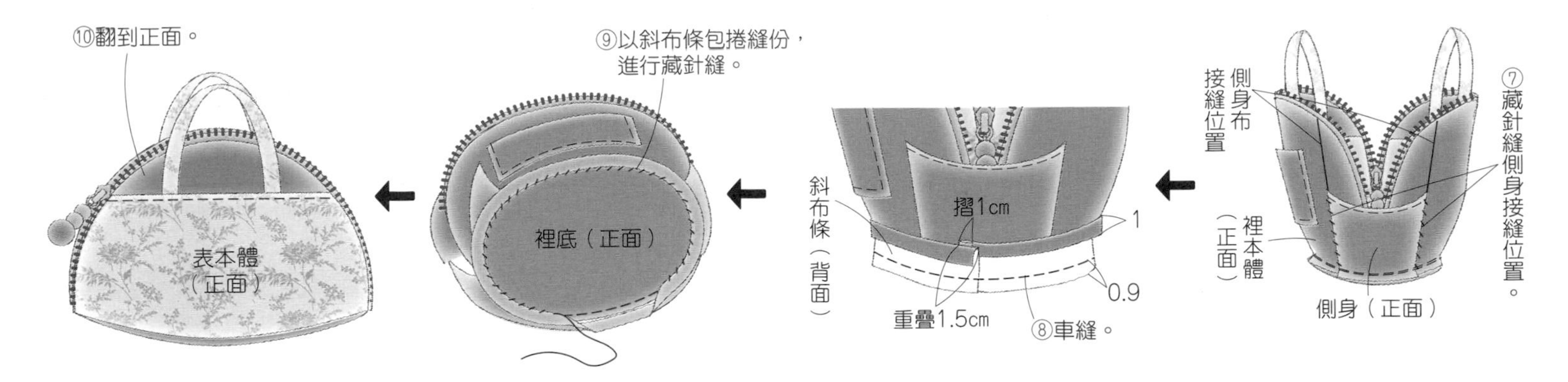
⑩翻到正面。
表本體
（正面）
⑨以斜布條包捲縫份，
進行藏針縫。
裡底（正面）
斜布條（背面）
摺1cm
1
0.9
重疊1.5cm
⑧車縫。
側身布接縫位置
⑦藏針縫側身接縫位置。
裡本體（正面）
側身（正面）

完成尺寸	材料
寬14×長13cm	**表布**（平織布）20cm×35cm／**裡布**（棉布）40cm×30cm
原寸紙型	**接著襯**（中厚）15cm×30cm
C面	**滾邊條** 寬11mm 85cm
	鬆緊帶 寬0.8cm 30cm／**塑膠四合釦** 13mm 1組

P.28_ No.30 口袋波奇包

裁布圖

※提把無原寸紙型，請依標示尺寸（已含縫份）直接裁剪。

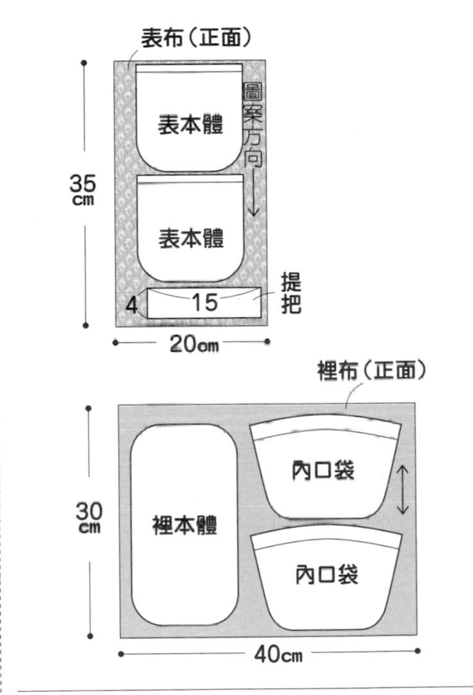
表布（正面）
表本體
圖案方向
35cm
表本體
4
15
提把
20cm
裡布（正面）
30cm
裡本體
內口袋
內口袋
40cm

1. 製作本體

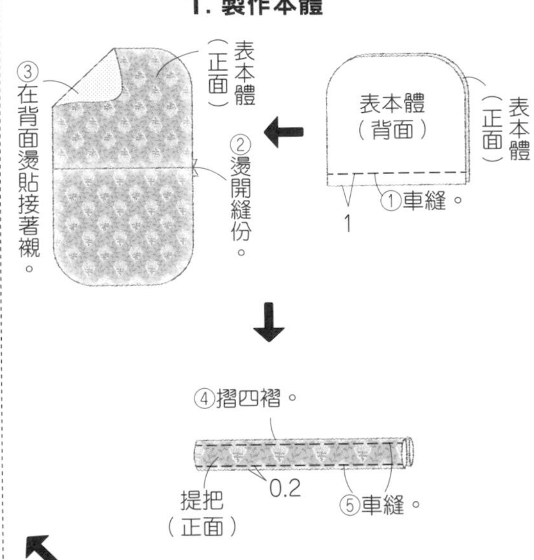
表本體（背面）
表本體（正面）
①車縫。
1
③在背面燙貼接著襯。
表本體（正面）
②燙開縫份。
④摺四褶。
0.2
提把（正面）
⑤車縫。

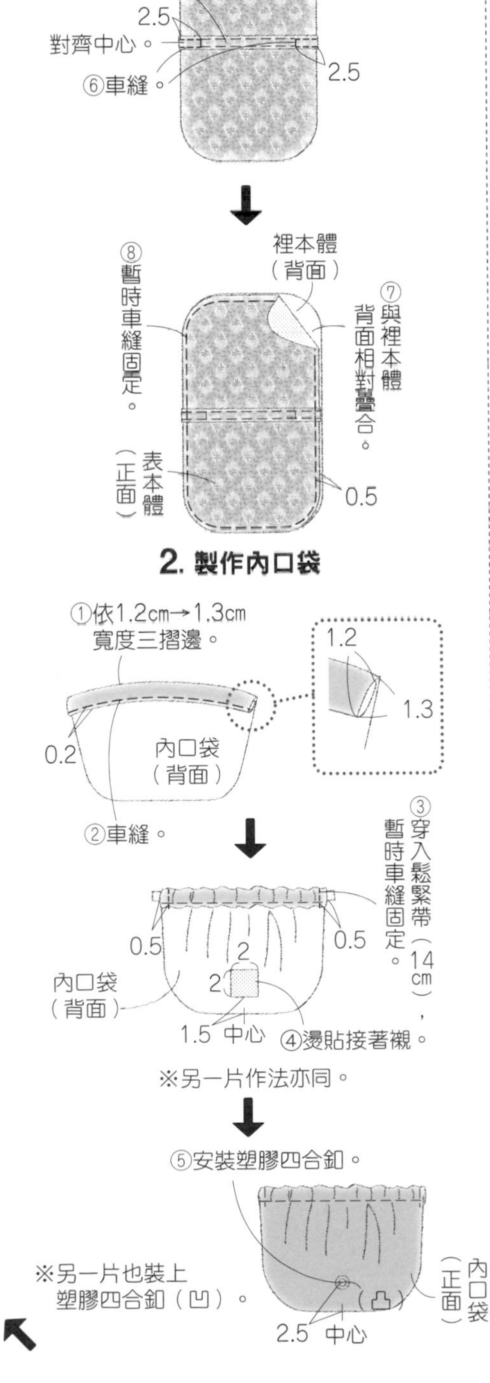
提把（正面）
表本體（正面）
2.5
對齊中心。
⑥車縫。
2.5
⑧暫時車縫固定。
裡本體（背面）
⑦與裡本體背面相對疊合。
表本體（正面）
0.5

2. 製作內口袋

①依1.2cm→1.3cm寬度三摺邊。
1.2
1.3
0.2
內口袋（背面）
②車縫。
③穿入鬆緊帶（14cm），暫時車縫固定。
0.5
0.5
2
2
內口袋（背面）
1.5
中心
④燙貼接著襯。
※另一片作法亦同。
⑤安裝塑膠四合釦。
※另一片也裝上塑膠四合釦（凹）。
內口袋（正面）
2.5
中心

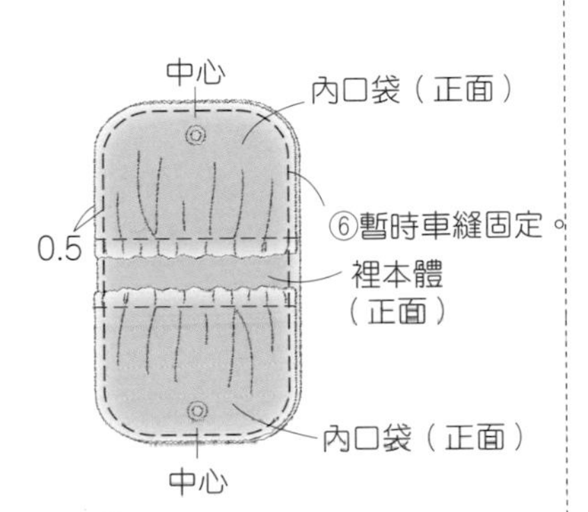
中心
內口袋（正面）
0.5
⑥暫時車縫固定。
裡本體（正面）
內口袋（正面）
中心

3. 以斜布條包邊

※P.23「包邊的作法・車縫包捲法2.」
P.24「始縫＆終縫的處理2.」
參見以上作法，使用斜布條包邊。

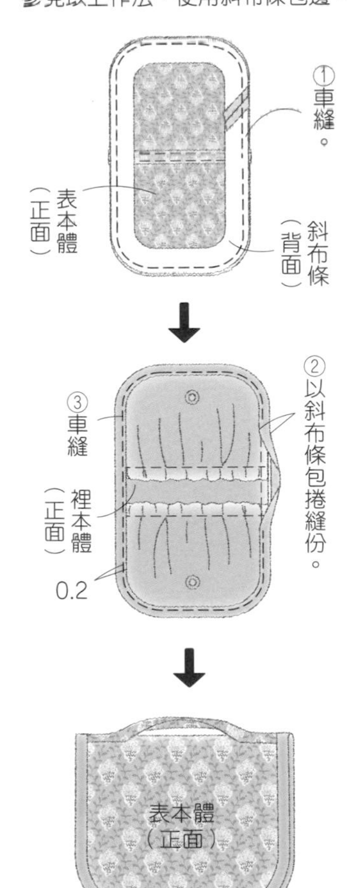
①車縫。
表本體（正面）
斜布條（背面）
③車縫
②以斜布條包捲縫份。
裡本體（正面）
0.2
表本體
（正面）

完成尺寸

寬21×長16×側身6cm

原寸紙型

B面

材料

表布（棉細平布）110cm×35cm
裡布（棉細平布）110cm×40cm
接著襯（中厚）110cm×35cm
接著鋪棉 65cm×45cm／**金屬拉鍊** 20cm 1條
磁釦（手縫式）10mm 1組

P.19_ No.27

拉鍊夾層波奇包

裁布圖

※除表・裡掀蓋之外皆無原寸紙型，請依標示尺寸（已含縫份）直接裁剪。
※▭處需於背面燙貼接著襯。

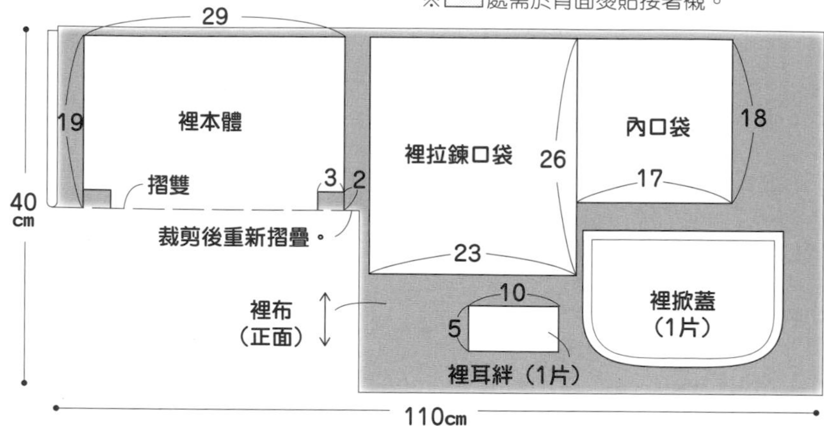

29
19
裡本體
摺雙
3
2
裁剪後重新摺疊。
40cm
裡拉鍊口袋
26
23
內口袋
18
17
裡掀蓋（1片）
10
5
裡耳絆（1片）
裡布（正面）
110cm

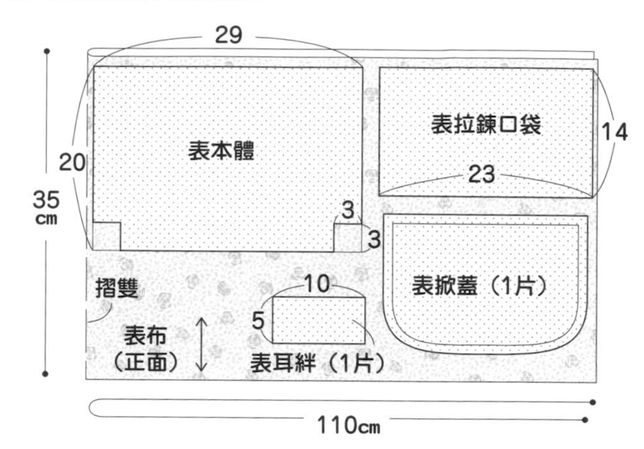

29
20
表本體
3
3
表拉鍊口袋
14
23
35cm
表掀蓋（1片）
摺雙
10
5
表耳絆（1片）
表布（正面）
110cm

1. 燙貼接著鋪棉

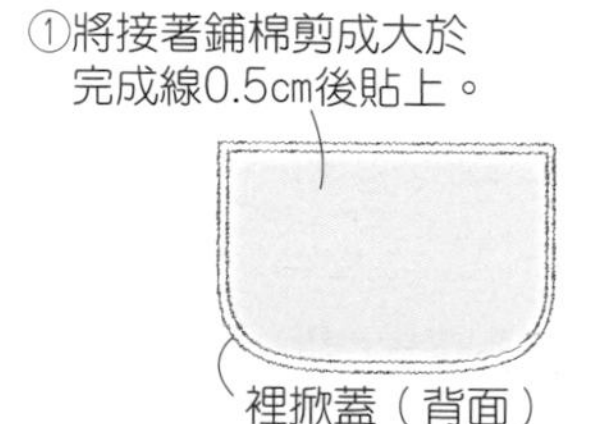

①將接著鋪棉剪成大於完成線0.5cm後貼上。
裡掀蓋（背面）
裡本體（背面）

2. 接縫耳絆・掀蓋

②燙開縫份。
①車縫。
裡耳絆（背面）
表耳絆（正面）
1.5
③摺疊。
④翻到正面。

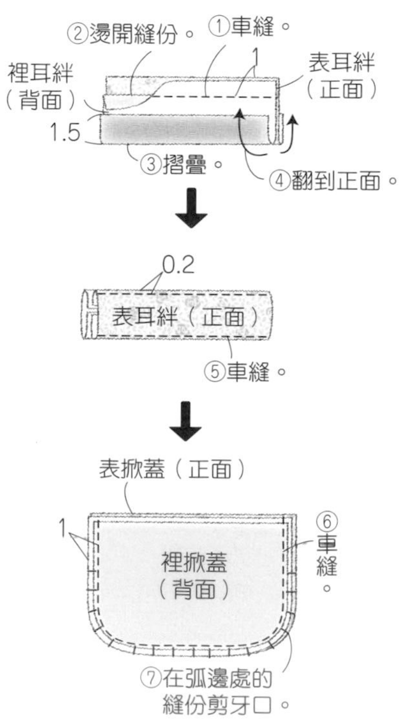

0.2
表耳絆（正面）
⑤車縫。
表掀蓋（正面）
1
裡掀蓋（背面）
⑥車縫。
⑦在弧邊處的縫份剪牙口。

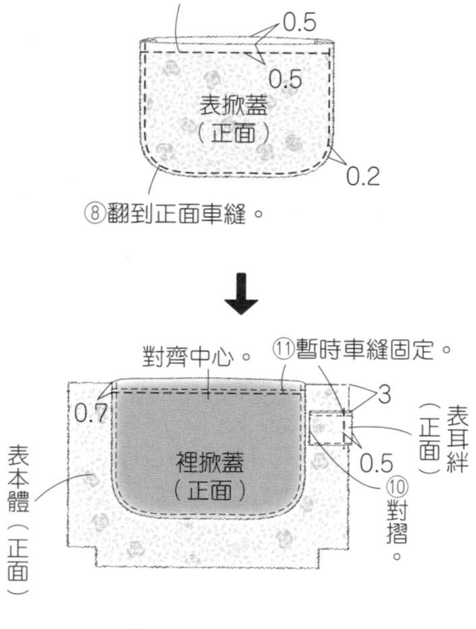

⑨將裡掀蓋拉高0.5cm，暫時車縫固定。
0.5
0.5
表掀蓋（正面）
0.2
⑧翻到正面車縫。
對齊中心。
⑪暫時車縫固定。
3
0.7
裡掀蓋（正面）
表耳絆（正面）
0.5
⑩對摺。
表本體（正面）

3. 縫上內口袋

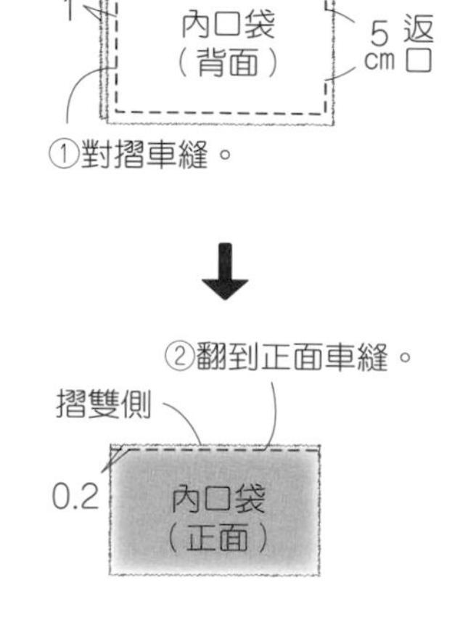

1
內口袋（背面）
5cm返口
①對摺車縫。
②翻到正面車縫。
摺雙側
0.2
內口袋（正面）

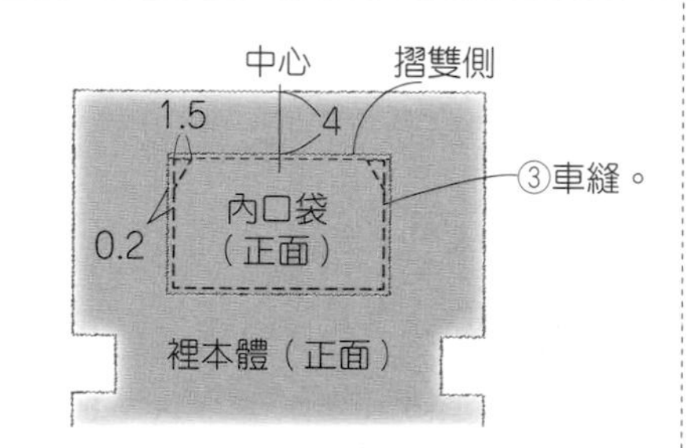

中心
摺雙側
1.5
4
③車縫。
0.2
內口袋（正面）
裡本體（正面）

4. 接縫拉鍊

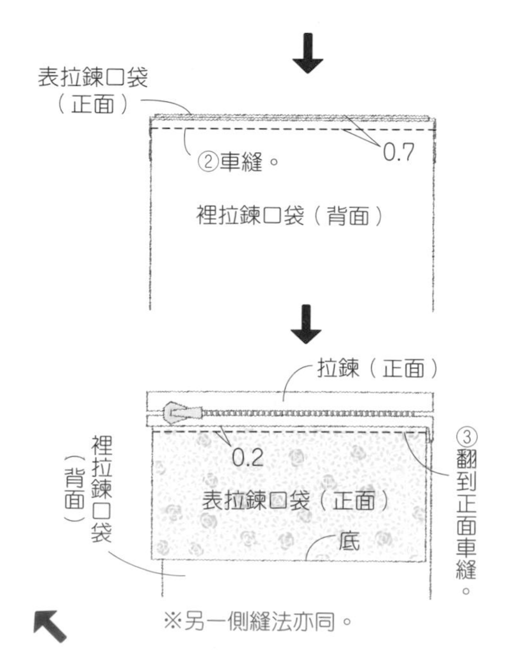

0.5
對齊中心。
①暫時車縫固定。
拉鍊（背面）
表拉鍊口袋（正面）
表拉鍊口袋（正面）
②車縫。
0.7
裡拉鍊口袋（背面）
拉鍊（正面）
0.2
裡拉鍊口袋（背面）
表拉鍊口袋（正面）
底
③翻到正面車縫。
※另一側縫法亦同。

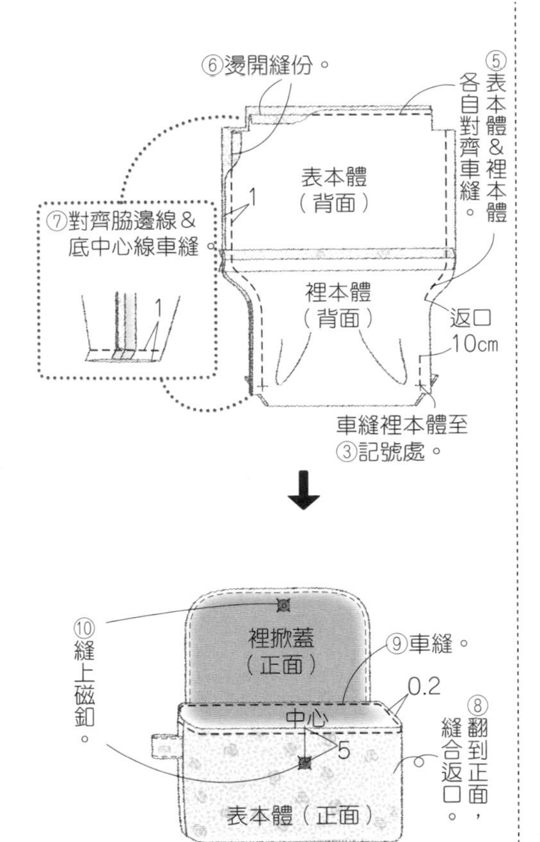

⑥燙開縫份。
⑤表本體&裡本體各自對齊車縫。
表本體
（背面）
⑦對齊脇邊線&底中心線車縫。
1
裡本體
（背面）
返口
10cm
車縫裡本體至③記號處。
⑩縫上磁釦。
裡掀蓋
（正面）
⑨車縫。
0.2
中心
5
⑧翻到正面，縫合返口。
表本體（正面）

5. 製作本體

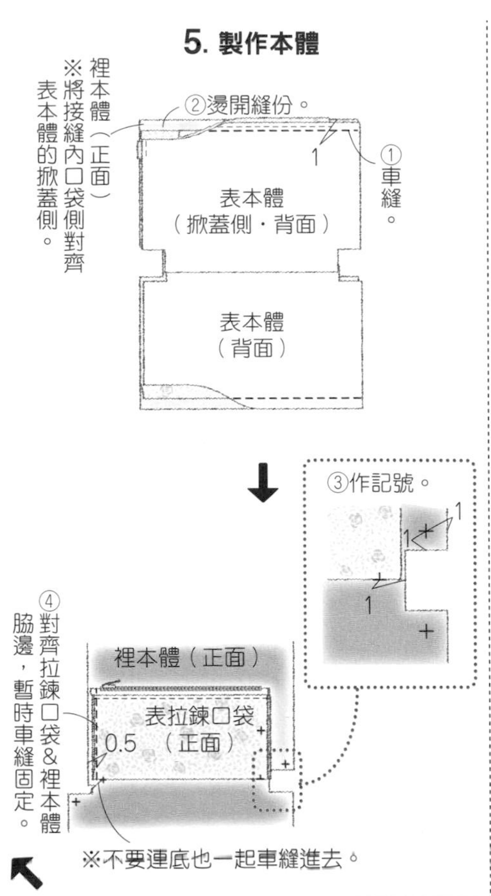

※裡本體將接縫（正面）表本體內口袋側的掀蓋側。對齊
②燙開縫份。
1
①車縫。
表本體
（掀蓋側・背面）
表本體
（背面）
③作記號。
1
1
1
④對齊拉鍊口袋&裡本體脇邊，暫時車縫固定。
裡本體（正面）
表拉鍊口袋
（正面）
0.5
※不要連底也一起車縫進去。

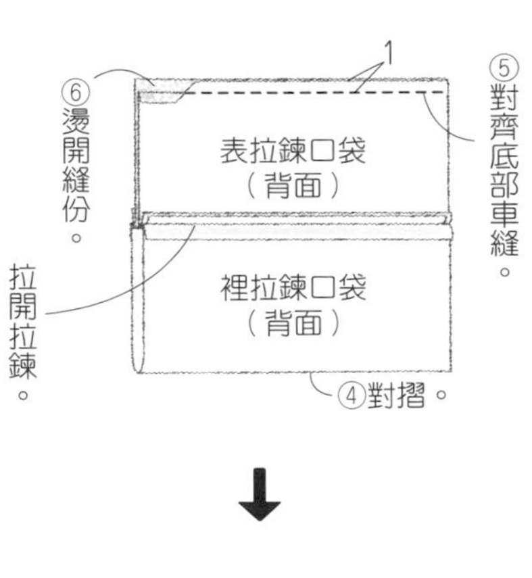

1
⑥燙開縫份。
⑤對齊底部車縫。
表拉鍊口袋
（背面）
拉開拉鍊。
裡拉鍊口袋
（背面）
④對摺。

⑧在裡拉鍊口袋的底中心作記號。
⑨對齊裡本體的底中心，
兩側各保留1cm，車縫固定。

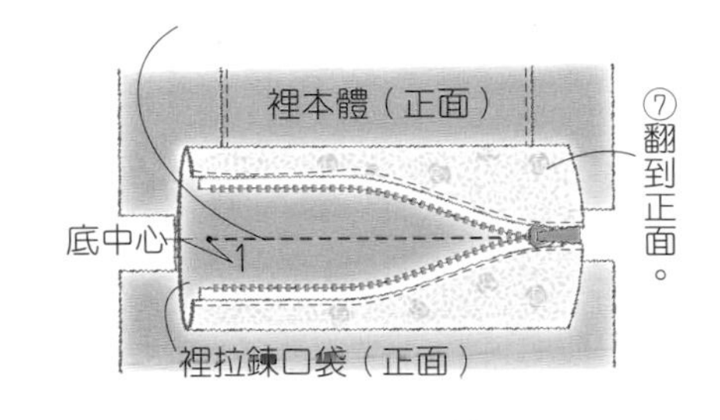

裡本體（正面）
⑦翻到正面。
底中心
1
裡拉鍊口袋（正面）

完成尺寸

寬17×長54cm

原寸紙型

C面

材料

表布（壓棉布）45cm×65cm
配布（棉布）45cm×45cm
塑膠四合釦 13mm 1組

P.28_ NO.33

尺套

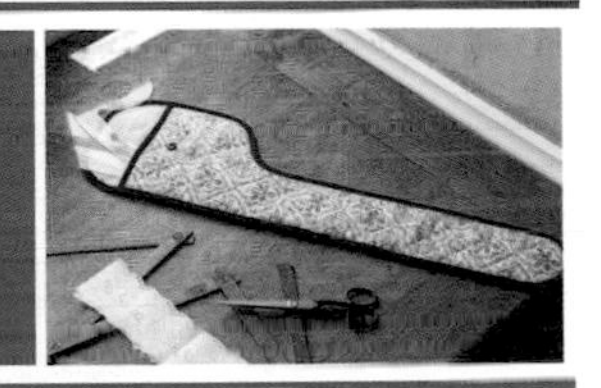

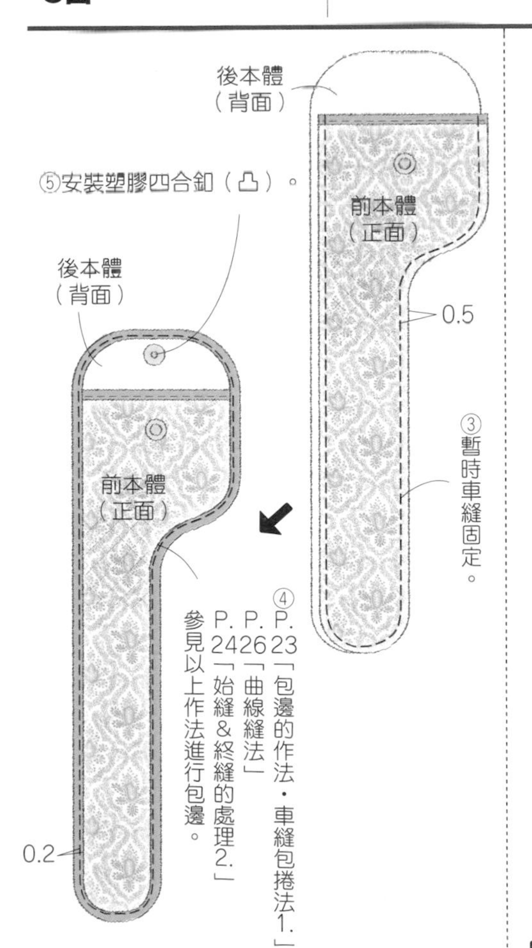

後本體
（背面）
⑤安裝塑膠四合釦（凸）。
前本體
（正面）
0.5
③暫時車縫固定。
後本體
（背面）
前本體
（正面）
④參見以上作法進行包邊。
P.23「包邊的作法・車縫包捲法1.」
P.26「曲線縫法」
P.24「始縫&終縫的處理2.」
0.2

1. 製作滾邊條

參見P.22「滾邊斜布條的作法」，
製作190cm滾邊條。

2. 製作本體

①參見P.23「包邊的作法・夾入車縫法2.」，
使用滾邊條進行包邊。

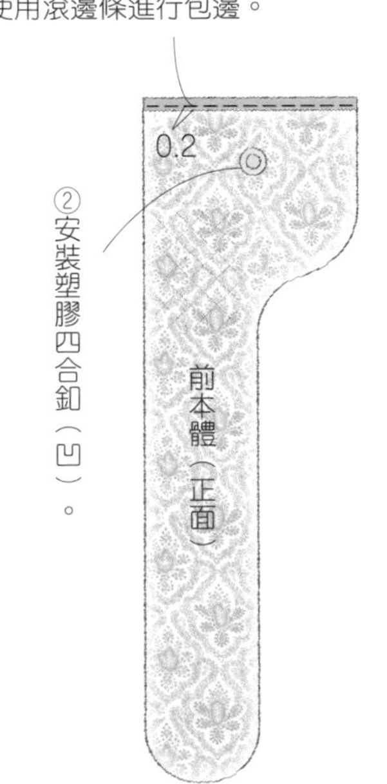

0.2
②安裝塑膠四合釦（凹）。
前本體（正面）

裁布圖

※斜布條無原寸紙型，請依標示尺寸
（已含縫份）直接裁剪。

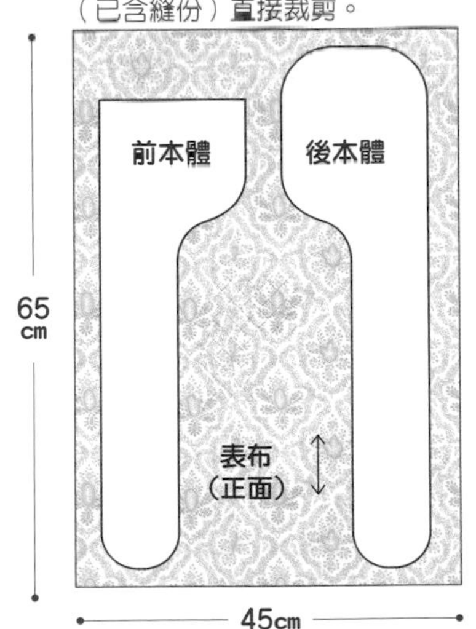

前本體
後本體
65cm
表布
（正面）
45cm

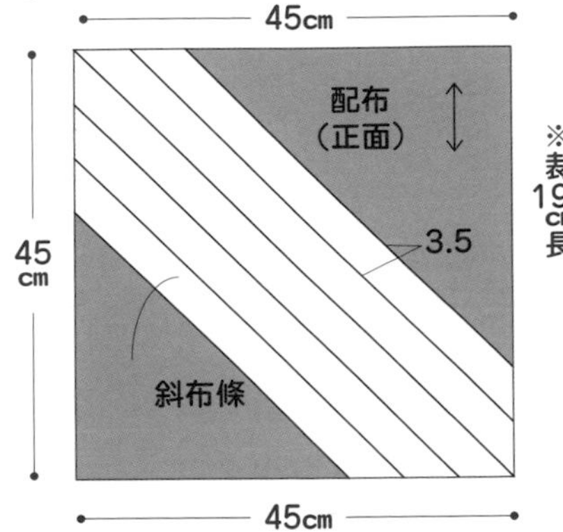

配布
（正面）
45cm
3.5
斜布條
45cm
※裁190cm長

完成尺寸

寬25×長25×側身19cm

原寸紙型

B面

材料

表布（11號帆布）110cm×50cm
裡布（棉斜紋布）110cm×70cm
配布（亞麻布）80cm×50cm
接著襯 5cm×5cm
磁釦 18mm 1顆

P.19_ NO.28

橢圓底2way包

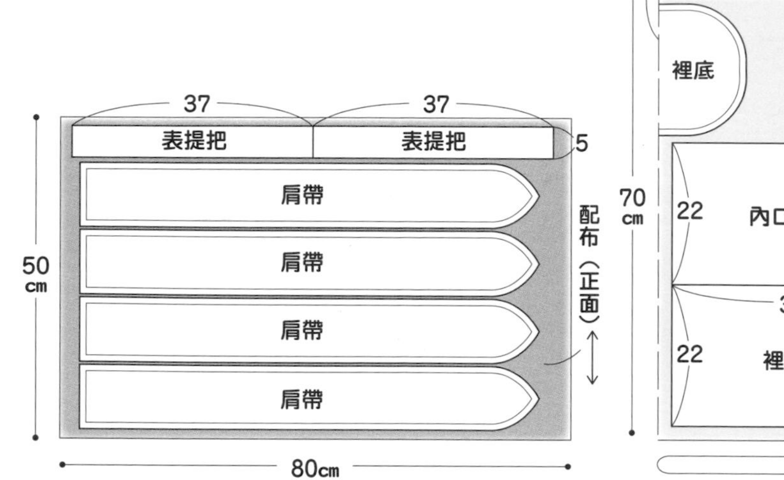

37
37
表提把
表提把
5
肩帶
肩帶
肩帶
肩帶
配布（正面）
50cm
80cm

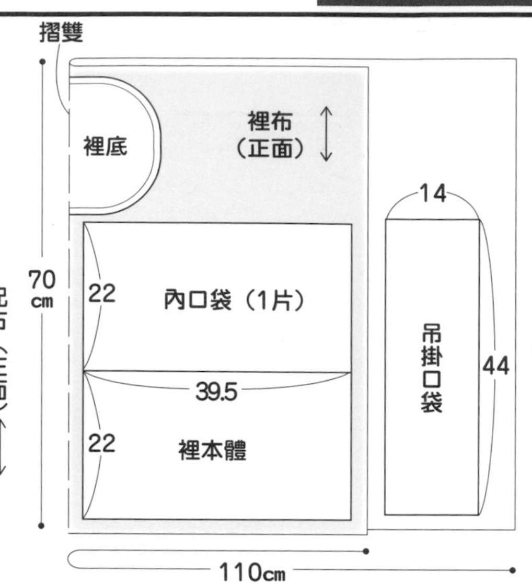

摺雙
裡底
裡布（正面）
70cm
22
內口袋（1片）
39.5
22
裡本體
14
吊掛口袋
44
110cm

裁布圖

※除了表・裡底及肩帶之外皆無原寸紙型，請依標示尺寸（已含縫份）直接裁剪。

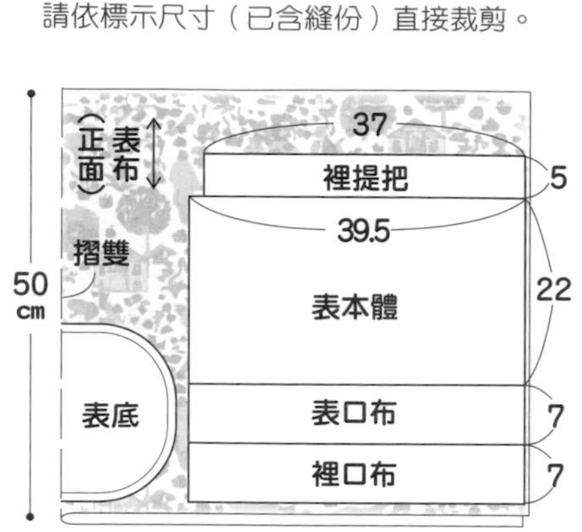

表布（正面）
37
裡提把
5
39.5
摺雙
50cm
表本體
22
表底
表口布
7
裡口布
7
110cm

1.製作肩帶・提把

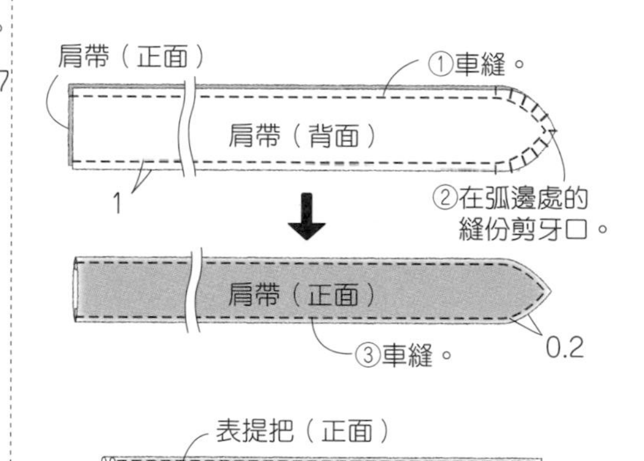

肩帶（正面）
①車縫。
肩帶（背面）
1
②在弧邊處的縫份剪牙口。
肩帶（正面）
③車縫。
0.2

表提把（正面）

①參見P.78 **2.**製作提把。

※肩帶＆提把各作2條。

2. 縫上內口袋

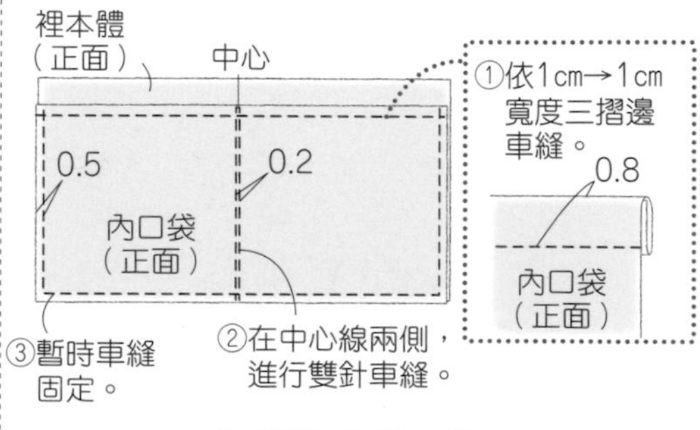

裡本體（正面）
中心
①依1cm→1cm寬度三摺邊車縫。
0.8
0.5
0.2
內口袋（正面）
內口袋（正面）
③暫時車縫固定。
②在中心線兩側，進行雙針車縫。

3. 製作吊掛口袋

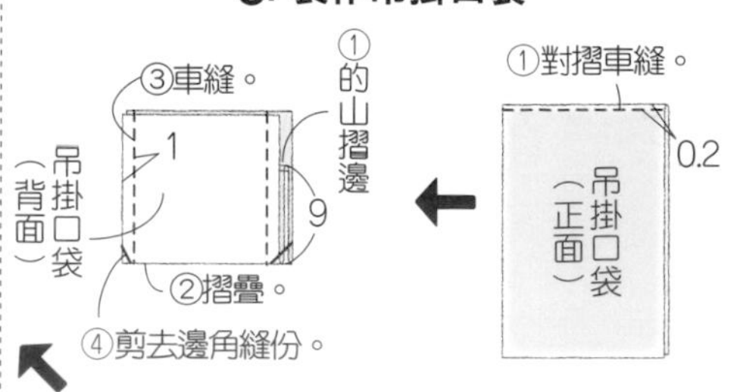

①對摺車縫。
0.2
吊掛口袋（正面）
③車縫。
①的山摺邊
1
9
吊掛口袋（背面）
②摺疊。
④剪去邊角縫份。

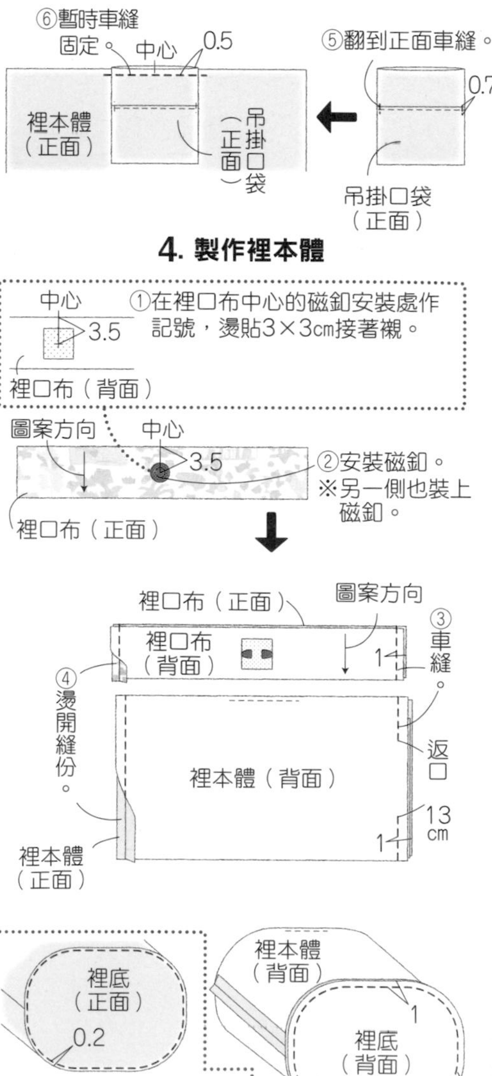

⑥暫時車縫固定。
中心
0.5
⑤翻到正面車縫。
0.7
裡本體（正面）
吊掛口袋（正面）
吊掛口袋（正面）

4. 製作裡本體

中心
3.5
①在裡口布中心的磁釦安裝處作記號，燙貼3×3cm接著襯。
裡口布（背面）
圖案方向
中心
3.5
②安裝磁釦。
※另一側也裝上磁釦。
裡口布（正面）
裡口布（正面）
圖案方向
裡口布（背面）
③車縫。
1
④燙開縫份。
返口
裡本體（背面）
13cm
1
裡本體（正面）
裡底（正面）
0.2
⑥翻到正面，縫份倒向底側車縫。
※從正面車縫。
裡本體（背面）
1
裡底（背面）
⑤對齊裡底車縫。

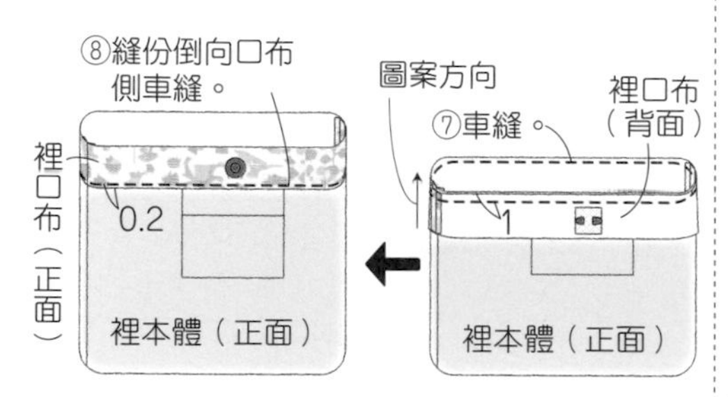

⑧縫份倒向口布側車縫。
圖案方向
⑦車縫。
裡口布（背面）
裡口布（正面）
0.2
1
裡本體（正面）
裡本體（正面）

5. 製作表本體

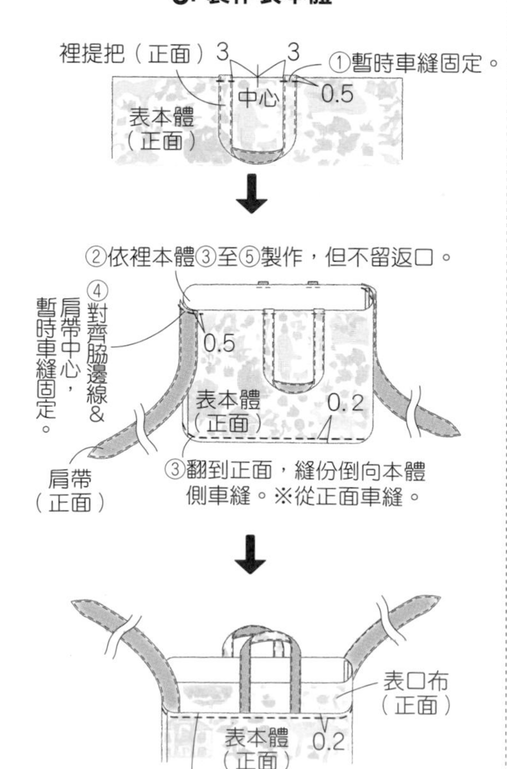

裡提把（正面）
3
3
①暫時車縫固定。
中心
0.5
表本體（正面）
②依裡本體③至⑤製作，但不留返口。
④對齊脇邊線&肩帶中心，暫時車縫固定。
0.5
表本體（正面）
0.2
肩帶（正面）
③翻到正面，縫份倒向本體側車縫。※從正面車縫。
表口布（正面）
表本體（正面）
0.2
⑤依裡本體⑦相同作法接縫口布。
⑥縫份倒向本體側車縫。

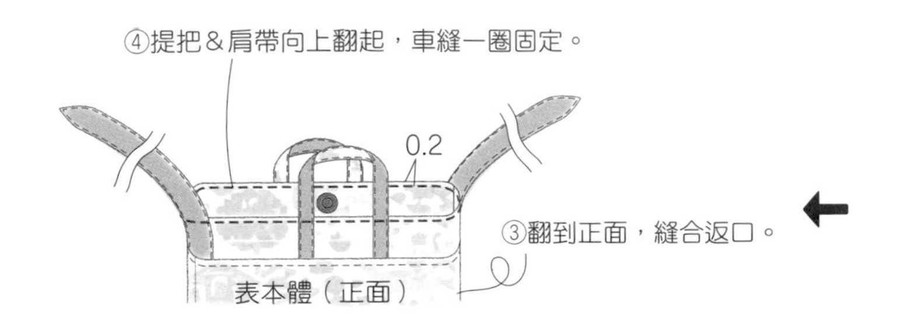
④提把＆肩帶向上翻起，車縫一圈固定。
0.2
③翻到正面，縫合返口。
表本體（正面）

6. 套疊表本體＆裡本體

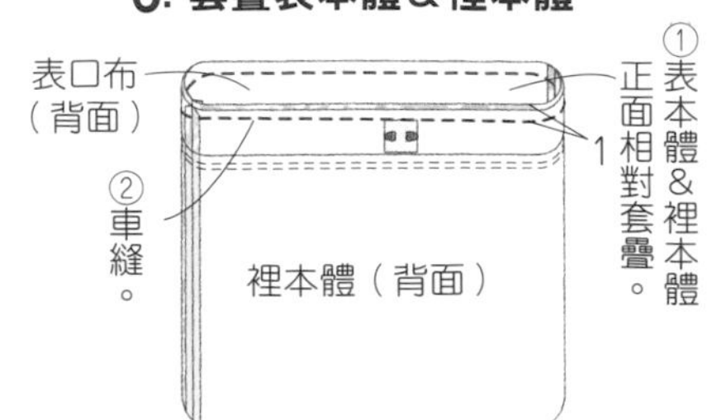
表口布（背面）
②車縫。
1
①表本體＆裡本體正面相對套疊。
裡本體（背面）

完成尺寸	材料
寬19×長21×直徑12cm	**表布**（平織布）70cm×30cm
原寸紙型	**裡布**（棉麻布）60cm×25cm
C面	**接著鋪棉**（硬式）15cm×15cm
	出芽 寬13mm 50cm

P.29_ No.37 圓底束口波奇包

裁布圖

※除了表・裡底之外皆無原寸紙型，請依標示尺寸（已含縫份）直接裁剪。

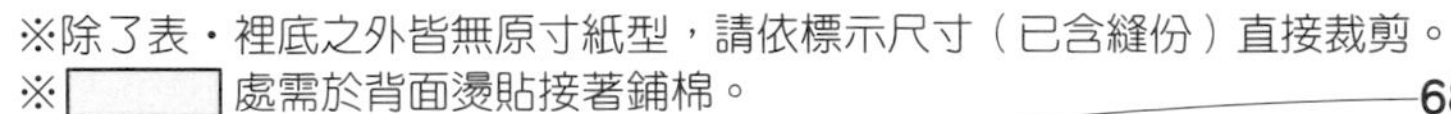
※ 處需於背面燙貼接著鋪棉。

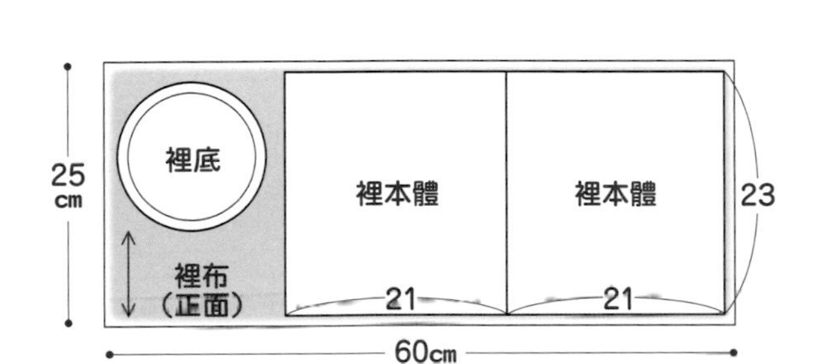
25cm
裡底
裡本體
裡本體
23
裡布（正面）
21
21
60cm

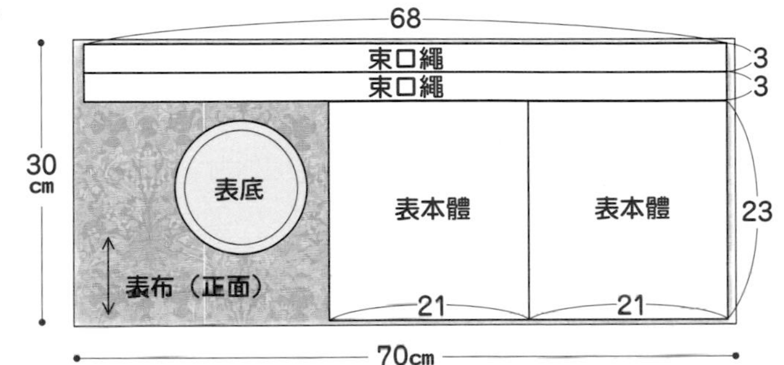
68
束口繩
束口繩
3
3
30cm
表底
表本體
表本體
23
表布（正面）
21
21
70cm

4. 製作裡本體

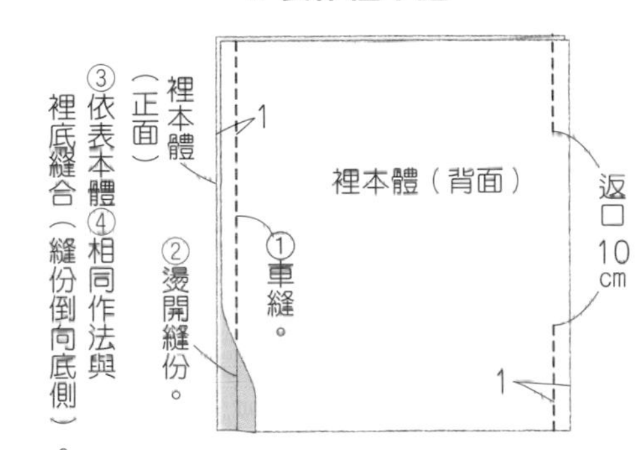
③依表本體④相同作法與裡底縫合（縫份倒向底側）。
裡本體（正面）
1
②燙開縫份。
①車縫。
裡本體（背面）
返口10cm
1

5. 套疊表・裡本體

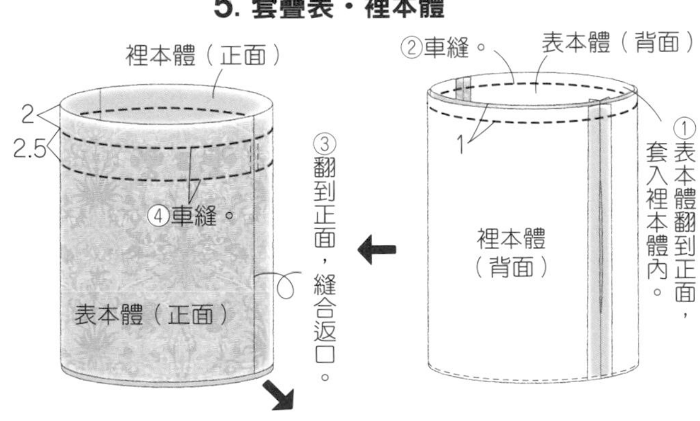
裡本體（正面）
2
2.5
④車縫。
③翻到正面，縫合返口。
表本體（正面）
②車縫。
表本體（背面）
1
①表本體翻到正面，套入裡本體內。
裡本體（背面）

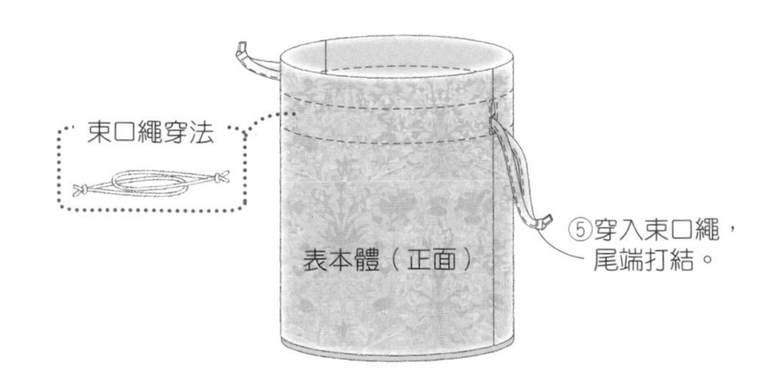
束口繩穿法
⑤穿入束口繩，尾端打結。
表本體（正面）

1. 製作束口繩

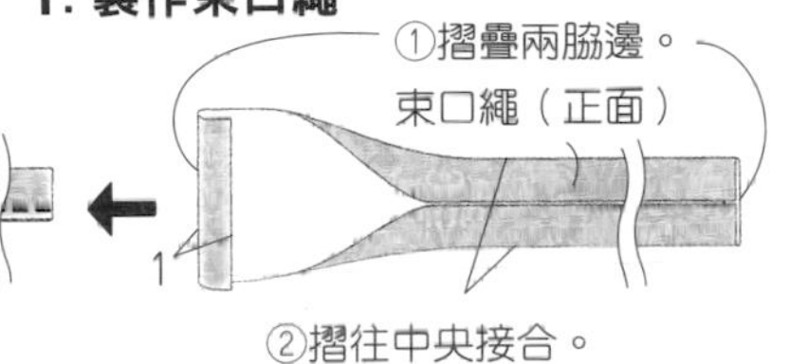
束口繩（正面）
①摺疊兩脇邊。
束口繩（正面）
0.2
③對摺車縫。
※製作2條
1
②摺往中央接合。

2. 製作表底

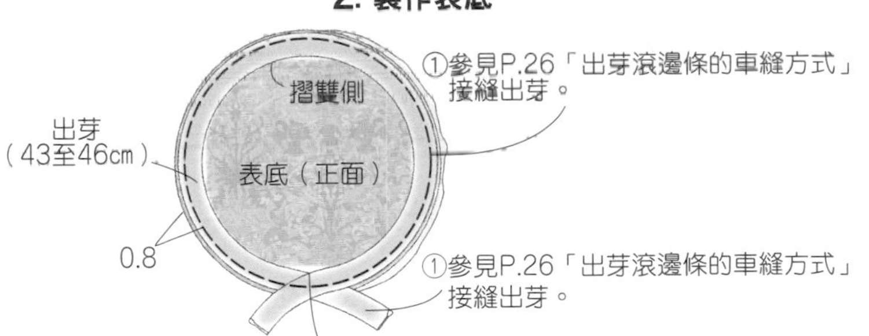
摺雙側
①參見P.26「出芽滾邊條的車縫方式」接縫出芽。
出芽（43至46cm）
表底（正面）
0.8
①參見P.26「出芽滾邊條的車縫方式」接縫出芽。
兩端在合印位置交叉重疊。

3. 製作表本體

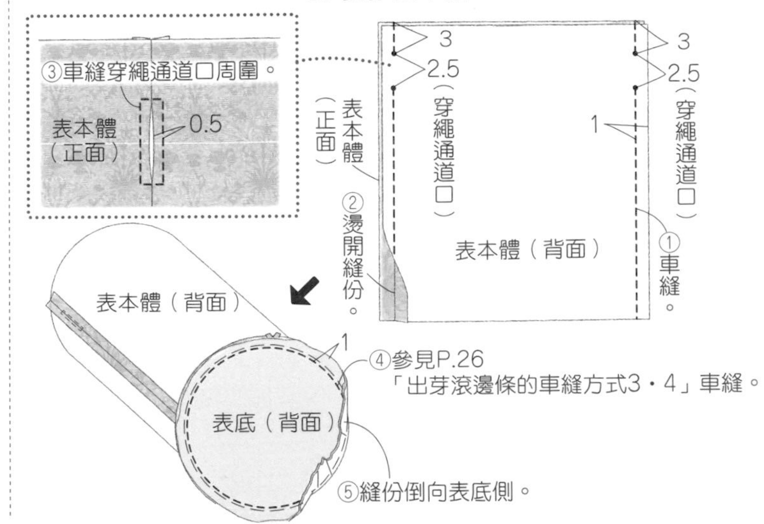
③車縫穿繩通道口周圍。
表本體（正面）
0.5
3
2.5
表本體（正面）
（穿繩通道口）
②燙開縫份。
表本體（背面）
3
2.5
1
（穿繩通道口）
①車縫。
表本體（背面）
1
④參見P.26「出芽滾邊條的車縫方式3・4」車縫。
表底（背面）
⑤縫份倒向表底側。

完成尺寸	材料
寬19×長27.5×側身12cm（提把65cm）	表布（平織布）70cm×40cm
原寸紙型	裡布（棉麻布）75cm×75cm
C面	接著鋪棉 85cm×70cm
	合成皮出芽 寬14mm 150cm

P.29_ No.34 滾邊肩背包

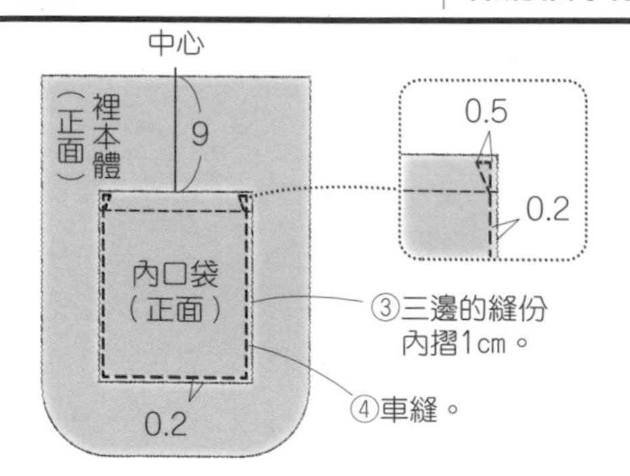

中心
裡本體（正面）
9
0.5
0.2
內口袋（正面）
③三邊的縫份內摺1cm。
④車縫。
0.2

4. 製作裡本體

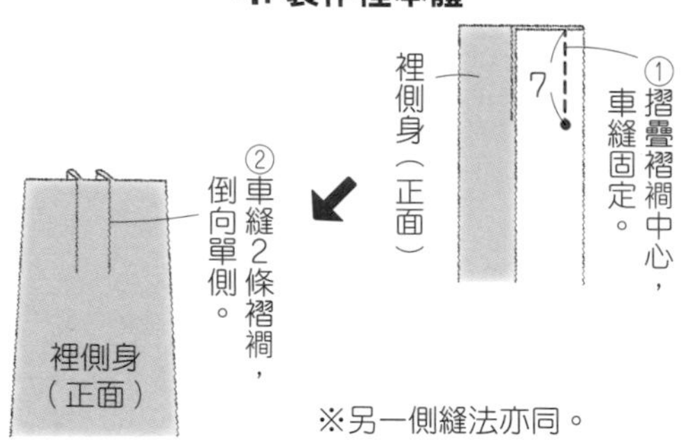

裡側身（正面）
7
①摺疊褶襉中心，車縫固定。
②車縫2條褶襉，倒向單側。
裡側身（正面）
※另一側縫法亦同。

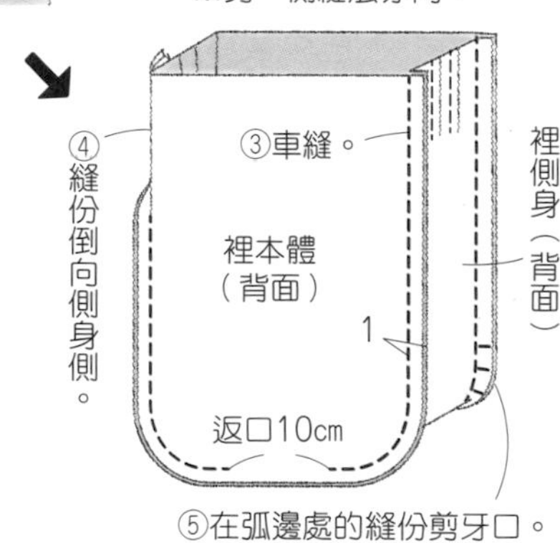

④縫份倒向側身側。
③車縫。
裡側身（背面）
裡本體（背面）
1
返口10cm
⑤在弧邊處的縫份剪牙口。

5. 套疊表本體&裡本體

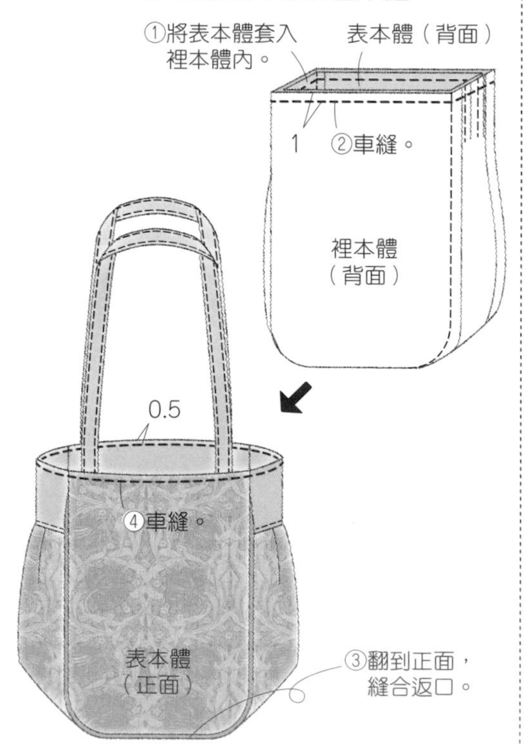

①將表本體套入裡本體內。
表本體（背面）
1
②車縫。
裡本體（背面）
0.5
④車縫。
表本體（正面）
③翻到正面，縫合返口。

※參見P.26「出芽滾邊條的車縫方式」接縫出芽。

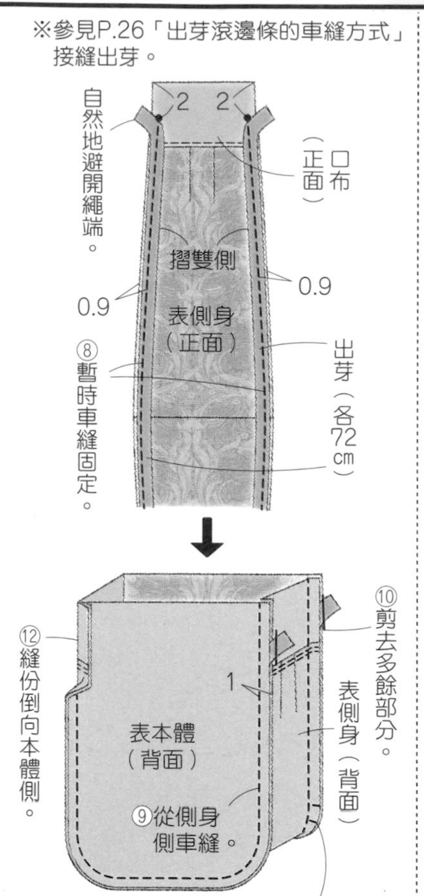

自然地避開繩端。
2
2
口布（正面）
摺雙側
0.9
0.9
表側身（正面）
⑧暫時車縫固定。
出芽（各72cm）
⑫縫份倒向本體側。
⑩剪去多餘部分。
1
表側身（背面）
表本體（背面）
⑨從側身側車縫。
⑪在側身的弧邊處剪牙口。

2. 接縫提把

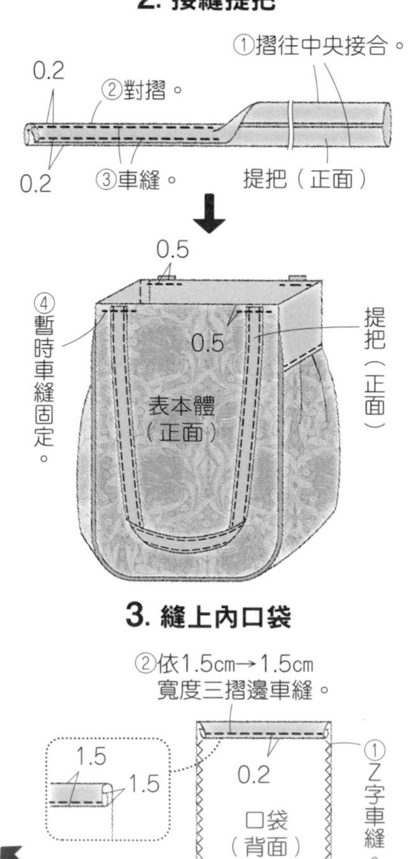

①摺往中央接合。
0.2
②對摺。
0.2
③車縫。
提把（正面）
0.5
④暫時車縫固定。
0.5
提把（正面）
表本體（正面）

3. 縫上內口袋

②依1.5cm→1.5cm寬度三摺邊車縫。
1.5
1.5
0.2
口袋（背面）
①Z字車縫。

裁布圖

※除了表・裡本體之外皆無原寸紙型，請依標示尺寸（已含縫份）直接裁剪。
※▢處需於背面燙貼接著鋪棉。

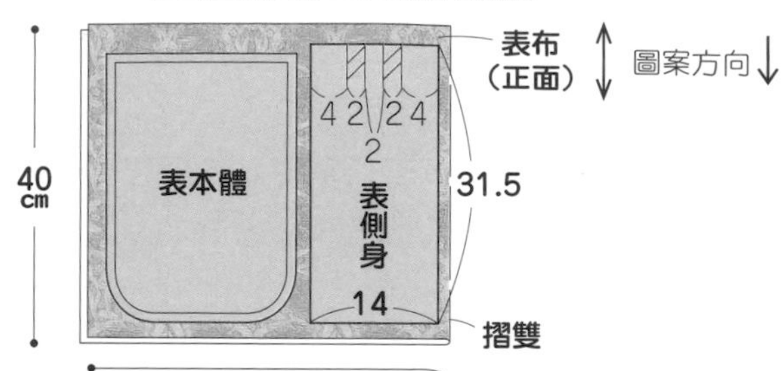

表布（正面）
圖案方向
40cm
表本體
4 2 2 4
2
表側身
31.5
14
摺雙
70cm

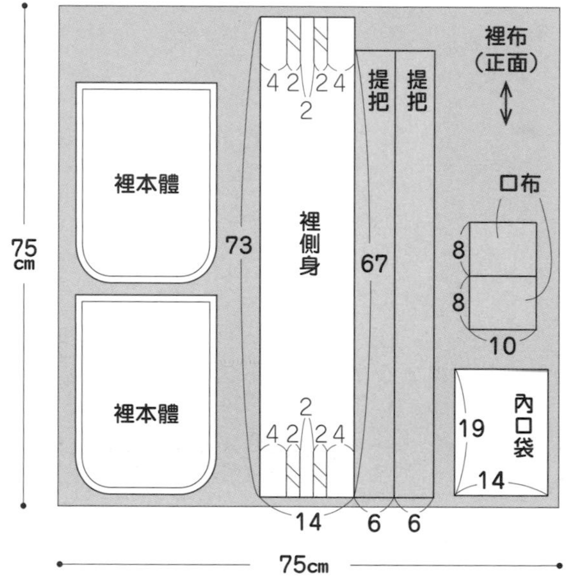

裡布（正面）
4 2 2 4
2
提把
提把
裡本體
裡側身
73
67
75cm
口布
8
8
10
裡本體
2
4 2 2 4
19
內口袋
14
14
6
6
75cm

1. 製作表本體

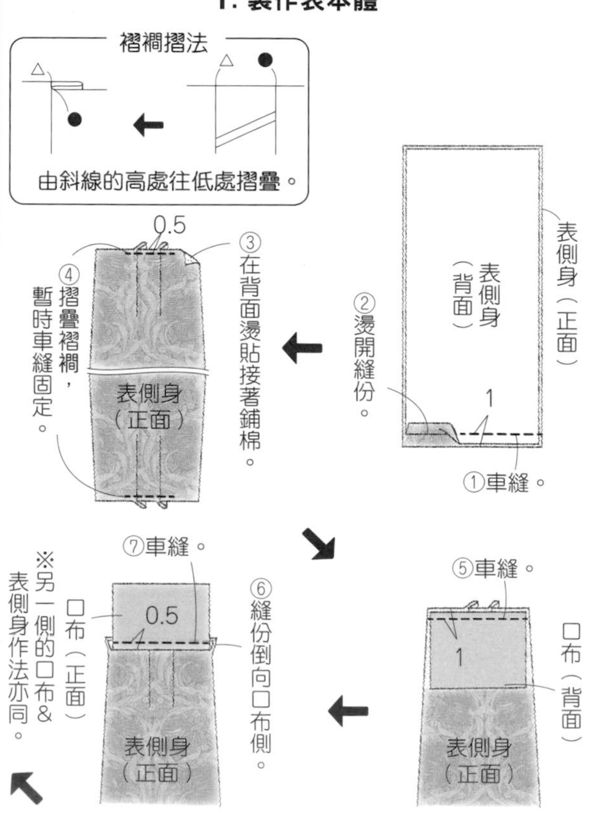

褶襉摺法
由斜線的高處往低處摺疊。
表側身（背面）
表側身（正面）
②燙開縫份。
1
①車縫。
0.5
③在背面燙貼接著鋪棉。
④摺疊褶襉，暫時車縫固定。
表側身（正面）
⑤車縫。
口布（背面）
1
表側身（正面）
⑦車縫。
0.5
口布（正面）
⑥縫份倒向口布側。
※另一側的口布&表側身作法亦同。
表側身（正面）

完成尺寸

寬13×長18×側身4cm

原寸紙型

無

材料

表布（合成皮）130cm×50cm
裡布（尼龍布）40cm×50cm
接著襯（免燙式貼襯）25cm×50cm／**厚紙** 15cm×10cm
磁釦 18mm 1組

P.31_ No.39

隨身手機包

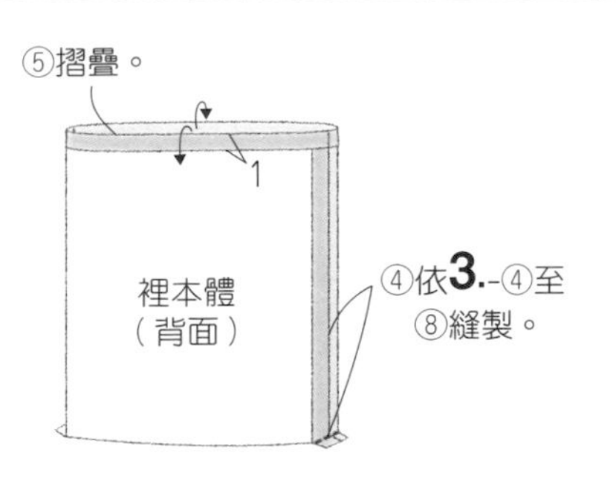

⑤摺疊。
1
裡本體
（背面）
④依3.-④至⑧縫製。

5. 完成

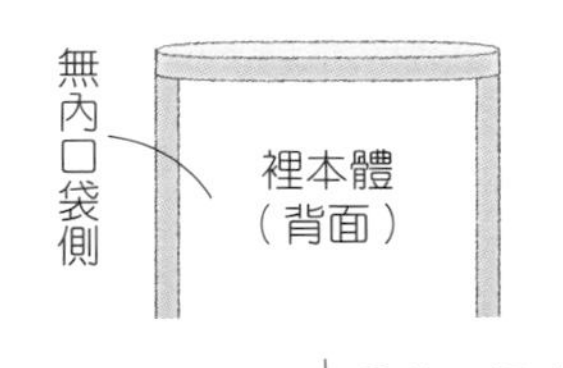

無內口袋側
裡本體
（背面）

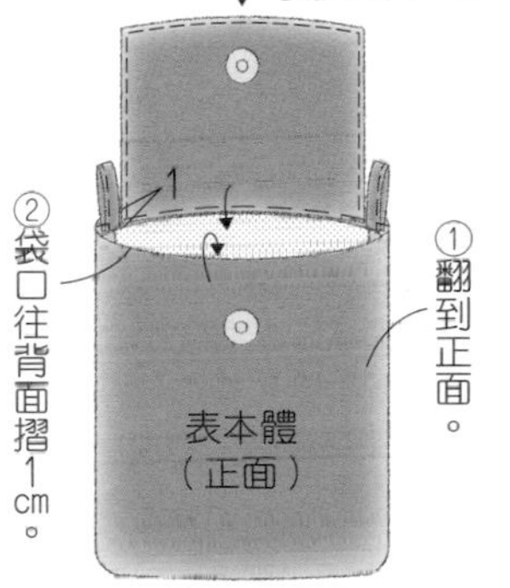

③放入裡本體。
②袋口往背面摺1cm。
1
①翻到正面。
表本體
（正面）

裡本體
（正面）
0.2
④對齊表本體&裡本體的袋口車縫。
表本體
（正面）

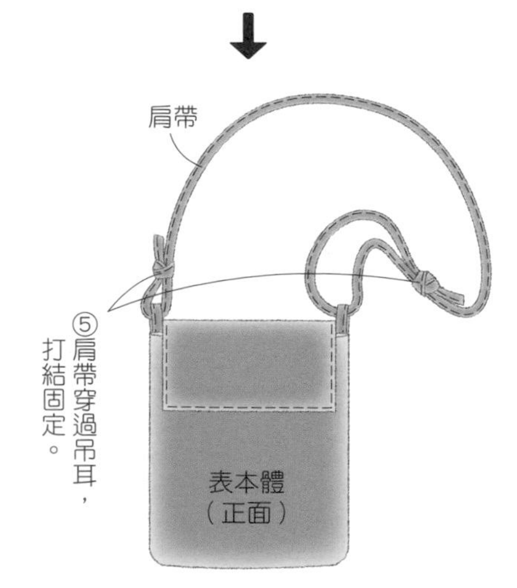

肩帶
⑤肩帶穿過吊耳，打結固定。
表本體
（正面）

3. 製作表本體

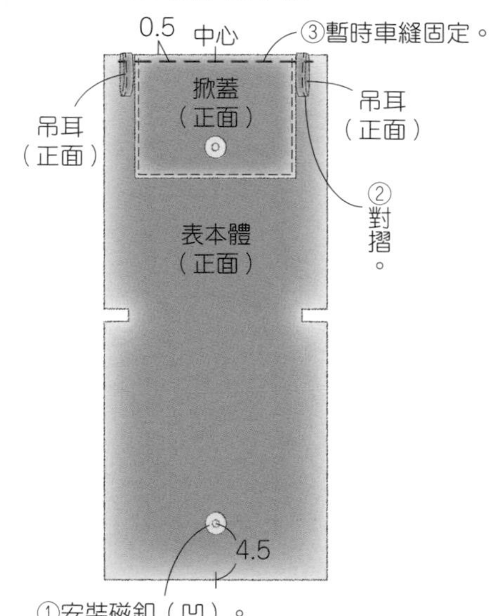

0.5
中心
③暫時車縫固定。
掀蓋
（正面）
吊耳
（正面）
吊耳
（正面）
②對摺。
表本體
（正面）
4.5
①安裝磁釦（凹）。

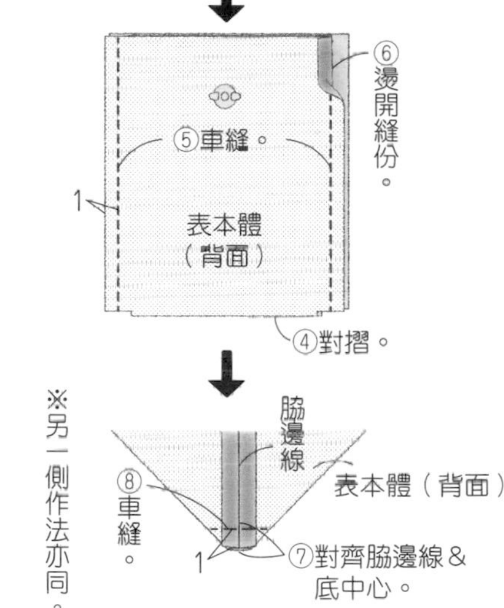

⑥邊開縫份。
⑤車縫。
1
表本體
（背面）
④對摺。
※另一側作法亦同。
脇邊線
表本體（背面）
⑧車縫。
1
⑦對齊脇邊線&底中心。

4. 製作裡本體

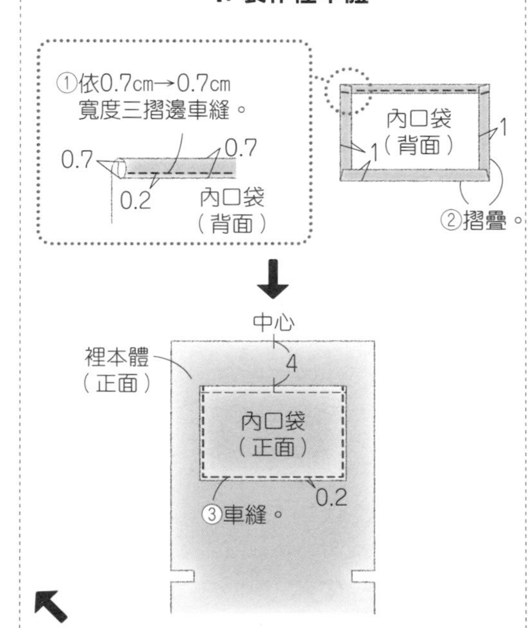

①依0.7cm→0.7cm寬度三摺邊車縫。
0.7
0.7
0.2
內口袋
（背面）
內口袋
（背面）
1
1
②摺疊。
中心
裡本體
（正面）
4
內口袋
（正面）
0.2
③車縫。

裁布圖

※標示尺寸已含縫份。
※▭處需於背面貼上接著襯。

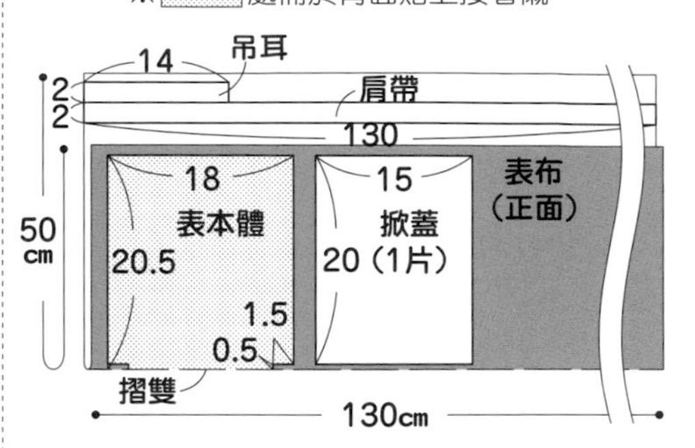

14
吊耳
2
2
肩帶
130
50cm
18
表本體
20.5
1.5
0.5
15
掀蓋
20（1片）
表布
（正面）
摺雙
130cm

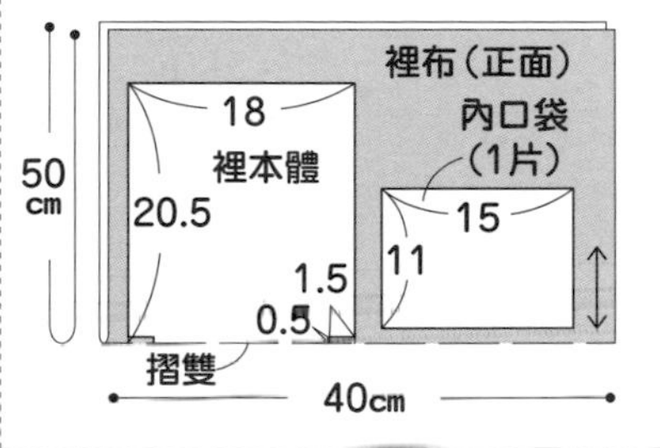

裡布（正面）
50cm
18
裡本體
20.5
1.5
0.5
內口袋
（1片）
15
11
摺雙
40cm

1. 製作肩帶&吊耳

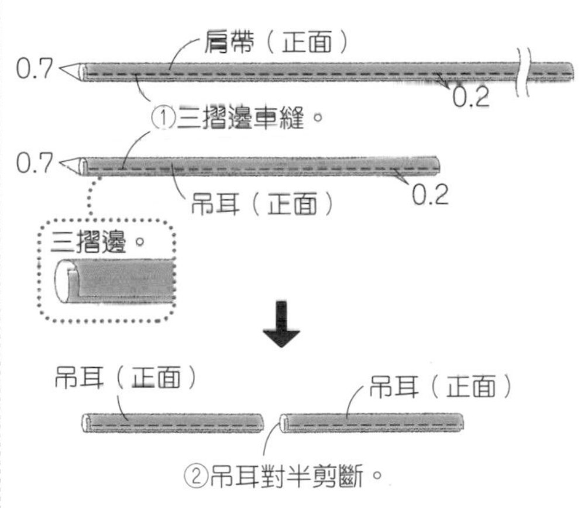

0.7
肩帶（正面）
0.2
①三摺邊車縫。
0.7
吊耳（正面）
0.2
三摺邊。
吊耳（正面）
吊耳（正面）

②吊耳對半剪斷。

2. 製作掀蓋

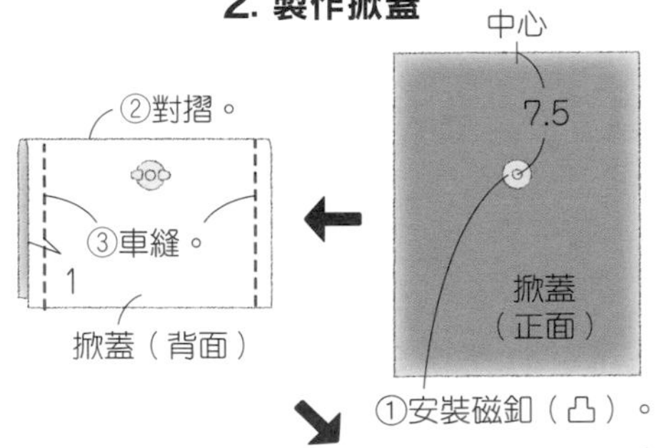

中心
7.5
②對摺。
③車縫。
1
掀蓋（背面）
掀蓋
（正面）
①安裝磁釦（凸）。

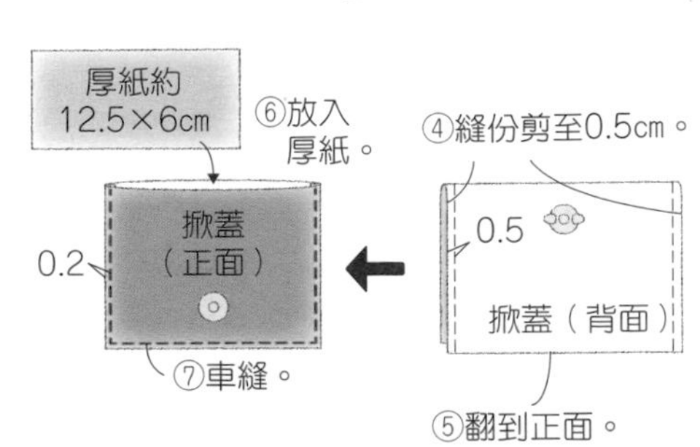

厚紙約
12.5×6cm
⑥放入厚紙。
④縫份剪至0.5cm。
0.2
掀蓋
（正面）
⑦車縫。
0.5
掀蓋（背面）
⑤翻到正面。

完成尺寸

寬26×長35×側身10cm

原寸紙型

C面

材料

表布（Stylish Nylon）85cm×100cm
裡布（滌塔夫）80cm×100cm
接著襯（背膠型泡棉接著襯 厚1.5mm）60cm×90cm
METALLION拉鍊 20cm 1條／**布用雙面膠** 寬5mm 50cm
尼龍織帶 寬2cm 190cm／**羅緞織帶** 寬2cm 200cm
梯扣 20mm 2個／**塑膠插扣** 20mm 1組

P.30_ No 38

尼龍後背包

裁布圖

※裡後本體、表・裡側身及背帶無原寸紙型，請依標示尺寸（已含縫份）直接裁剪。
※ 處需於背面燙貼接著襯。
※ I 處需加上合印記號。

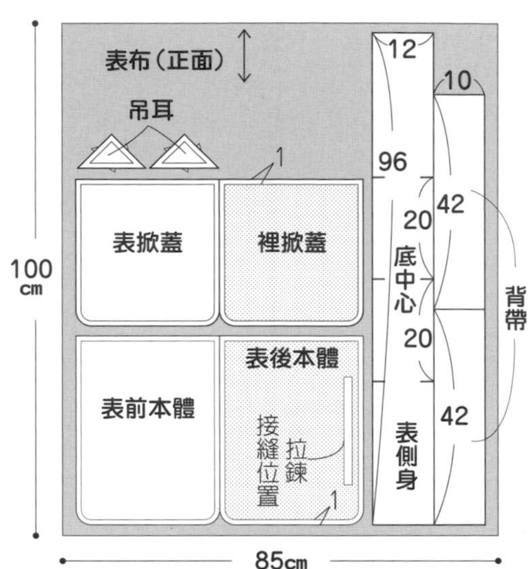

表布（正面）
吊耳
表掀蓋
裡掀蓋
表前本體
表後本體
接縫拉鍊位置
底中心
表側身
背帶
12
10
96
20
42
100cm
85cm
1

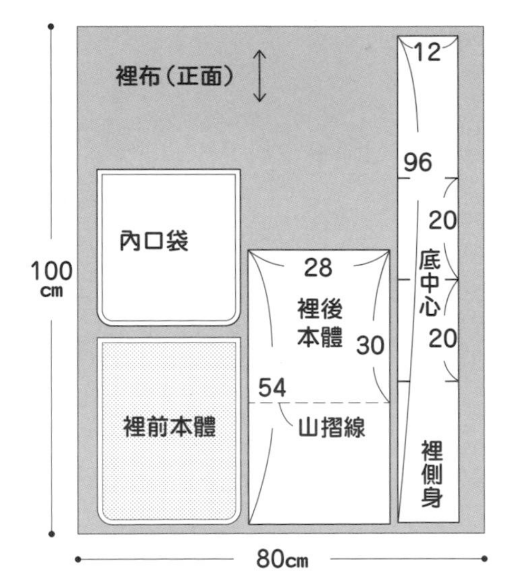

裡布（正面）
內口袋
裡前本體
28
裡後本體
30
54
山摺線
12
96
20
底中心
裡側身
100cm
80cm

1. 製作後本體

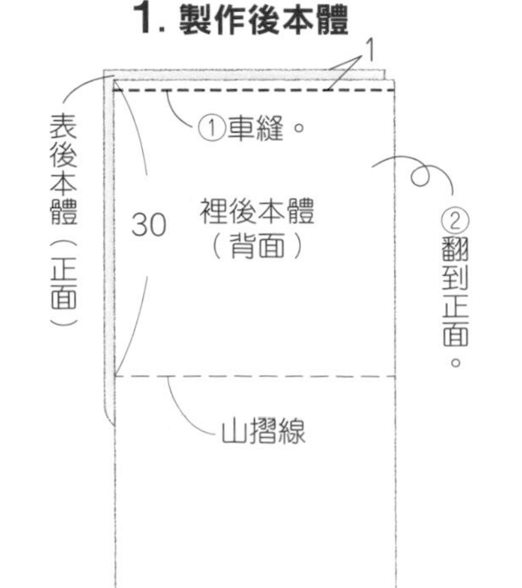

①車縫。
表後本體（正面）
裡後本體（背面）
30
②翻到正面。
山摺線
1

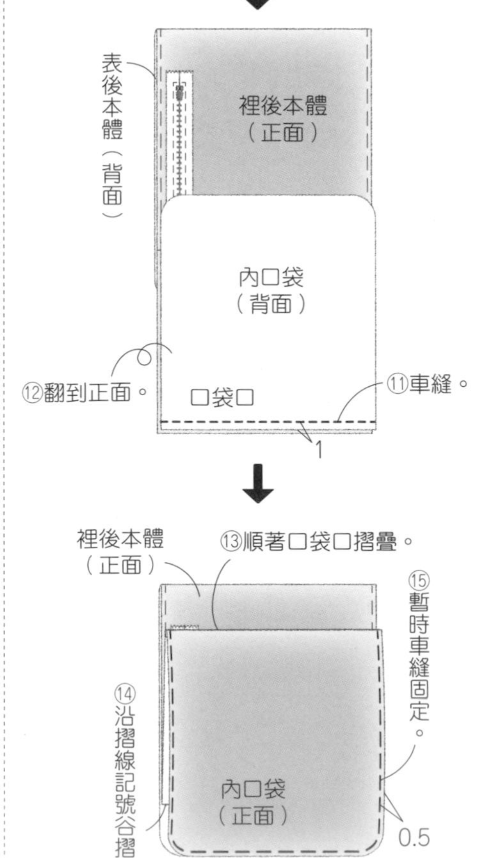

表後本體（背面）
裡後本體（正面）
內口袋（背面）
口袋口
⑪車縫。
⑫翻到正面。
1
裡後本體（正面）
⑬順著口袋口摺疊。
⑮暫時車縫固定。
⑭沿摺線記號谷摺。
內口袋（正面）
0.5

2. 製作前本體＆側身

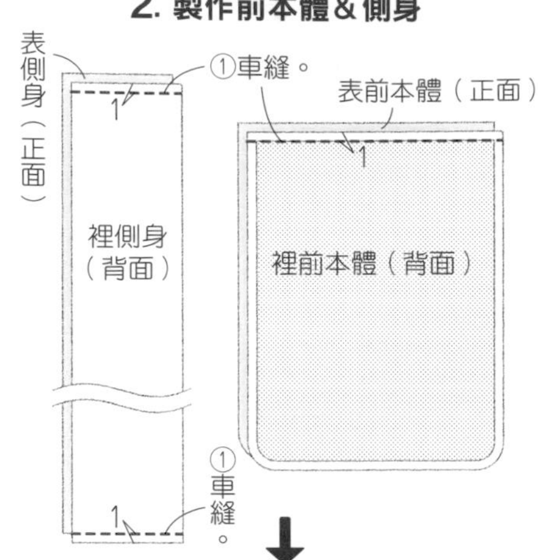

表側身（正面）
①車縫。
表前本體（正面）
裡側身（背面）
裡前本體（背面）
1

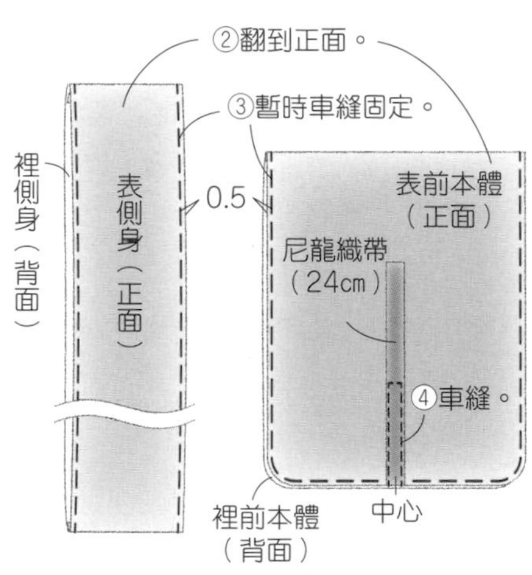

②翻到正面。
③暫時車縫固定。
裡側身（背面）
表側身（正面）
0.5
表前本體（正面）
尼龍織帶（24cm）
④車縫。
裡前本體（背面）
中心

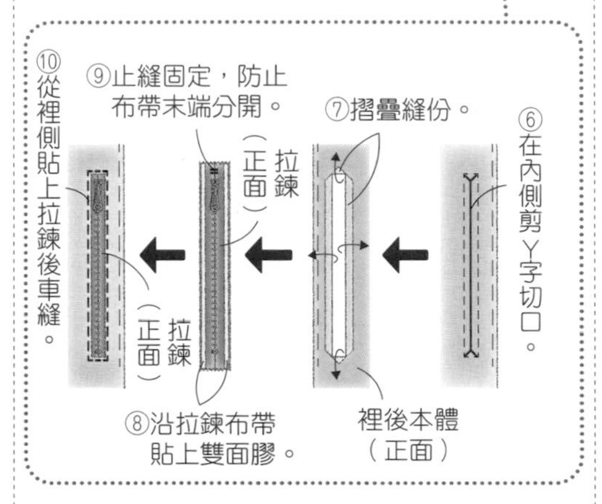

③沿針腳摺疊。
④兩端暫時車縫至山摺線。
29
0.5
⑤在拉鍊接縫位置車縫。
表後本體（正面）
裡後本體（背面）
⑩從裡側貼上拉鍊後車縫。
⑨止縫固定，防止布帶末端分開。
⑦摺疊縫份。
⑥在內側剪Y字切口。
拉鍊（正面）
⑧沿拉鍊布帶貼上雙面膠。
裡後本體（正面）

3. 製作掀蓋

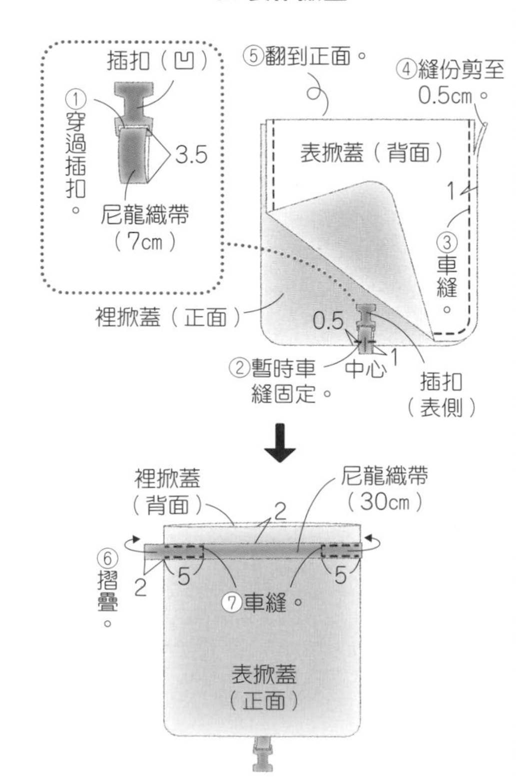

插扣（凹）
①穿過插扣。
3.5
尼龍織帶（7cm）
⑤翻到正面。
④縫份剪至0.5cm。
表掀蓋（背面）
③車縫。
裡掀蓋（正面）
0.5
②暫時車縫固定。
中心
插扣（表側）
裡掀蓋（背面）
尼龍織帶（30cm）
⑥摺疊。
2
5
⑦車縫。
表掀蓋（正面）

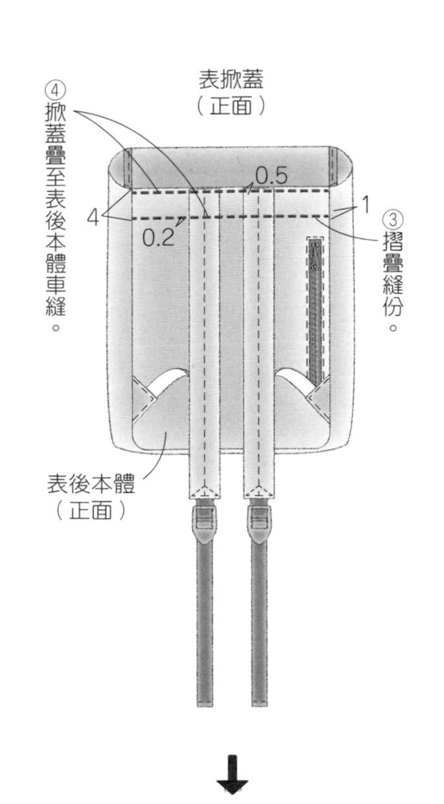
表掀蓋
（正面）
④掀蓋疊至表後本體車縫。
0.5
4
0.2
1
③摺疊縫份。
表後本體
（正面）

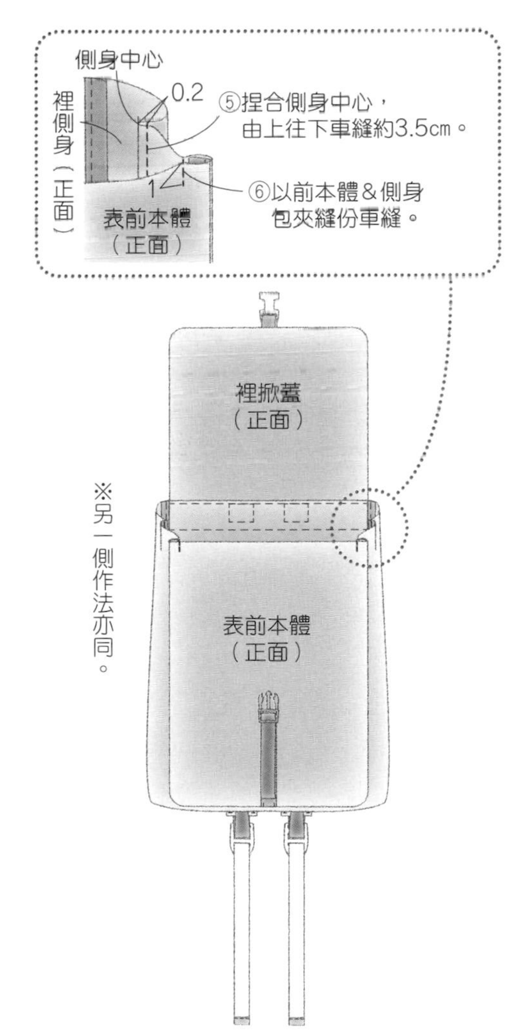
側身中心
0.2
⑤捏合側身中心，
由上往下車縫約3.5cm。
裡側身（正面）
1
⑥以前本體&側身
包夾縫份車縫。
表前本體
（正面）
裡掀蓋
（正面）
表前本體
（正面）
※另一側作法亦同。

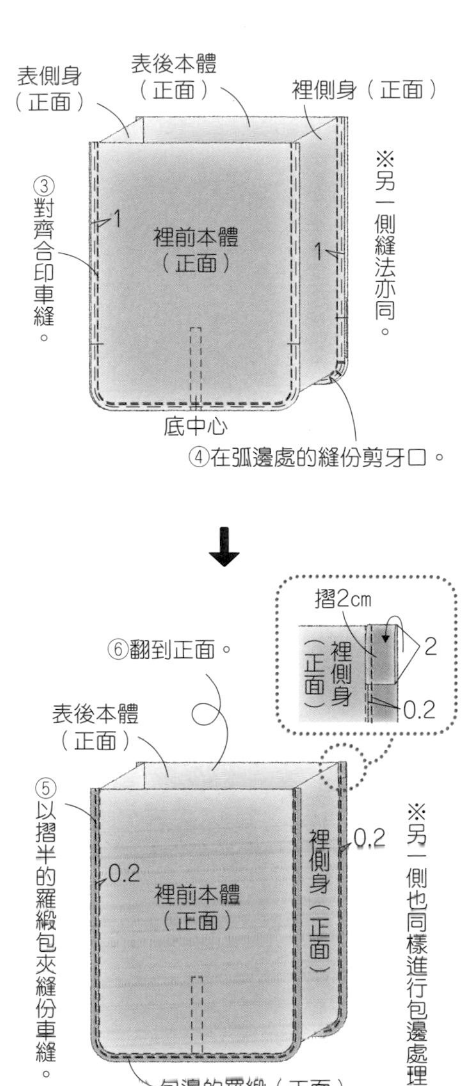
表側身
（正面）
表後本體
（正面）
裡側身（正面）
③對齊合印車縫。
1
裡前本體
（正面）
1
※另一側縫法亦同。
底中心
④在弧邊處的縫份剪牙口。
摺2cm
裡側身（正面）
2
0.2
⑥翻到正面。
表後本體
（正面）
⑤以摺半的羅紋包夾縫份車縫。
0.2
裡前本體
（正面）
裡側身（正面）
0.2
※另一側也同樣進行包邊處理。
包邊的羅紋（正面）

6. 完成

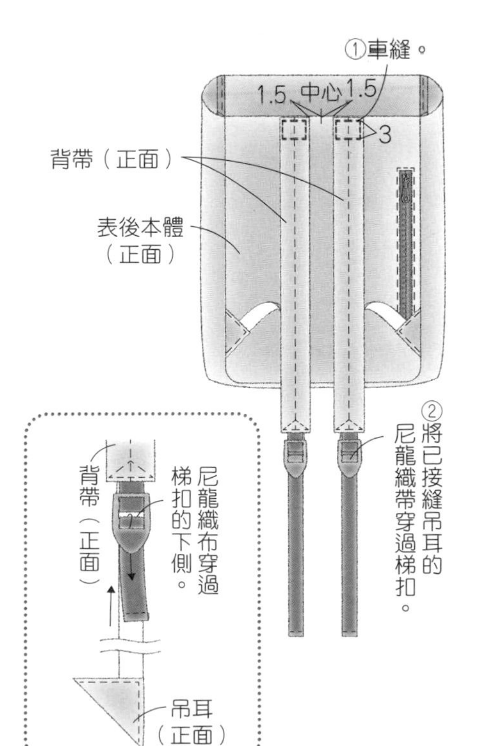
①車縫。
1.5
中心
1.5
3
背帶（正面）
表後本體
（正面）
②將已接縫吊耳的尼龍織帶穿過梯扣。
背帶（正面）
尼龍織布穿過梯扣的下側。
吊耳
（正面）

※穿入梯扣的方法參見P.30。

4. 製作背帶

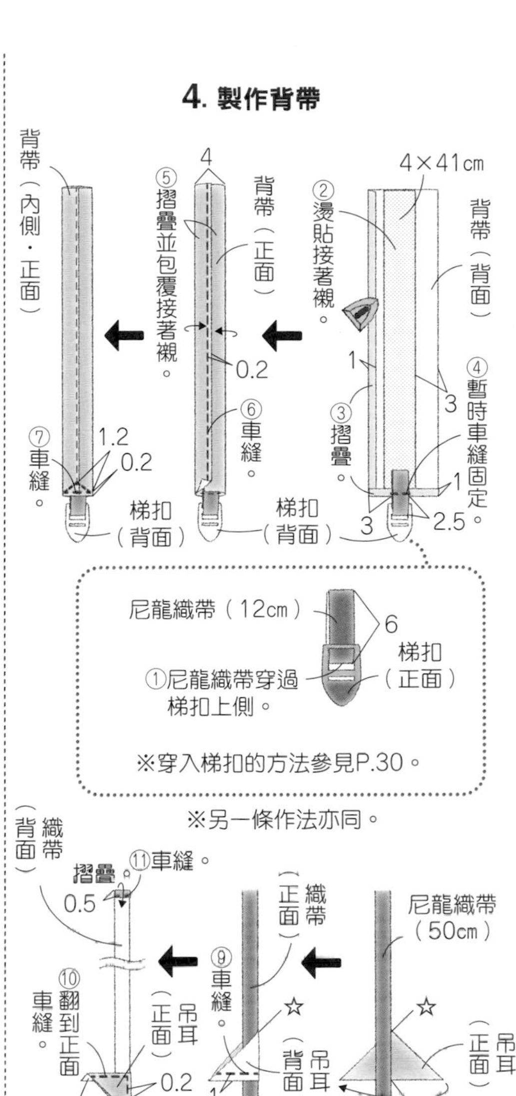
背帶（內側・正面）
4
⑤摺疊並包覆接著襯。
背帶（正面）
4×41cm
②燙貼接著襯。
背帶（背面）
0.2
1
③摺疊。
3
④暫時車縫固定。
⑥車縫。
⑦車縫。
1.2
0.2
梯扣
（背面）
梯扣
（背面）
3
1
2.5
尼龍織帶（12cm）
6
梯扣
（正面）
①尼龍織帶穿過梯扣上側。
※穿入梯扣的方法參見P.30。

※另一條作法亦同。

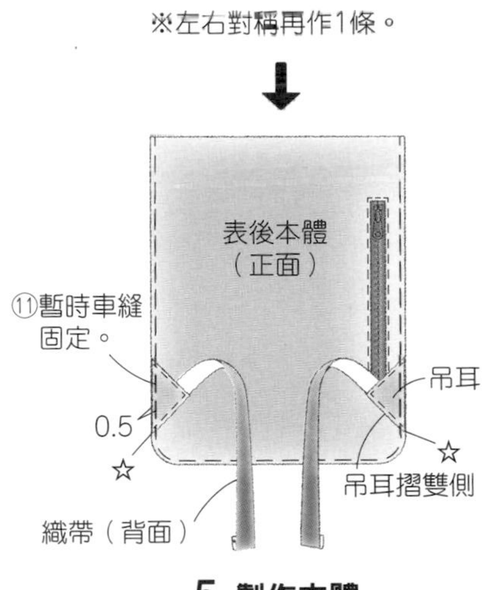
織帶（背面）
摺疊。
⑪車縫。
0.5
織帶（正面）
尼龍織帶
（50cm）
⑩翻到正面車縫。
⑨車縫。
吊耳（正面）
吊耳（背面）
吊耳（正面）
0.2
1
5
剪去多餘部分。
⑧包夾織帶對摺。

※左右對稱再作1條。

5. 製作本體

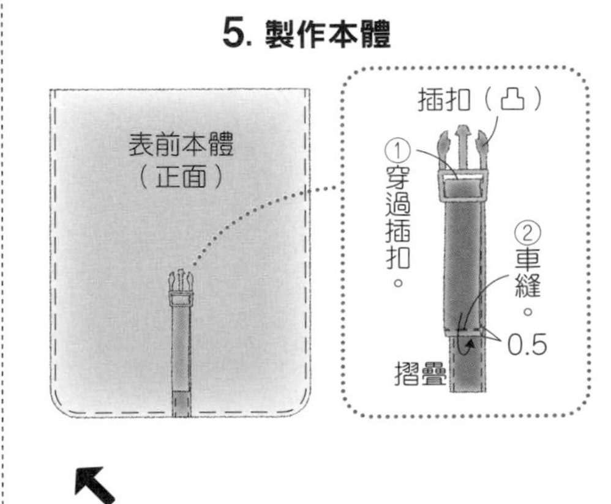
表後本體
（正面）
⑪暫時車縫固定。
0.5
吊耳
吊耳摺雙側
織帶（背面）
表前本體
（正面）
插扣（凸）
①穿過插扣。
②車縫。
0.5
摺疊

完成尺寸

寬28×長17×側身9cm

原寸紙型

C面

材料

表布（11號帆布）108cm×50cm／**配布**（11號帆布）30cm×20cm
裡布（棉厚織79號）110cm×50cm／**皮革** 5cm×5cm
接著襯（厚不織布）50cm×5cm
壓克力織帶 寬3cm 90cm／**雙開金屬拉鍊** 40cm 1條
金屬拉鍊 20cm 1條／**皮繩** 寬0.3cm 30cm
塑膠插扣 30mm 1組

P.32_ NO.40
斜肩包

裁布圖

※上側身、下側身、內口袋、底及耳絆無原寸紙型，
請依標示尺寸（已含縫份）直接裁剪。

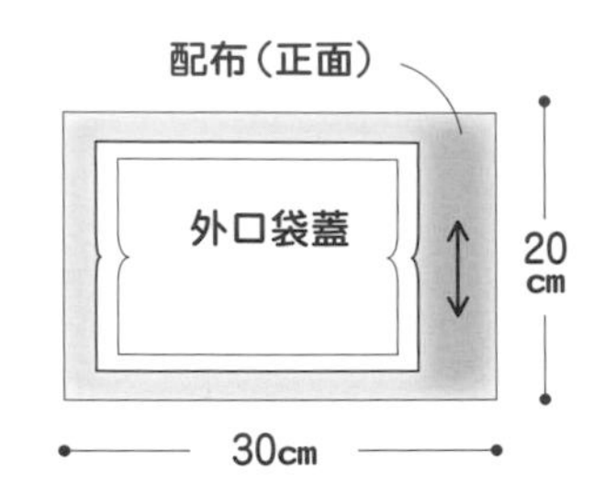

配布（正面）
外口袋蓋
20cm
30cm

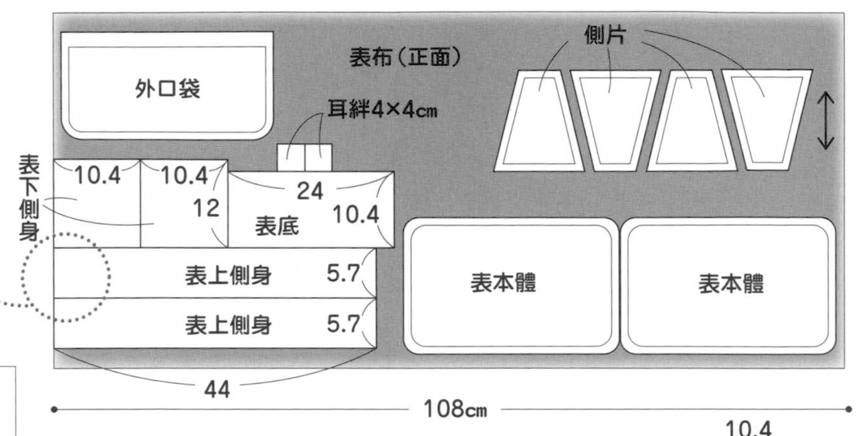

表布（正面）
外口袋
側片
耳絆4×4cm
表下側身
10.4
10.4
12
24
表底
10.4
表上側身 5.7
表上側身 5.7
表本體
表本體
44
108cm
50cm

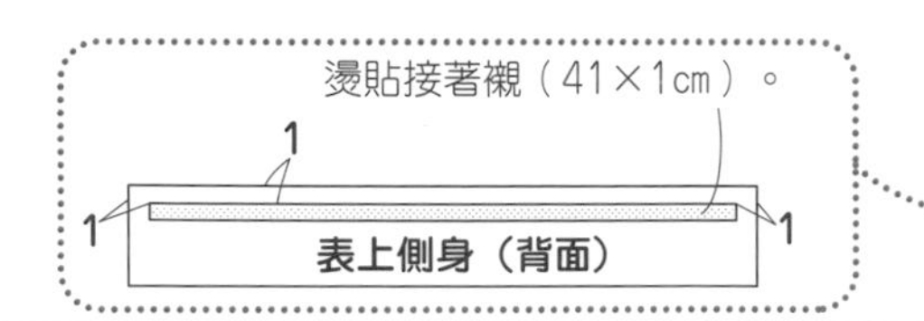

燙貼接著襯（41×1cm）。
1
1
1
表上側身（背面）

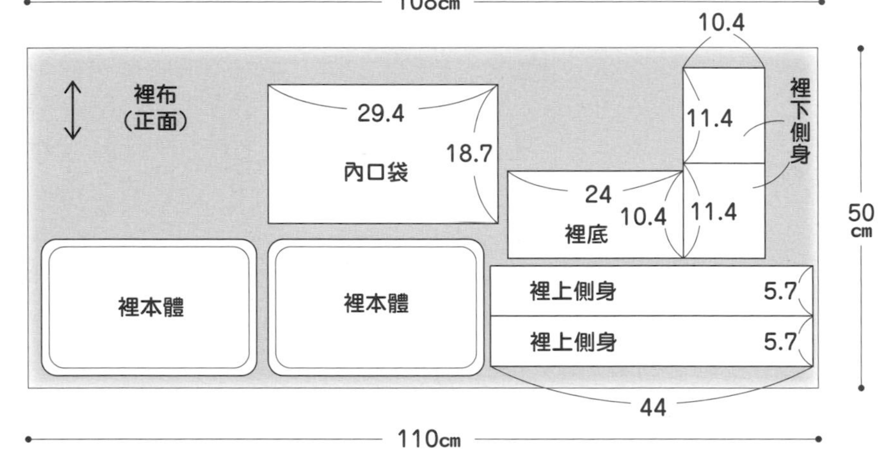

10.4
裡布（正面）
29.4
18.7
內口袋
11.4
裡下側身
24
10.4
11.4
裡底
裡本體
裡本體
裡上側身 5.7
裡上側身 5.7
44
110cm
50cm

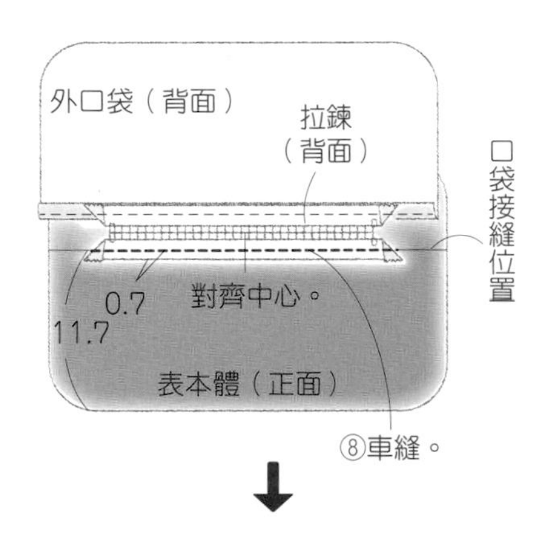

外口袋（背面）
拉鍊（背面）
口袋接縫位置
0.7
對齊中心。
11.7
表本體（正面）
⑧車縫。

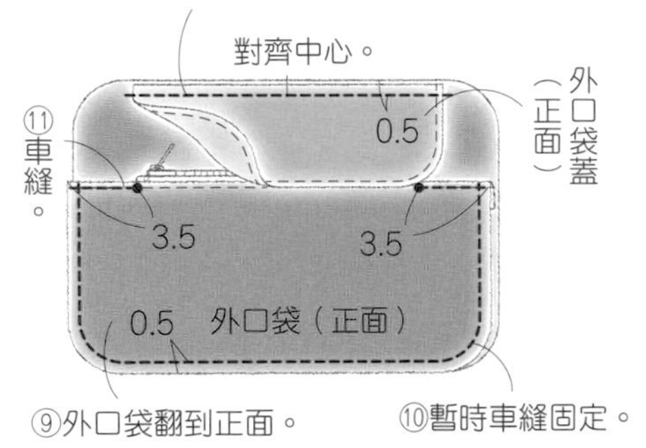

⑫暫時車縫固定。
對齊中心。
0.5
外口袋蓋（正面）
⑪車縫。
3.5
3.5
0.5 外口袋（正面）
⑨外口袋翻到正面。
⑩暫時車縫固定。

2. 縫上外口袋

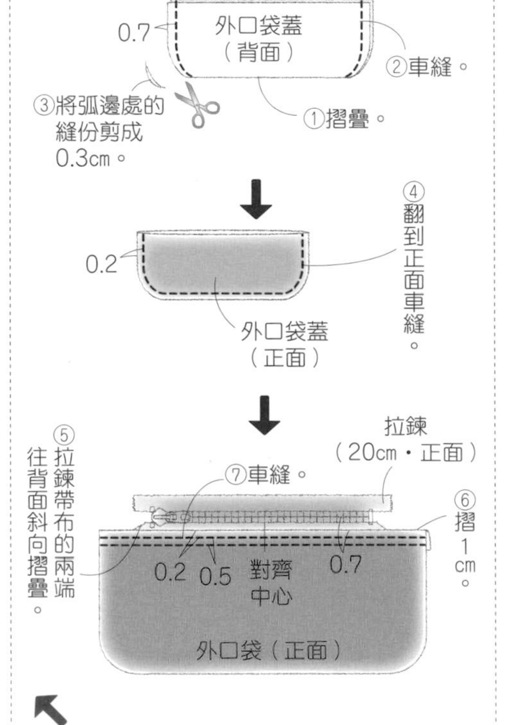

0.7
外口袋蓋（背面）
②車縫。
③將弧邊處的縫份剪成0.3cm。
①摺疊。
0.2
④翻到正面車縫。
外口袋蓋（正面）
拉鍊（20cm・正面）
⑦車縫。
⑤拉鍊帶布的兩端往背面斜向摺疊。
⑥摺1cm。
0.2
0.5
對齊中心
0.7
外口袋（正面）

1. 製作內口袋

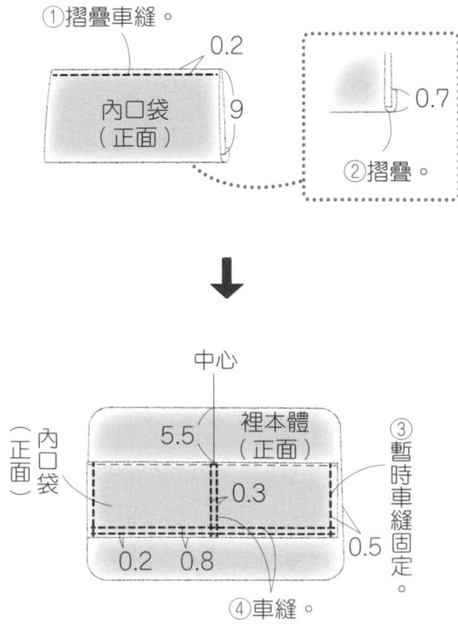

①摺疊車縫。
0.2
內口袋（正面）
9
0.7
②摺疊。
中心
5.5
裡本體（正面）
內口袋（正面）
③暫時車縫固定。
0.3
0.2
0.8
0.5
④車縫。

3. 製作耳絆

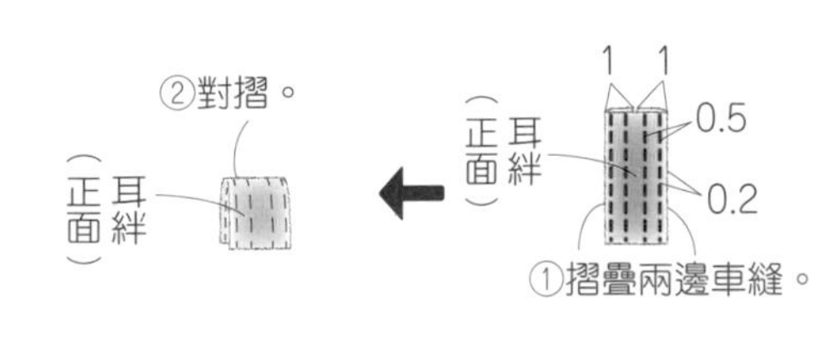

②對摺。
耳絆（正面）
耳絆（正面）
1 1
0.5
0.2
①摺疊兩邊車縫。

※再製作1片。

4. 製作腰扣帶

※加裝塑膠插扣的詳細作法參見P.32。

【腰扣帶A・凹側】

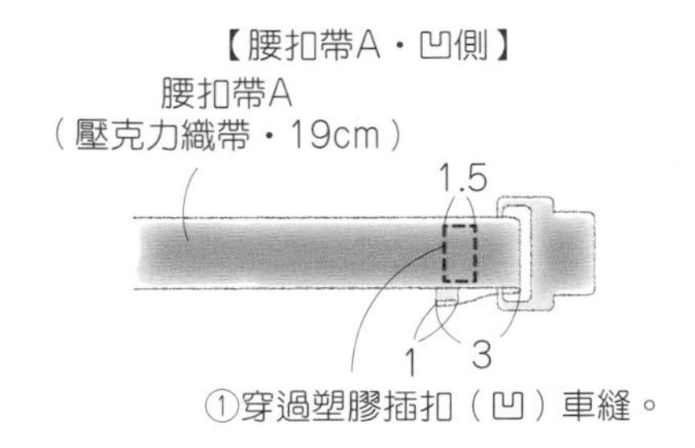
腰扣帶A
（壓克力織帶・19cm）
1.5
1
3
①穿過塑膠插扣（凹）車縫。

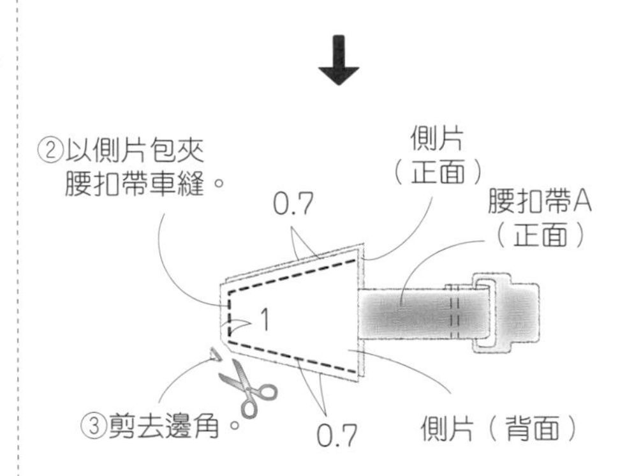
②以側片包夾
腰扣帶車縫。
側片
（正面）
0.7
腰扣帶A
（正面）
1
③剪去邊角。
0.7
側片（背面）

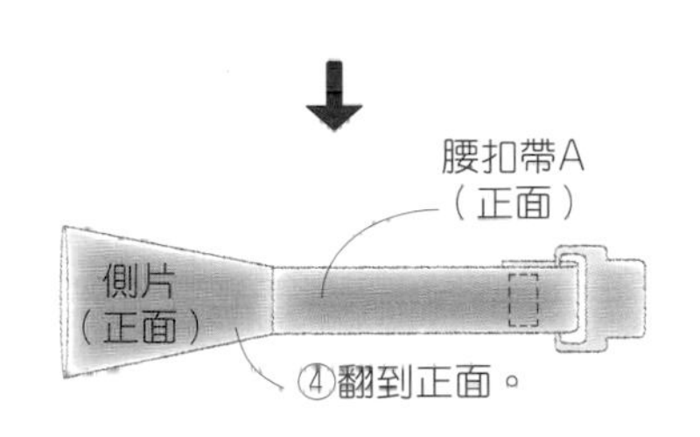
腰扣帶A
（正面）
側片
（正面）
④翻到正面。

【腰扣帶B・凸側】

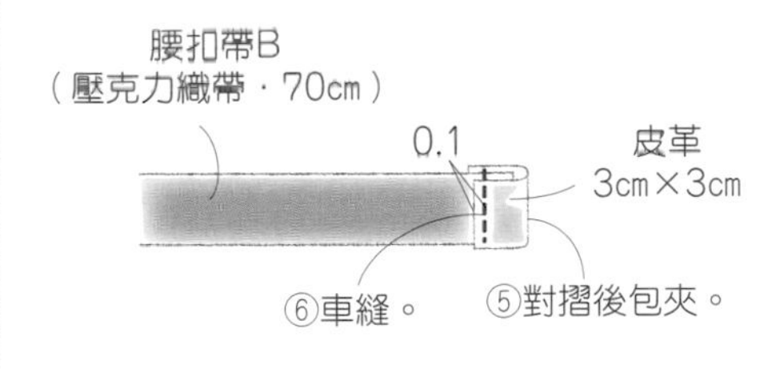
腰扣帶B
（壓克力織帶・70cm）
0.1
皮革
3cm×3cm
⑥車縫。
⑤對摺後包夾。

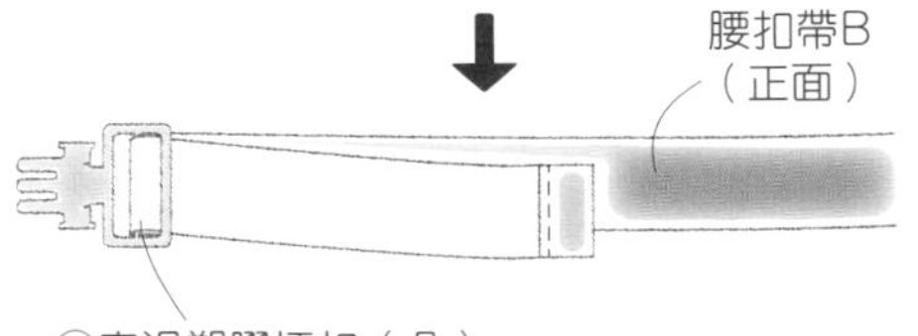
腰扣帶B
（正面）

⑦穿過塑膠插扣（凸）。
※依②至④作法接縫側片。

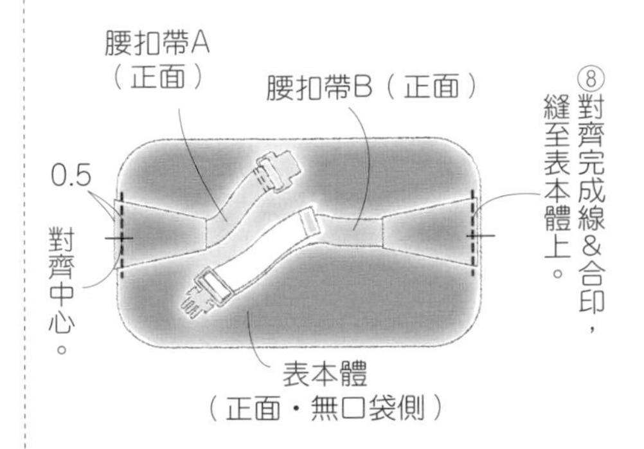
腰扣帶A
（正面）
腰扣帶B（正面）
⑧對齊完成線&合印，縫至表本體上。
0.5
對齊中心。
表本體
（正面・無口袋側）

5. 製作表本體

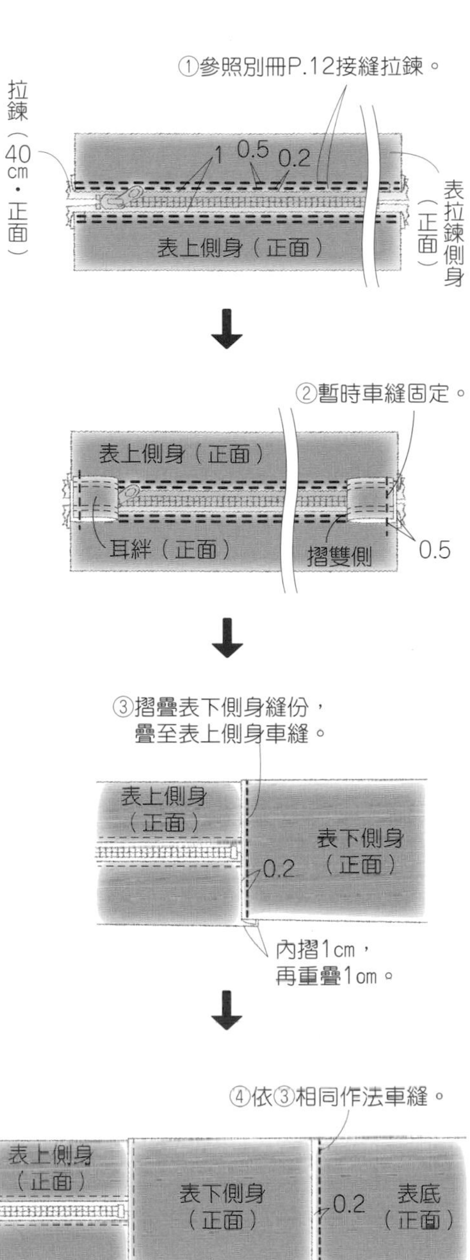
①參照別冊P.12接縫拉鍊。
拉鍊（40cm・正面）
1
0.5
0.2
表拉鍊側身（正面）
表上側身（正面）
②暫時車縫固定。
表上側身（正面）
耳絆（正面）
摺雙側
0.5
③摺疊表下側身縫份，
疊至表上側身車縫。
表上側身
（正面）
表下側身
（正面）
0.2
內摺1cm，
再重疊1cm。

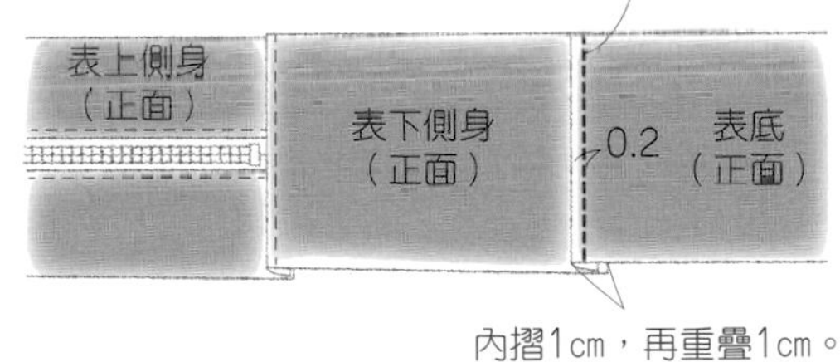
④依③相同作法車縫。
表上側身
（正面）
表下側身
（正面）
0.2
表底
（正面）
內摺1cm，再重疊1cm。

※另一側作法亦同，縫成輪狀。

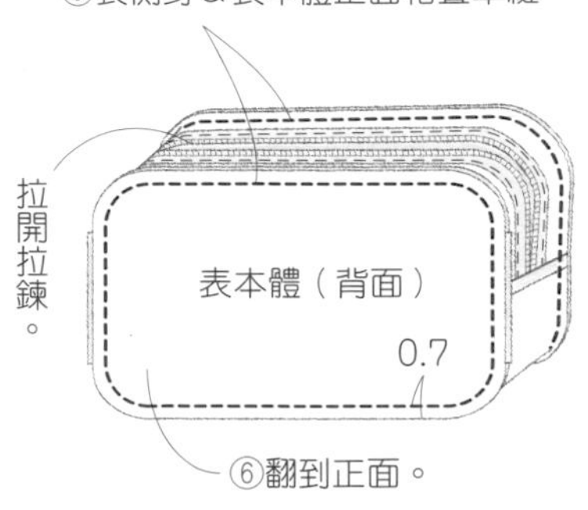
⑤表側身&表本體正面相疊車縫。
拉開拉鍊。
表本體（背面）
0.7
⑥翻到正面。

6. 製作裡本體

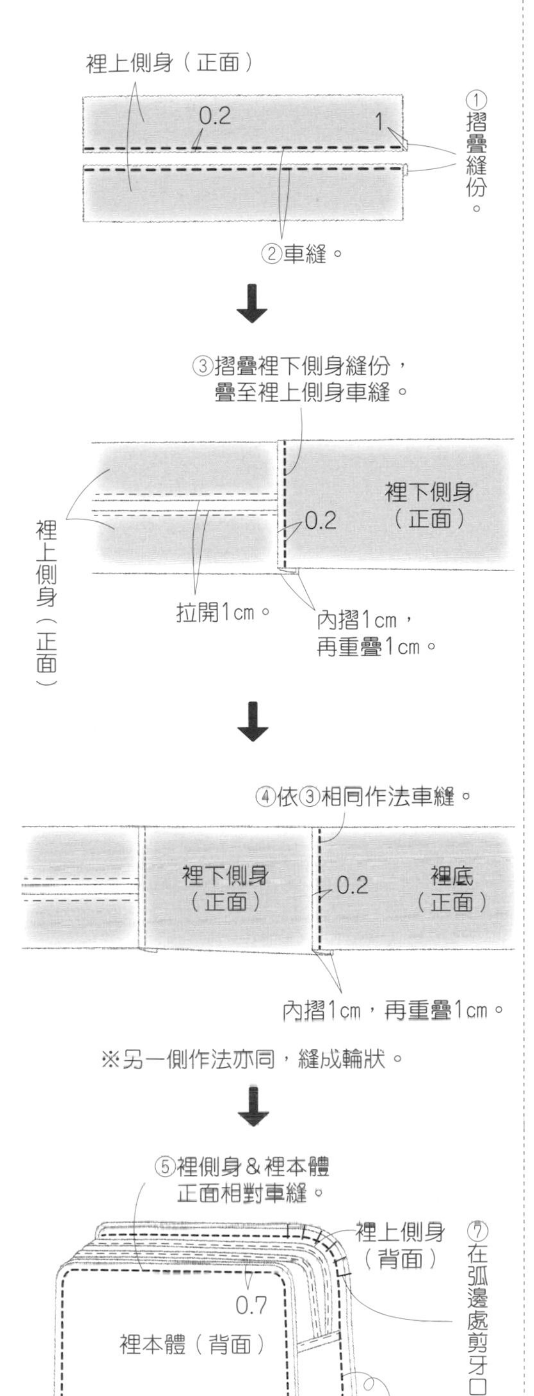
裡上側身（正面）
0.2
1
①摺疊縫份。
②車縫。
③摺疊裡下側身縫份，
疊至裡上側身車縫。
裡上側身（正面）
0.2
裡下側身
（正面）
拉開1cm。
內摺1cm，
再重疊1cm。
④依③相同作法車縫。
裡下側身
（正面）
0.2
裡底
（正面）
內摺1cm，再重疊1cm。
※另一側作法亦同，縫成輪狀。
⑤裡側身&裡本體
正面相對車縫。
裡上側身
（背面）
⑦在弧邊處剪牙口。
0.7
裡本體（背面）
⑥另一側作法
亦同。

7. 套疊表本體&裡本體

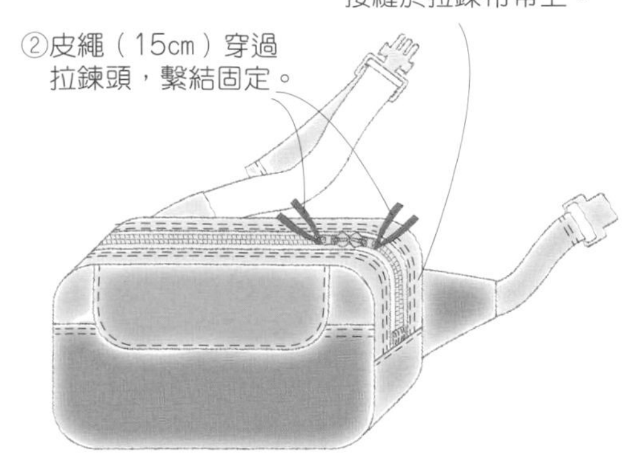
①將裡本體放入內裡，
接縫於拉鍊布帶上。
②皮繩（15cm）穿過
拉鍊頭，繫結固定。

完成尺寸	材料
寬26×長33×側身9cm	表布（11號帆布）80cm×65cm／配布（11號帆布）55cm×25cm
原寸紙型	裡布（棉厚織79號）75cm×75cm／雙開拉鍊 60cm 1條
C面	壓克力織帶 寬3.8cm 320cm／日型環 40mm 2個
	固定釦（頭9mm 腳9mm）2組

P.33_ No.41

方形後背包

裁布圖

※除了表前・後本體、裡本體與底布之外皆無原寸紙型，
請依標示尺寸（已含縫份）直接裁剪。

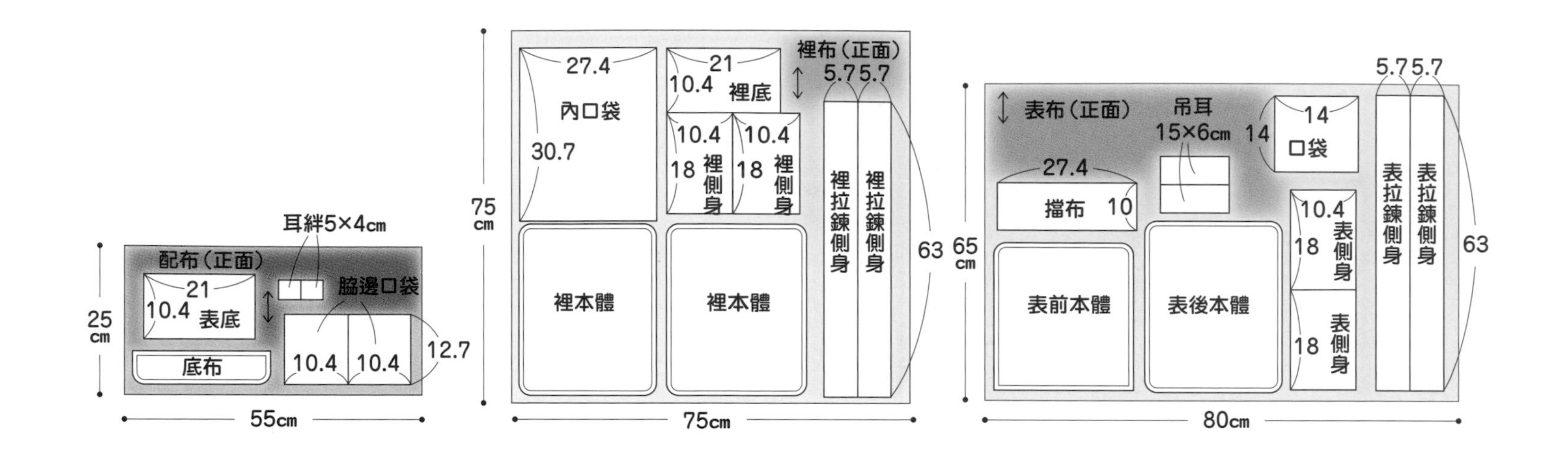

配布（正面）
耳絆5×4cm
21
10.4
表底
脇邊口袋
10.4
10.4
12.7
底布
25cm
55cm
75cm
27.4
內口袋
30.7
21
10.4
裡底
裡布（正面）
5.7 5.7
10.4
10.4
18
裡側身
18
裡側身
裡拉鍊側身
裡拉鍊側身
63
裡本體
裡本體
75cm
65cm
表布（正面）
吊耳
15×6cm
14
14
口袋
5.7 5.7
27.4
擋布
10
10.4
18
表側身
18
表側身
表拉鍊側身
表拉鍊側身
63
表前本體
表後本體
80cm

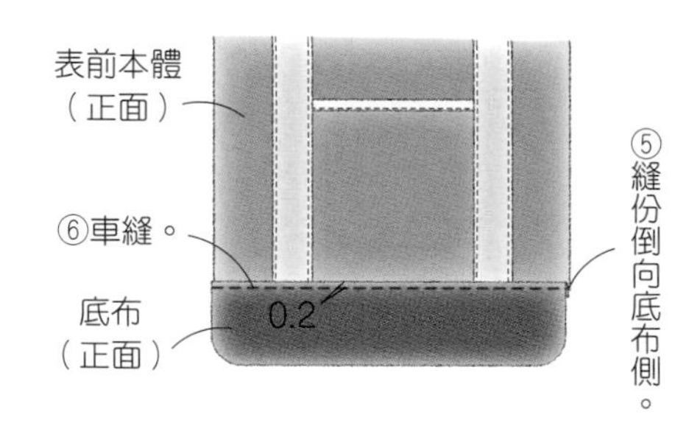

表前本體
（正面）
⑥車縫。
底布
（正面）
0.2
⑤縫份倒向底布側。

4. 製作表後本體

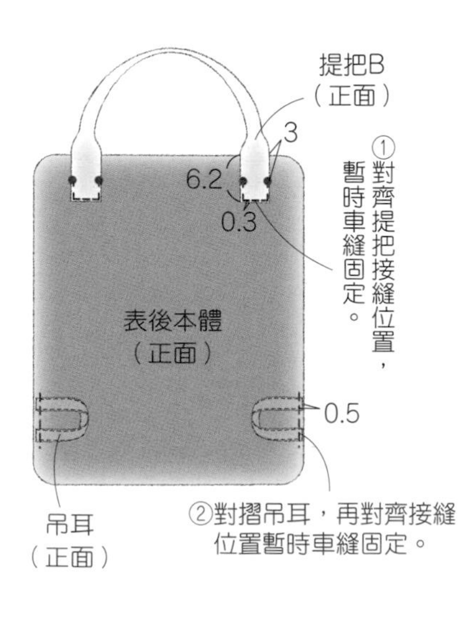

提把B
（正面）
3
6.2
0.3
①對齊提把接縫位置，暫時車縫固定。
表後本體
（正面）
0.5
吊耳
（正面）
②對摺吊耳，再對齊接縫位置暫時車縫固定。

3. 製作表前本體

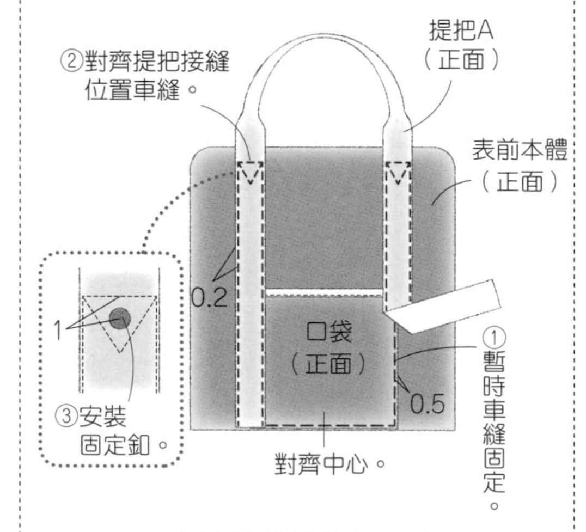

②對齊提把接縫位置車縫。
提把A
（正面）
表前本體
（正面）
0.2
1
口袋
（正面）
①暫時車縫固定。
0.5
③安裝固定釦。
對齊中心。

※固定釦安裝方法參見P.33。

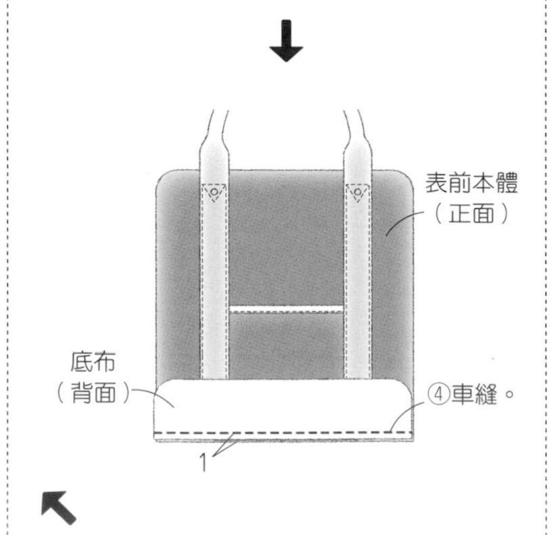

表前本體
（正面）
底布
（背面）
④車縫。
1

1. 製作口袋

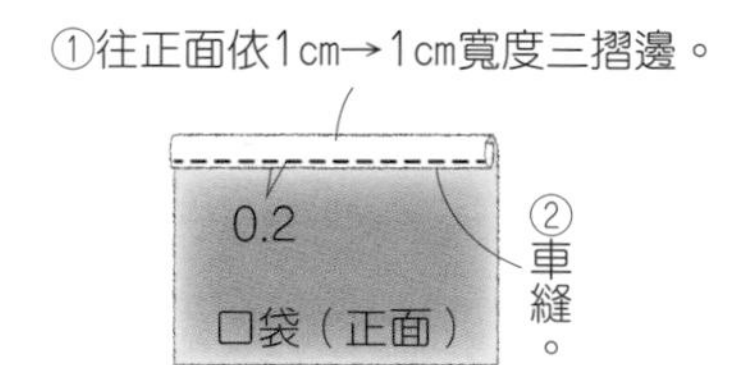

①往正面依1cm→1cm寬度三摺邊。
0.2
②車縫。
口袋（正面）

※脇邊口袋作法亦同。

2. 製作提把・吊耳

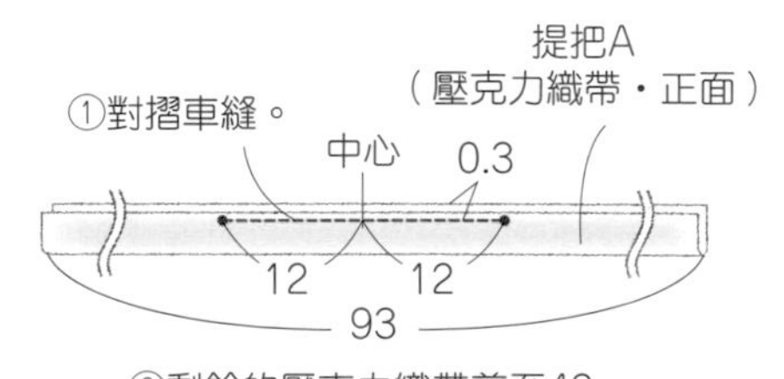

提把A
（壓克力織帶・正面）
①對摺車縫。
中心
0.3
12
12
93

②剩餘的壓克力織帶剪至43cm，
依相同作法製作提把B。

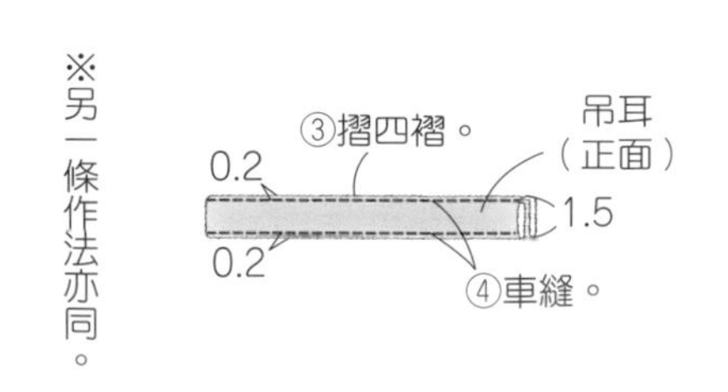

③摺四褶。
吊耳
（正面）
0.2
1.5
0.2
④車縫。

※另一條作法亦同。

6. 製作裡本體

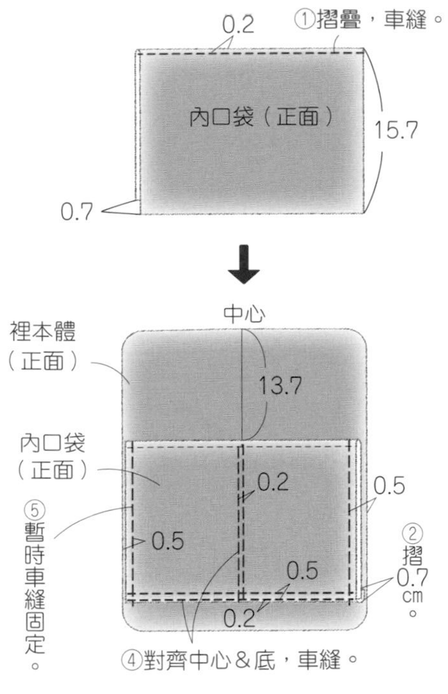

0.2
①摺疊，車縫。
內口袋（正面）
15.7
0.7
中心
裡本體（正面）
13.7
內口袋（正面）
0.2
0.5
⑤暫時車縫固定。
0.5
0.5
②摺0.7cm。
0.2
④對齊中心＆底，車縫。

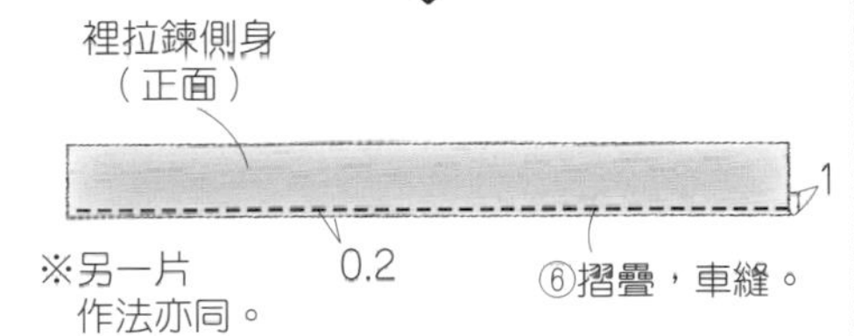

裡拉鍊側身（正面）
1
※另一片作法亦同。
0.2
⑥摺疊，車縫。

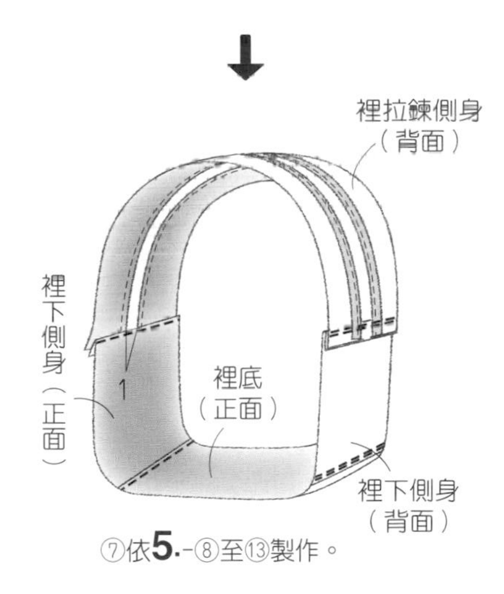

裡拉鍊側身（背面）
裡下側身（正面）
1
裡底（正面）
裡下側身（背面）
⑦依5.-⑧至⑬製作。

7. 套疊表本體＆裡本體

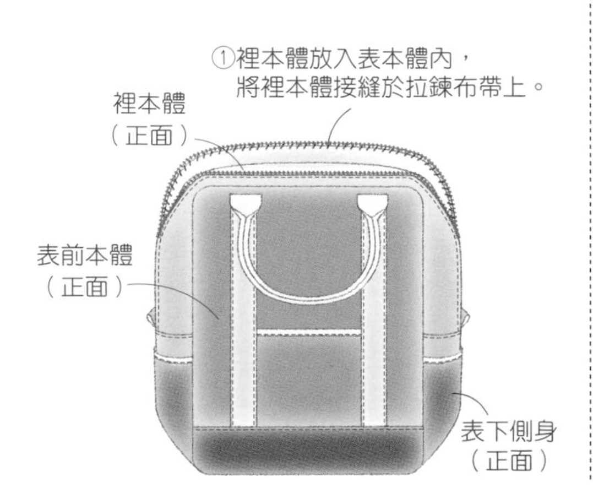

①裡本體放入表本體內，將裡本體接縫於拉鍊布帶上。
裡本體（正面）
表前本體（正面）
表下側身（正面）

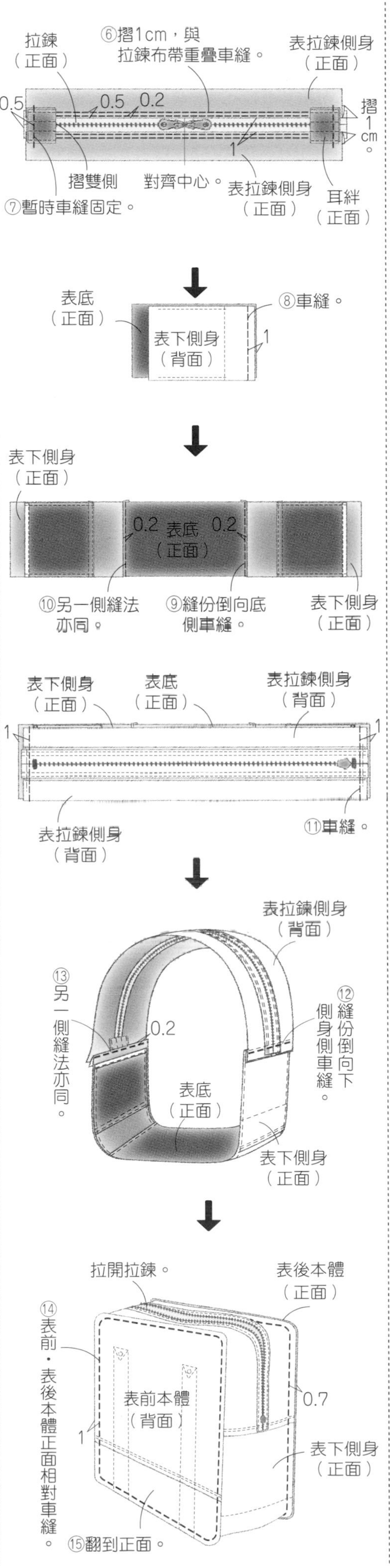

拉鍊（正面）
⑥摺1cm，與拉鍊布帶重疊車縫。
表拉鍊側身（正面）
0.5
0.5
0.2
摺1cm。
1
摺雙側
對齊中心。
表拉鍊側身（正面）
耳絆（正面）
⑦暫時車縫固定。
表底（正面）
⑧車縫。
表下側身（背面）
1
表下側身（正面）
0.2
表底（正面）
0.2
⑩另一側縫法亦同。
⑨縫份倒向底側車縫。
表下側身（正面）
表下側身（正面）
表底（正面）
表拉鍊側身（背面）
1
1
表拉鍊側身（背面）
⑪車縫。
表拉鍊側身（背面）
⑬另一側縫法亦同。
0.2
⑫縫份倒向下側身側車縫。
表底（正面）
表下側身（正面）
拉開拉鍊。
表後本體（正面）
⑭表前・表後本體正面相對車縫。
表前本體（背面）
0.7
1
表下側身（正面）
⑮翻到正面。

③將壓克力織帶分剪成2條90cm，作為背帶。

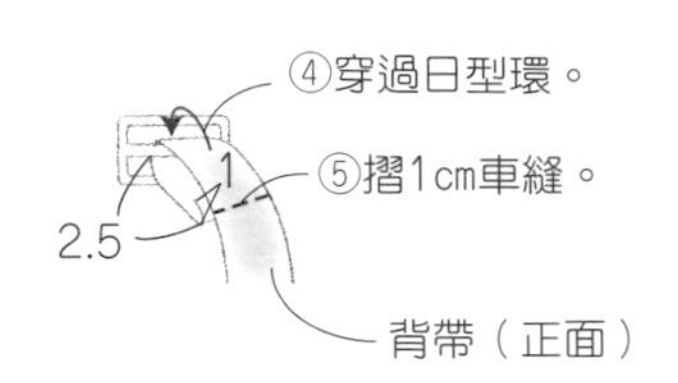

④穿過日型環。
⑤摺1cm車縫。
1
2.5
背帶（正面）

※另一條作法亦同。

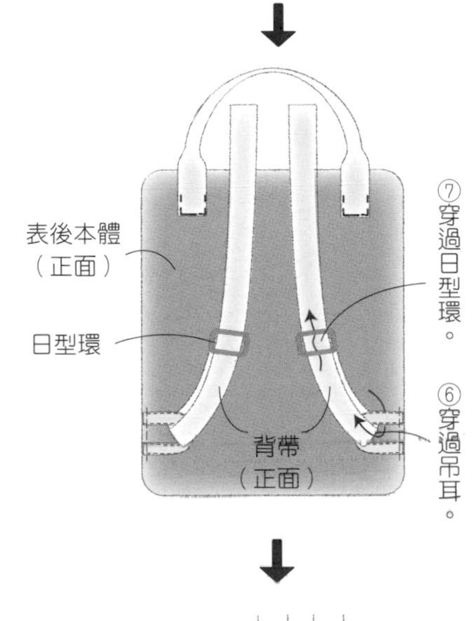

表後本體（正面）
⑦穿過日型環。
日型環
背帶（正面）
⑥穿過吊耳。

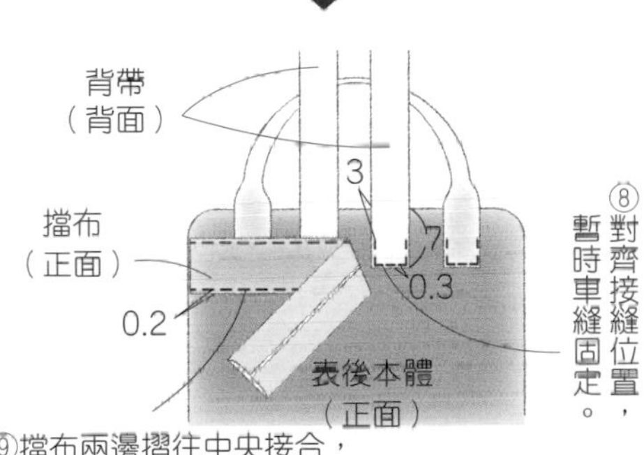

背帶（背面）
3
擋布（正面）
7
0.3
0.2
表後本體（正面）
⑧對齊接縫位置，暫時車縫固定。

⑨擋布兩邊摺往中央接合，對齊接縫位置，暫時車縫固定。

5. 製作側身

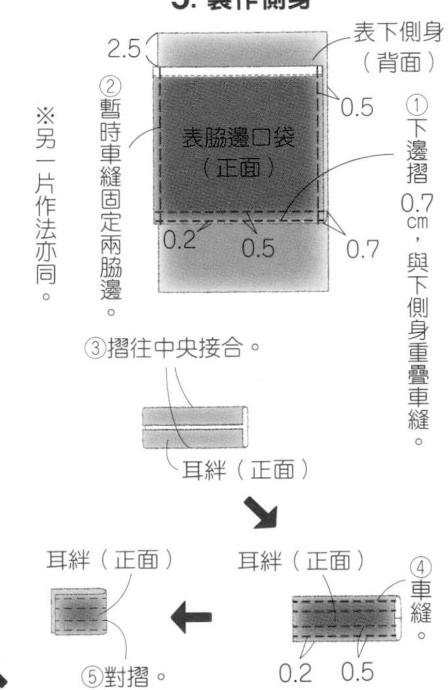

2.5
表下側身（背面）
②暫時車縫固定兩脇邊。
表脇邊口袋（正面）
0.5
①下邊摺0.7cm，與下側身重疊車縫。
※另一片作法亦同。
0.2
0.5
0.7
③摺往中央接合。
耳絆（正面）
耳絆（正面）
耳絆（正面）
④車縫。
0.2
0.5
⑤對摺。

完成尺寸

寬約30×長30cm

原寸紙型

D面

材料

表布A（厚不織布3mm厚）70cm×35cm

表布B（厚不織布3mm厚）35cm×20cm

裡布C（棉布）5cm×10cm／**三角吊環** 1.2cm 寬2cm 4個

畫框擋片 寬2cm 1個

數字裝飾件 1個／**25號繡線** 適量

P.48_ No.49 鬼屋茶壺保溫套

⑩疊合兩片本體車縫。
0.5
側身接縫止點
側身接縫止點

2. 接縫牆垛＆屋頂

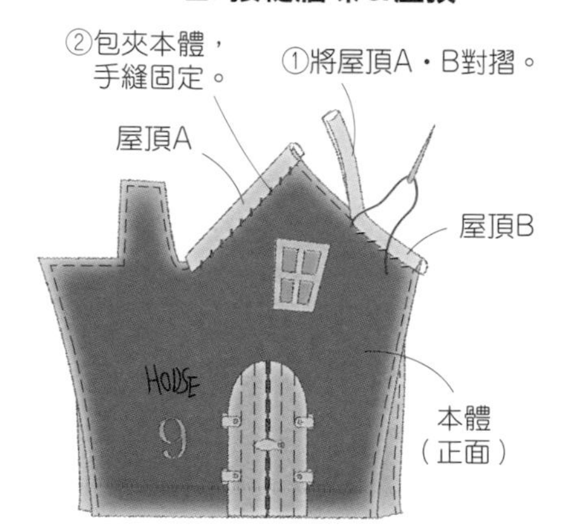

②包夾本體，手縫固定。
①將屋頂A・B對摺。
屋頂A
屋頂B
本體（正面）

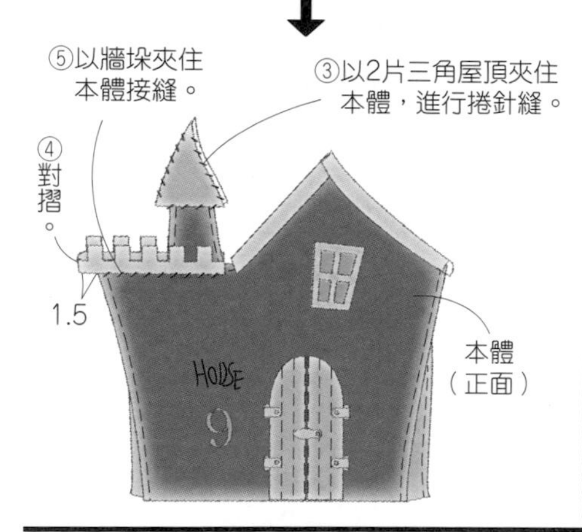

⑤以牆垛夾住本體接縫。
③以2片三角屋頂夾住本體，進行捲針縫。
④對摺。
1.5
本體（正面）

1. 製作本體

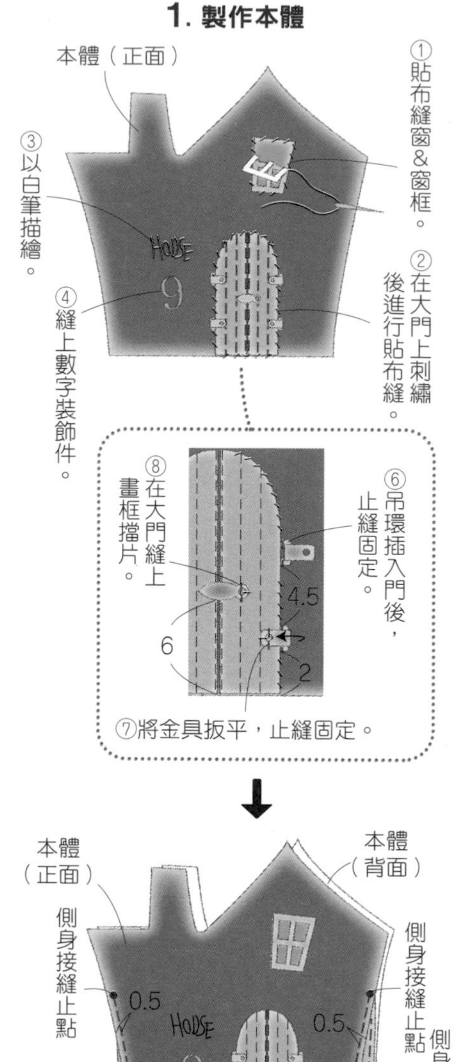

本體（正面）
①貼布縫窗＆窗框。
③以白筆描繪。
②在大門上刺繡後進行貼布縫。
④縫上數字裝飾件。
⑧在大門縫上畫框擋片。
⑥吊環插入門後，止縫固定。
4.5
6
2
⑦將金具扳平，止縫固定。

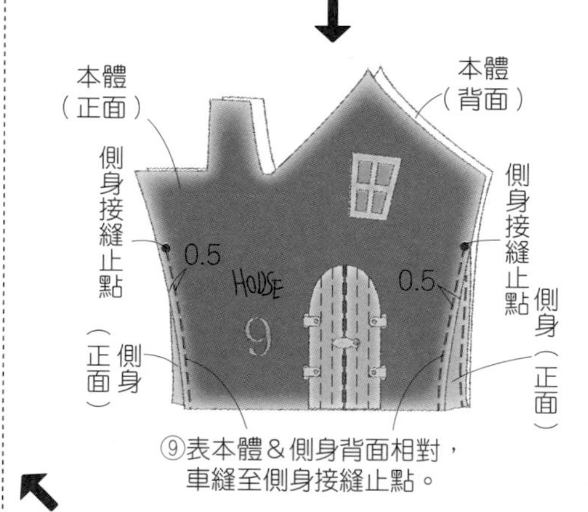

本體（正面）
本體（背面）
側身接縫止點
0.5
側身接縫止點
0.5
側身（正面）
側身（正面）
⑨表本體＆側身背面相對，車縫至側身接縫止點。

裁布圖

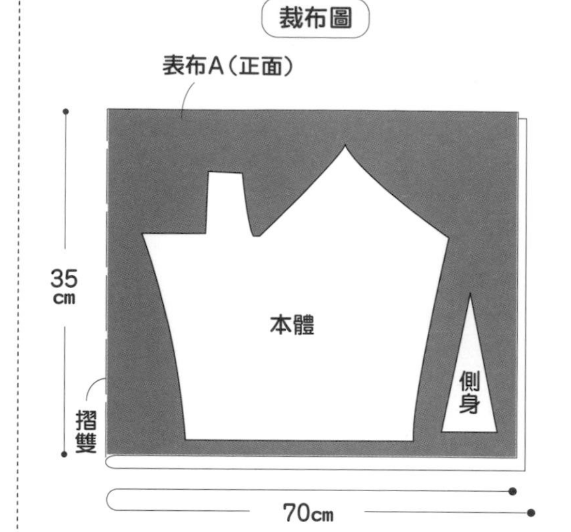

表布A（正面）
35cm
本體
側身
摺雙
70cm

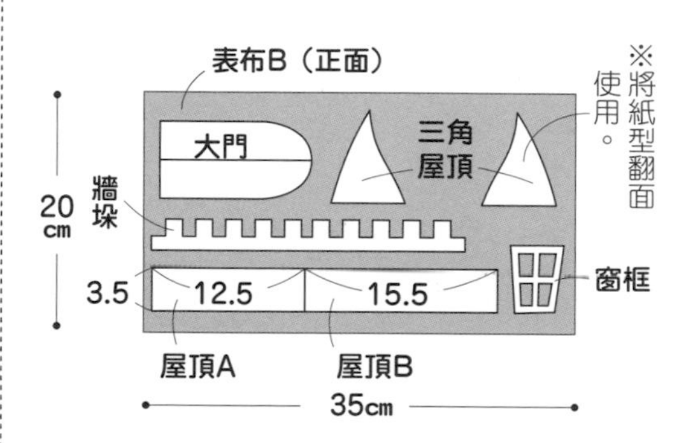

表布B（正面）
※將紙型翻面使用。
大門
三角屋頂
牆垛
20cm
3.5
12.5
15.5
窗框
屋頂A
屋頂B
35cm

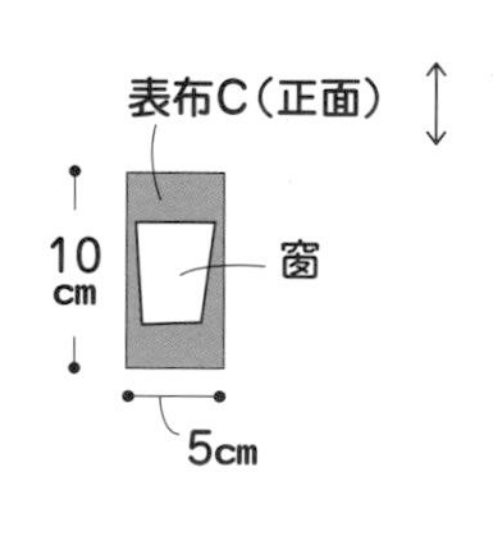

表布C（正面）
10cm
窗
5cm

完成尺寸

寬21×長14cm

原寸紙型

無

材料

手帕 30cm×30cm 1片

P.08_ No.09 手帕袱紗

1. 製作本體

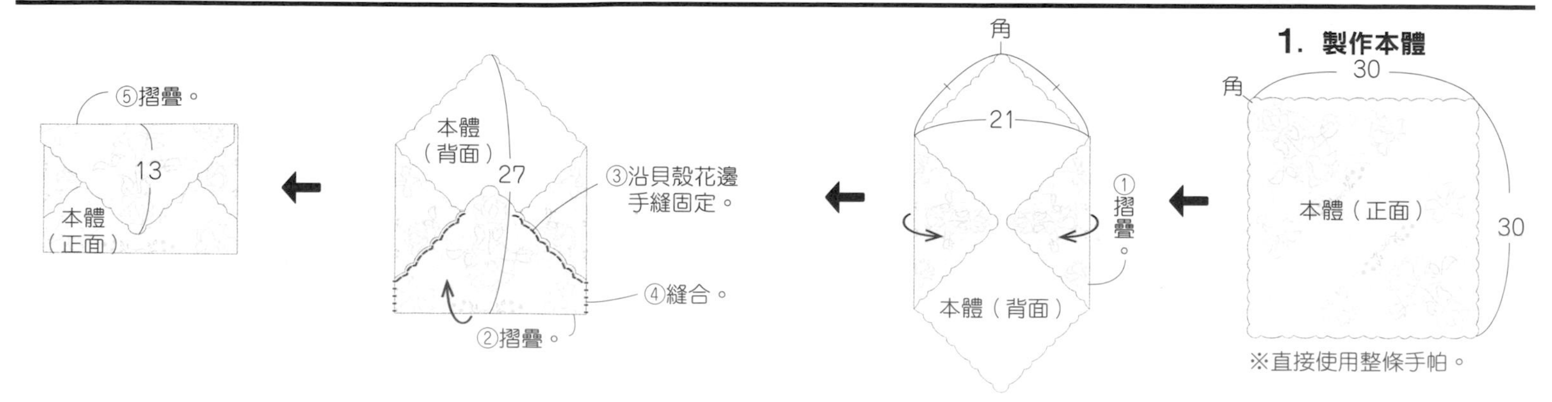

角
30
角
本體（正面）
30
※直接使用整條手帕。
①摺疊。
21
本體（背面）
本體（背面）
27
③沿貝殼花邊手縫固定。
④縫合。
②摺疊。
⑤摺疊。
13
本體（正面）

完成尺寸

寬32×長26.5×側身30cm
（提把48cm）

原寸紙型

D面

材料

表布（進口布）140cm×45cm
配布（棉麻）110cm×55cm
裡布（棉麻）110cm×90cm
接著襯（軟）92cm×120cm
磁釦 18mm 1組

P.34_ No.42

掀蓋飾片方形包

掃QR Code 看作法影片！

https://youtu.be/PW4N4r1IzHc

1. 安裝磁釦

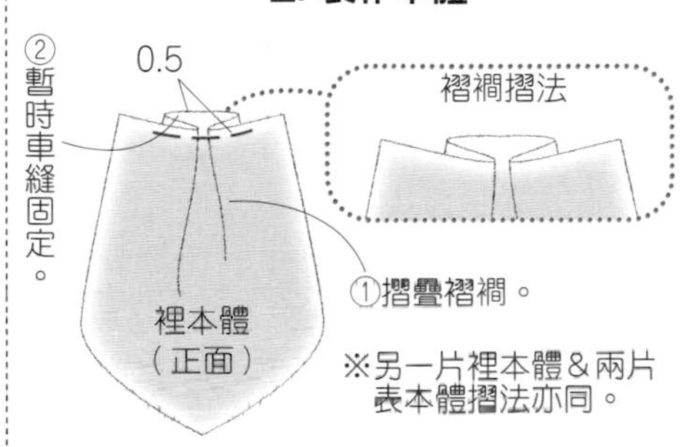

②安裝磁釦（參見P.31）。
①貼上接著襯。
磁釦安裝位置
3
3
裡脇（正面）
裡本體（背面）

※另一片作法亦同。

2. 製作本體

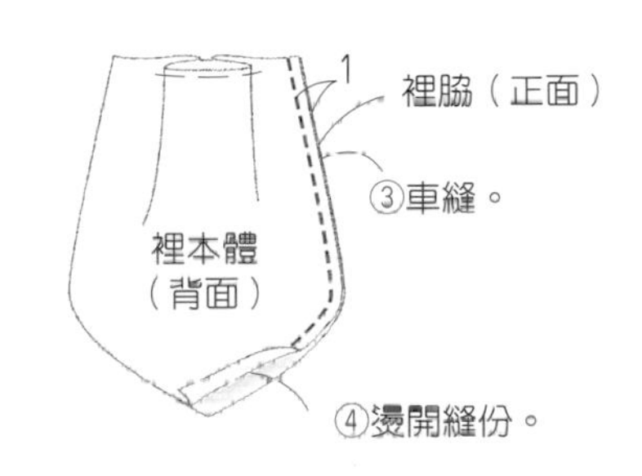

②暫時車縫固定。
0.5
褶襉摺法
①摺疊褶襉。
裡本體（正面）

※另一片裡本體＆兩片表本體摺法亦同。

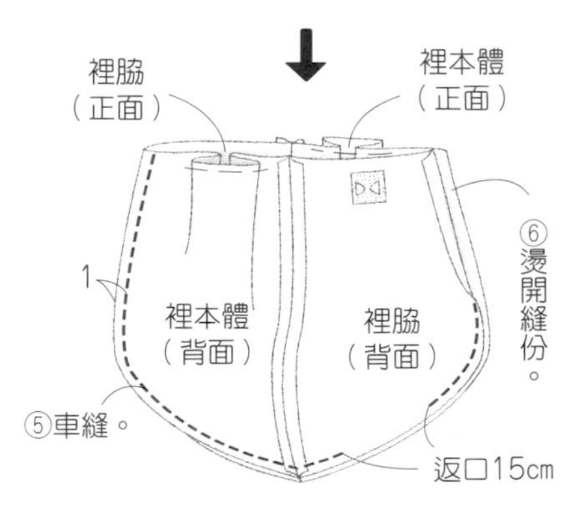

1
裡脇（正面）
③車縫。
裡本體（背面）
④燙開縫份。

裡脇（正面）
裡本體（正面）

⑥燙開縫份。
1
裡本體（背面）
裡脇（背面）
⑤車縫。
返口15cm

⑦表本體作法亦同，但不留返口。

3. 製作掀蓋

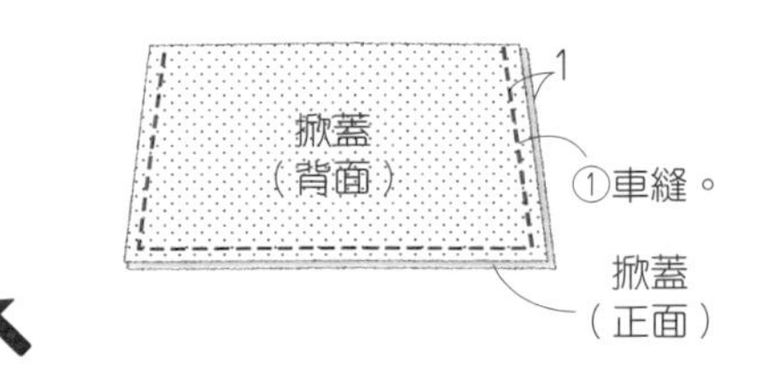

1
掀蓋（背面）
①車縫。
掀蓋（正面）

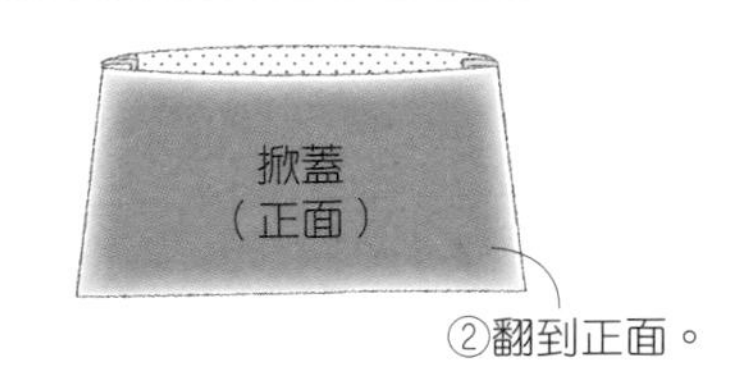

掀蓋（正面）
②翻到正面。

※另一片作法亦同。

4. 製作提把

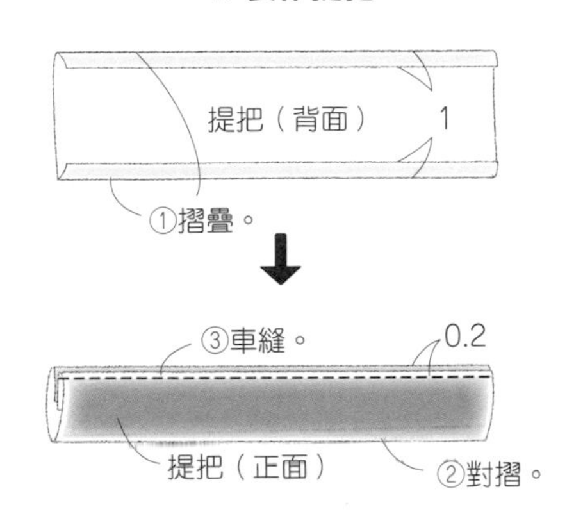

提把（背面）
1
①摺疊。
③車縫。
0.2
提把（正面）
②對摺。

※另一條作法亦同。

5. 套疊表本體＆裡本體

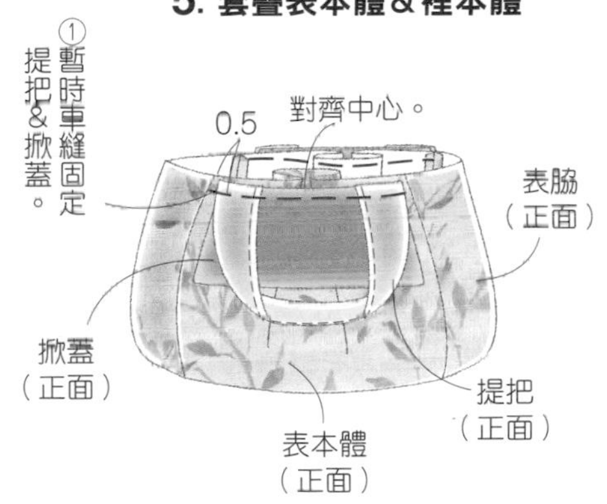

①暫時車縫固定提把＆掀蓋。
0.5
對齊中心。
表脇（正面）
掀蓋（正面）
提把（正面）
表本體（正面）

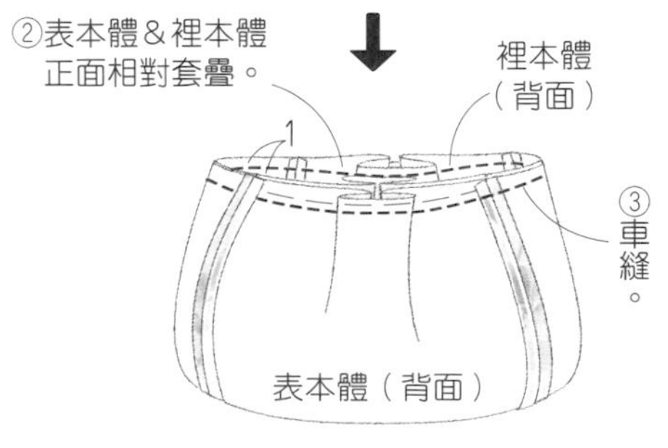

②表本體＆裡本體正面相對套疊。
裡本體（背面）
1
③車縫。
表本體（背面）

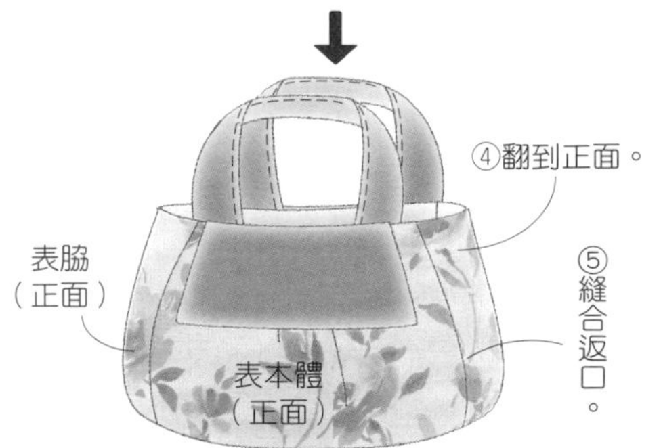

④翻到正面。
表脇（正面）
⑤縫合返口。
表本體（正面）

裁布圖

※提把無原寸紙型，請依標示尺寸（已含縫份）直接裁剪。
※▭處需於背面燙貼接著襯。

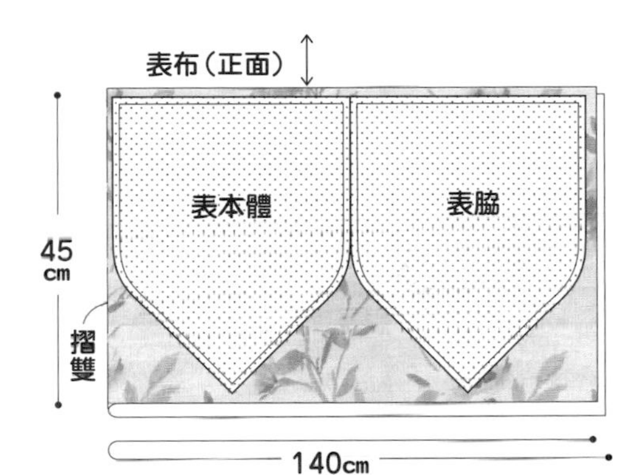

表布（正面）
表本體
表脇
45cm
摺雙
140cm
16
配布（正面）
摺雙
55cm
提把
50
掀蓋
掀蓋
110cm

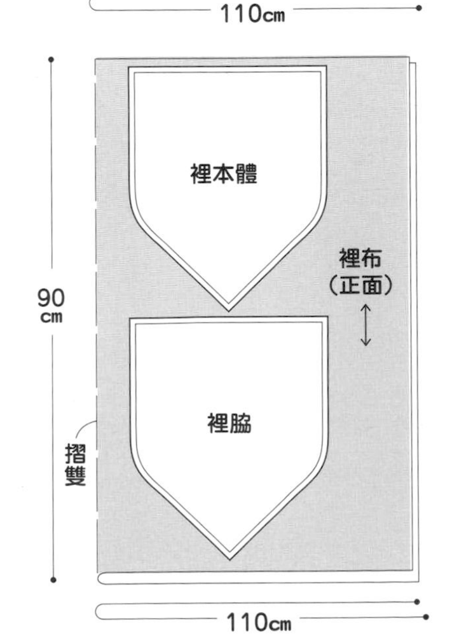

裡本體
裡布（正面）
90cm
裡脇
摺雙
110cm

完成尺寸	材料
寬40×長40cm（提把55cm）	**表布A**（進口布）137cm～140cm×50cm
	表布B（棉麻）105cm×50cm
原寸紙型	**裡布**（棉布）135cm×100cm／**接著襯**（軟）92cm×50cm
無	**皮革帶** 寬2cm 120cm／**磁釦** 18mm 2組

P.35_ No.43

兩摺方包

掃QR Code 看作法影片！

https://youtu.be/8pOmsCKtvsc

裁布圖

※標示尺寸已含縫份。
※▭處需於背面燙貼接著襯（僅表本體A）。

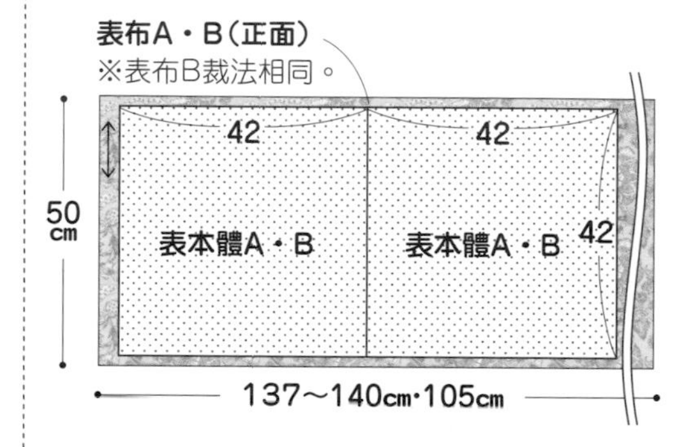

表布A・B（正面）
※表布B裁法相同。
42
42
50cm
表本體A・B
表本體A・B
42
137～140cm・105cm

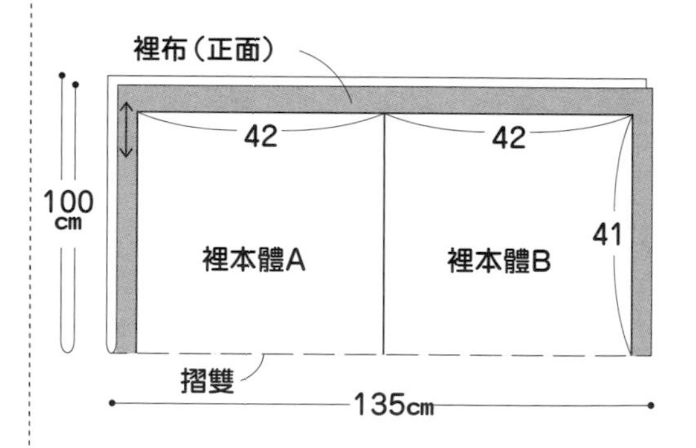

裡布（正面）
42
42
100cm
裡本體A
裡本體B
41
摺雙
135cm

1. 製作本體

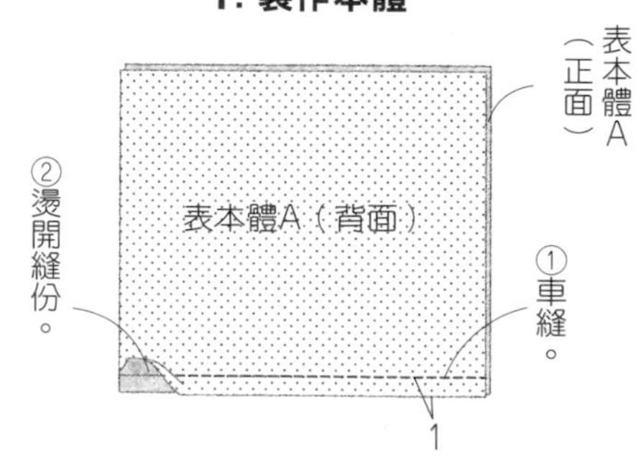

表本體A（正面）
表本體A（背面）
②燙開縫份。
①車縫。
1

※表本體B作法亦同。

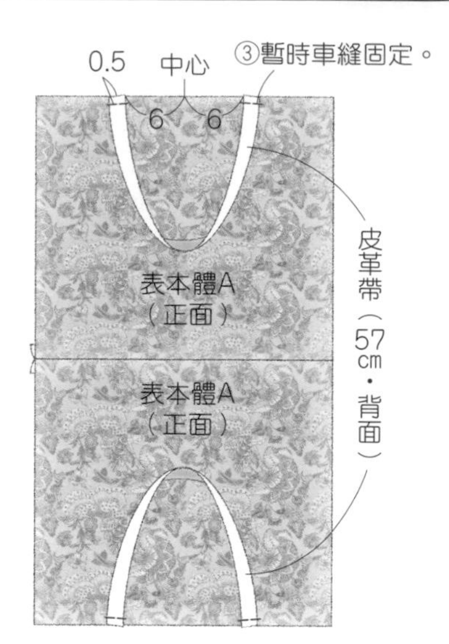

0.5
中心
③暫時車縫固定。
6
6
表本體A（正面）
表本體A（正面）
皮革帶（57cm・背面）

2. 疊合表本體＆裡本體

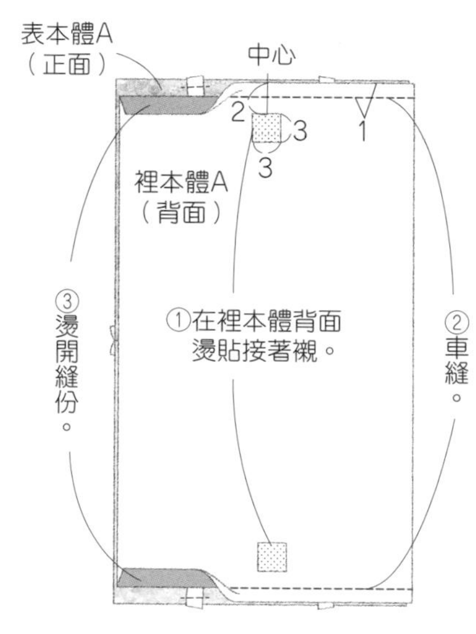

表本體A（正面）
中心
2
3
3
1
裡本體A（背面）
①在裡本體背面燙貼接著襯。
③燙開縫份。
②車縫。

※表本體B・裡本體B作法亦同。

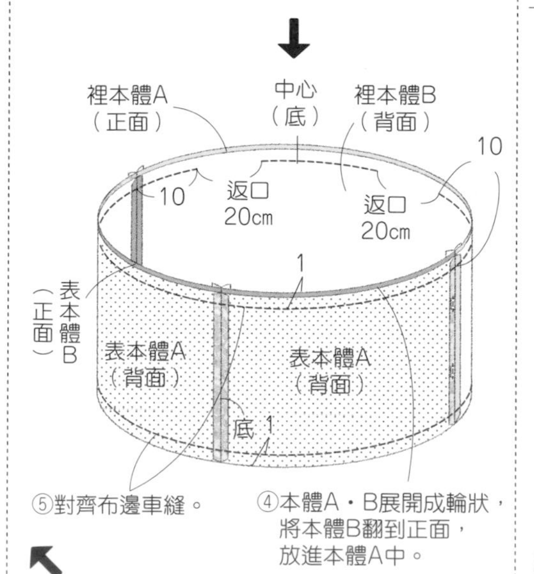

裡本體A（正面）
中心（底）
裡本體B（背面）
10
10
返口20cm
返口20cm
1
表本體B（正面）
表本體A（背面）
表本體A（背面）
底
1
⑤對齊布邊車縫。
④本體A・B展開成輪狀，將本體B翻到正面，放進本體A中。

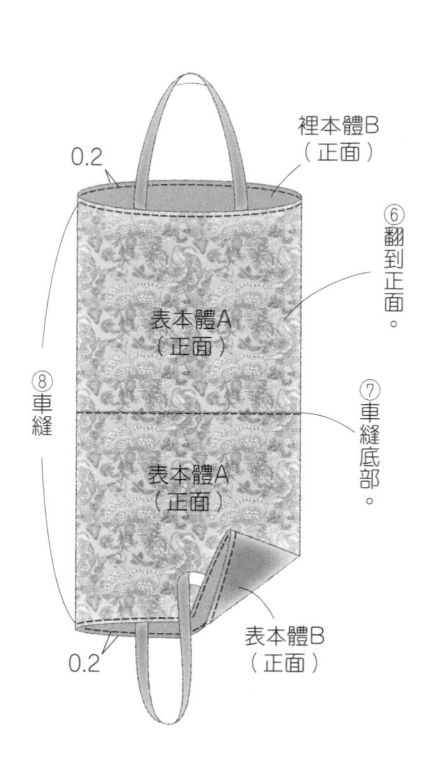

0.2
裡本體B（正面）
⑥翻到正面。
⑧車縫
表本體A（正面）
⑦車縫底部。
表本體A（正面）
表本體B（正面）
0.2

3. 完成

③從返口安裝兩組磁釦。

裡本體A（正面）
②對齊兩片內側的袋口，車縫固定。
中心
2.5（凸）
3
0.2
（凹）2.5
3
2.5（凸）
表本體A（正面）
表本體B（正面）
①沿底部對摺。
④縫合返口。

完成尺寸

寬14×長14×側身5.5cm

原寸紙型

D面

材料

表布（進口布）40cm×20cm

配布（麻布）80cm×10cm／**裡布**（棉布）80cm×15cm

接著襯（swany soft）92cm×20cm

彈片口金 寬14cm 1個

P.35_ No.44 時尚彈片口金波奇包

掃QR Code 看作法影片！

https://youtu.be/QkiTVJ84isk

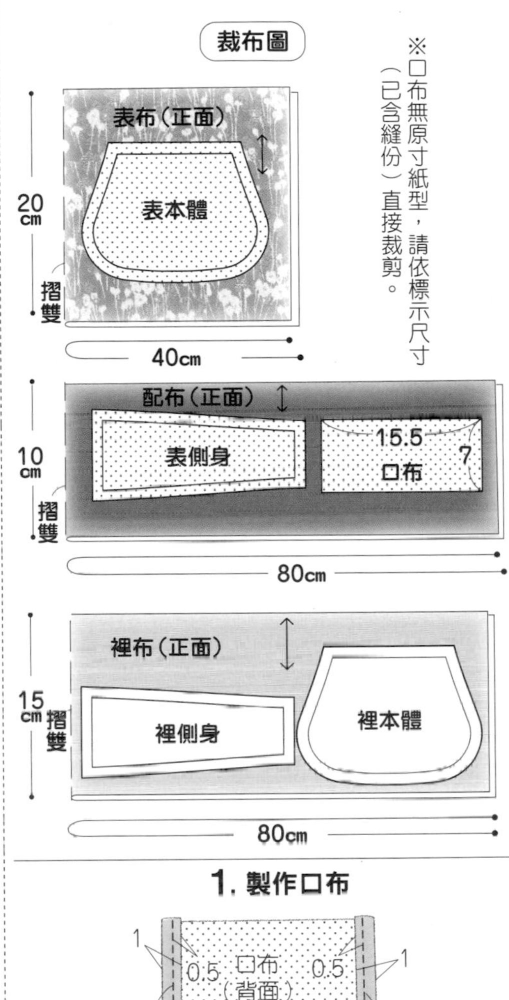

裁布圖
※口布無原寸紙型，請依標示尺寸（已含縫份）直接裁剪。
表布（正面）
表本體
20cm
摺雙
40cm
配布（正面）
表側身
15.5
7
口布
10cm
摺雙
80cm
裡布（正面）
裡側身
裡本體
15cm
摺雙
80cm

1. 製作口布

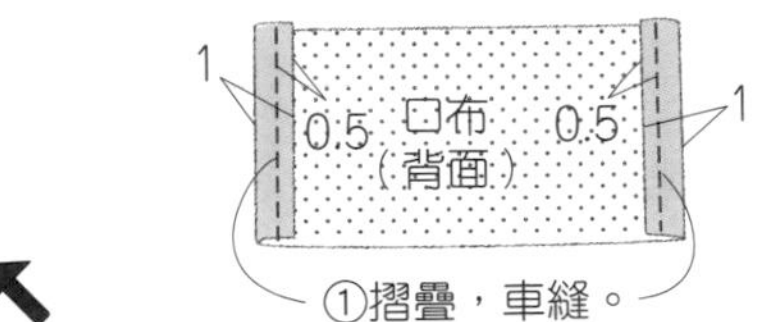

1
0.5
口布（背面）
0.5
1
①摺疊，車縫。

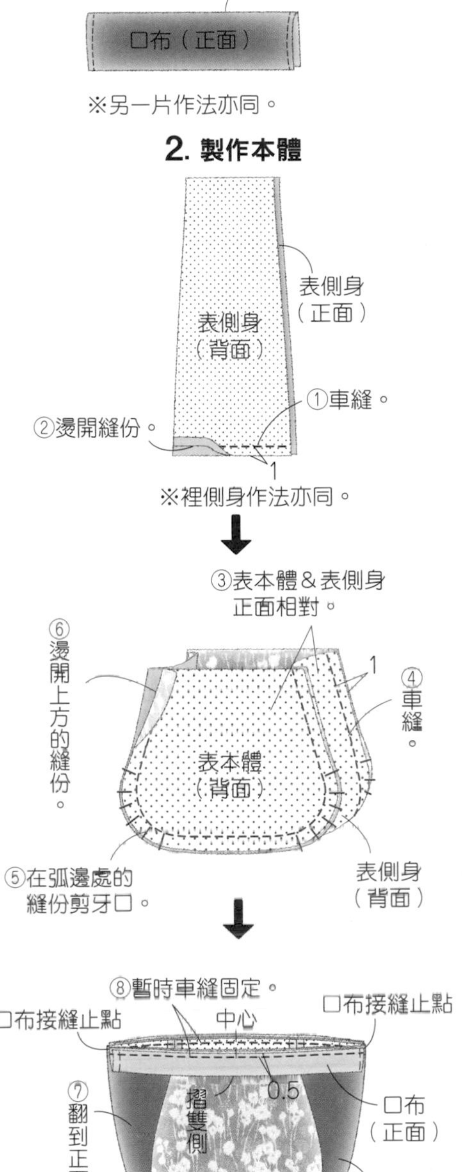

②對摺。
口布（正面）
※另一片作法亦同。

2. 製作本體

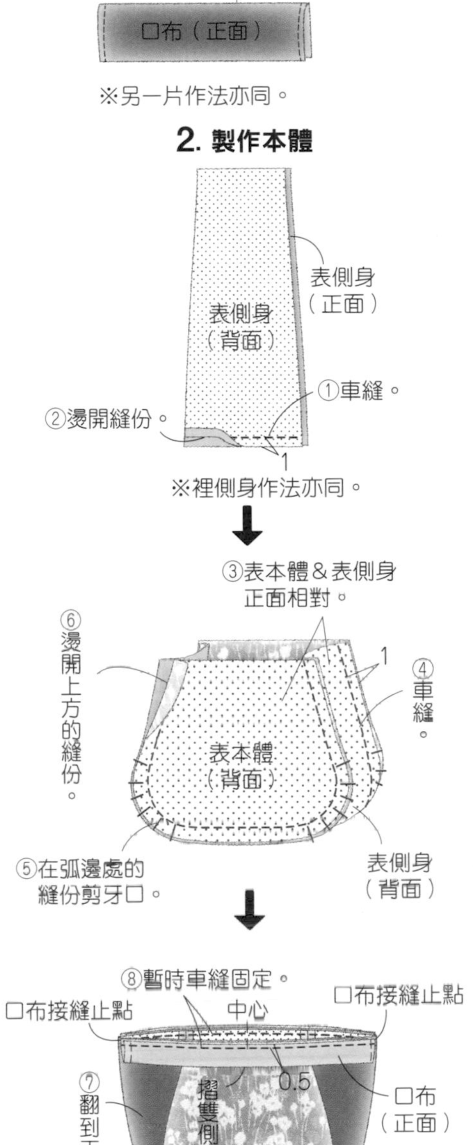

表側身（正面）
表側身（背面）
①車縫。
②燙開縫份。
1
※裡側身作法亦同。
③表本體＆表側身正面相對。
⑥燙開上方的縫份。
1
④車縫。
表本體（背面）
⑤在弧邊處的縫份剪牙口。
表側身（背面）

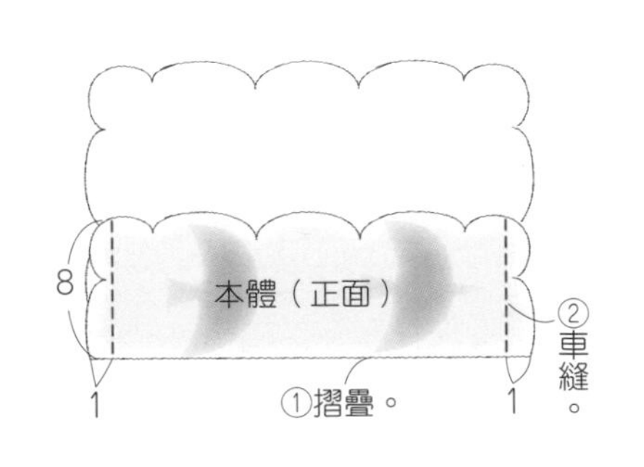

⑧暫時車縫固定。
口布接縫止點
中心
口布接縫止點
0.5
⑦翻到正面。
摺雙側
口布（正面）
表本體（正面）
表側身（正面）

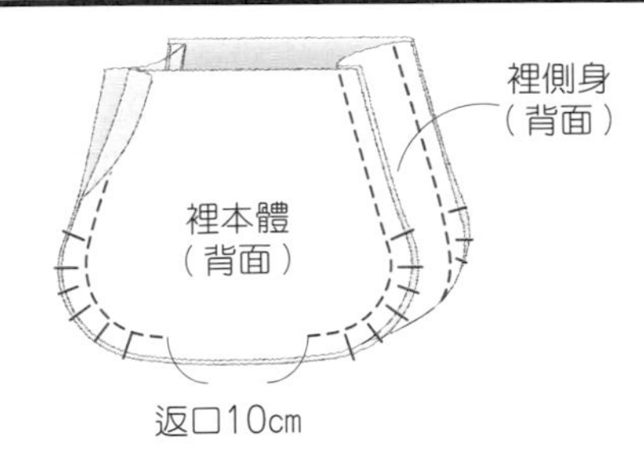

裡側身（背面）
裡本體（背面）
返口10cm

※裡本體＆裡側身作法亦同，但保留返口。

3. 套疊表本體＆裡本體

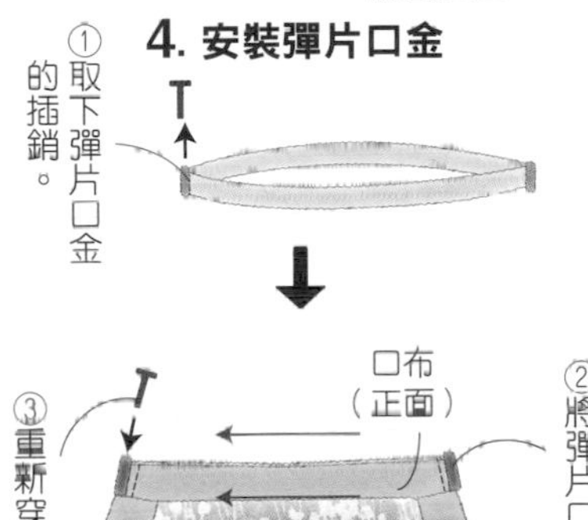

①將表本體套入裡本體內。
中心
表本體（背面）
裡側身（背面）
1
②車縫。
裡本體（背面）
③翻到正面，縫合返口。

4. 安裝彈片口金

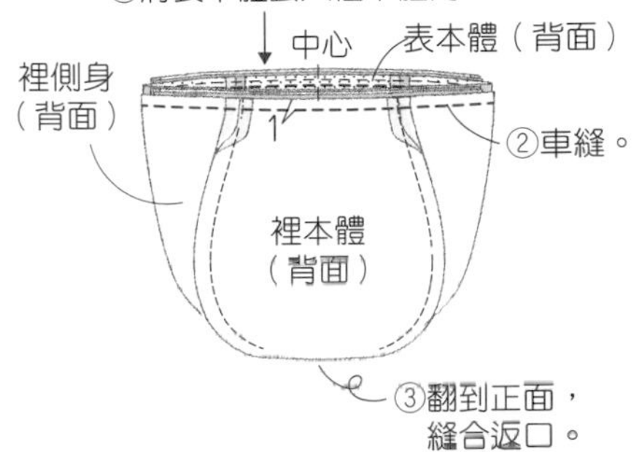

①取下彈片口金的插銷。

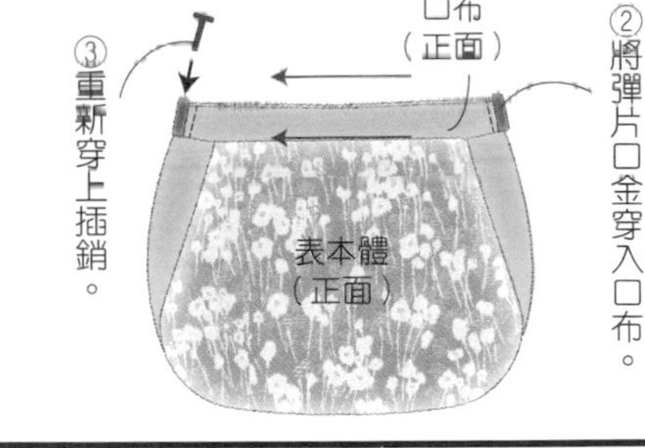

③重新穿上插銷。
口布（正面）
②將彈片口金穿入口布。
表本體（正面）

完成尺寸

寬24×長8cm

原寸紙型

無

材料

毛巾 24cm×24cm 1片

塑膠四合釦 13mm 1組

P.10_ No.13 毛巾牙刷包

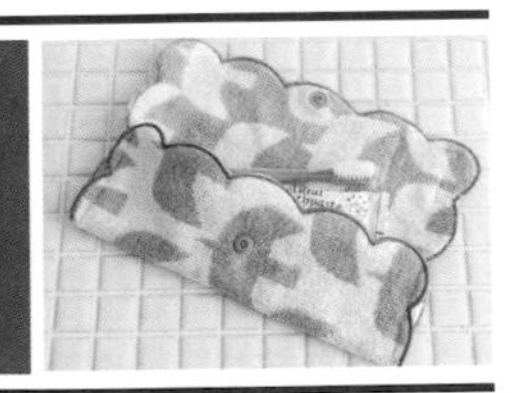

1. 製作本體

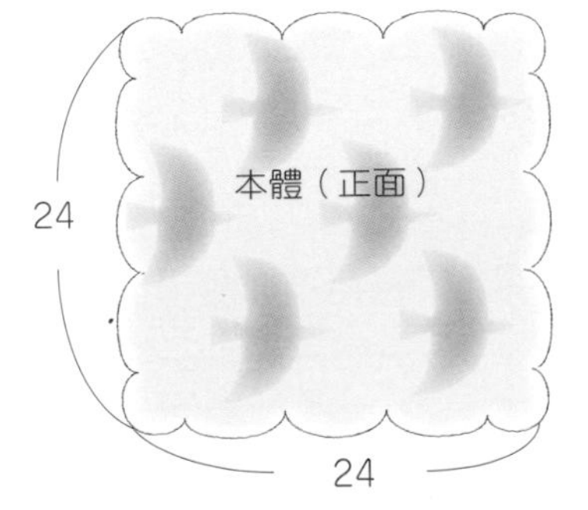

※直接使用整條毛巾。
本體（正面）
24
24

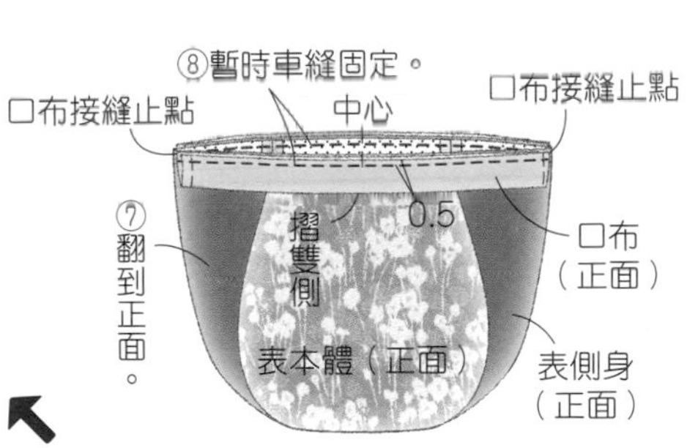

8
本體（正面）
②車縫。
1
①摺疊。
1

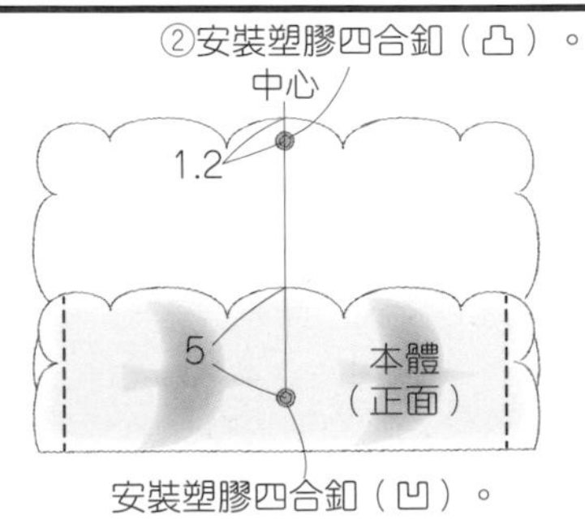

②安裝塑膠四合釦（凸）。
中心
1.2
5
本體（正面）
安裝塑膠四合釦（凹）。

※塑膠四合釦安裝方法參見P.11。

完成尺寸

寬48×長24×側身10cm
（提把53cm）

原寸紙型

無

材料

表布（進口布）137cm×25cm
配布（麻布）105cm×40cm／**手縫線** 適量
裡布（棉布）135cm×60cm／**接著襯**（medium）92cm×90cm
皮提把（寬2cm 長60cm）1組／**底板** 40cm×10cm

P.36_ NO.45

單側口袋橫長托特包

掃QR Code 看作法影片！

https://youtu.be/x2Zfnr4oCNY

裁布圖

※標示尺寸已含縫份。
※▒處需於背面燙貼接著襯。

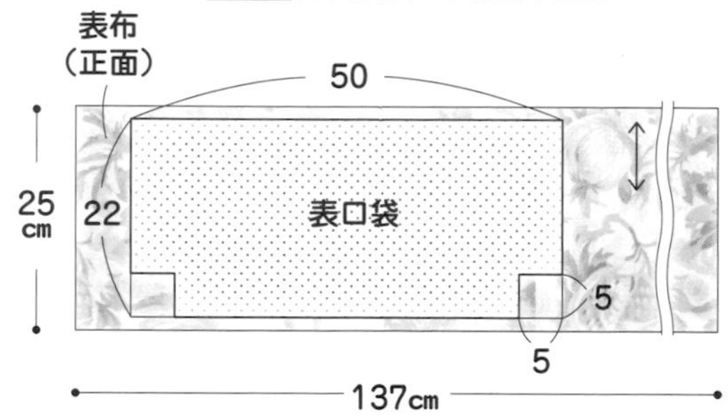

表布（正面）
50
25cm
22
表口袋
5
5
137cm

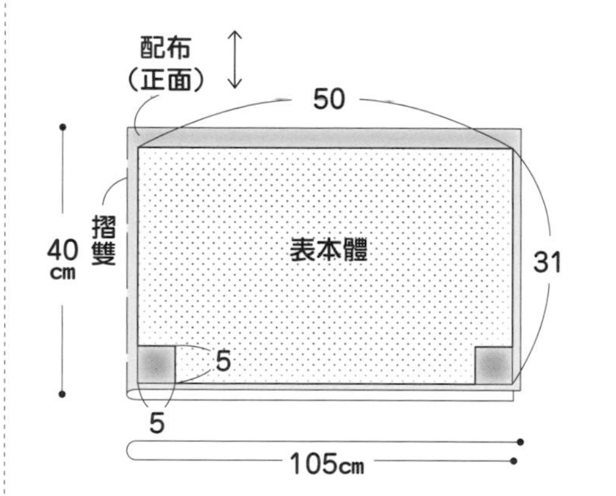

配布（正面）
50
40cm
摺雙
表本體
31
5
5
105cm

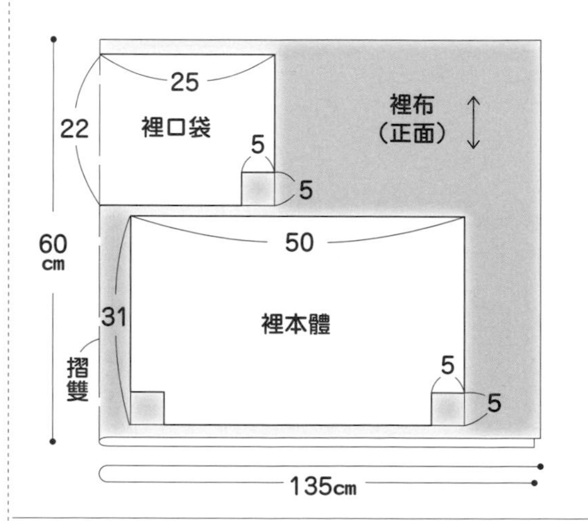

25
22
裡口袋
5
5
裡布（正面）
60cm
50
31
裡本體
摺雙
5
5
135cm

1. 縫上口袋

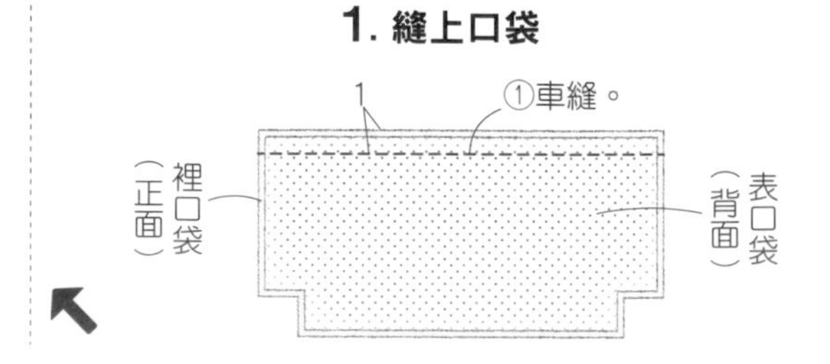

1
①車縫。
裡口袋（正面）
表口袋（背面）

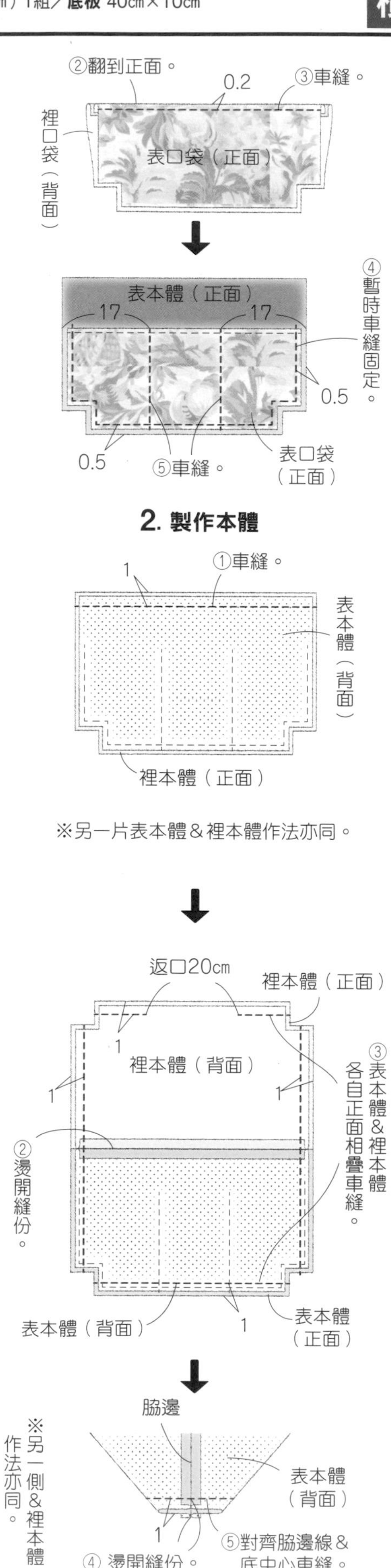

②翻到正面。
0.2
③車縫。
裡口袋（背面）
表口袋（正面）
表本體（正面）
17
17
④暫時車縫固定。
0.5
0.5
⑤車縫。
表口袋（正面）

2. 製作本體

1
①車縫。
表本體（背面）
裡本體（正面）
※另一片表本體＆裡本體作法亦同。
返口20cm
裡本體（正面）
1
裡本體（背面）
1
1
③表本體＆裡本體各自正面相疊車縫。
②燙開縫份。
表本體（背面）
1
表本體（正面）
脇邊
表本體（背面）
1
④燙開縫份。
⑤對齊脇邊線＆底中心車縫。
※另一側＆裡本體作法亦同。

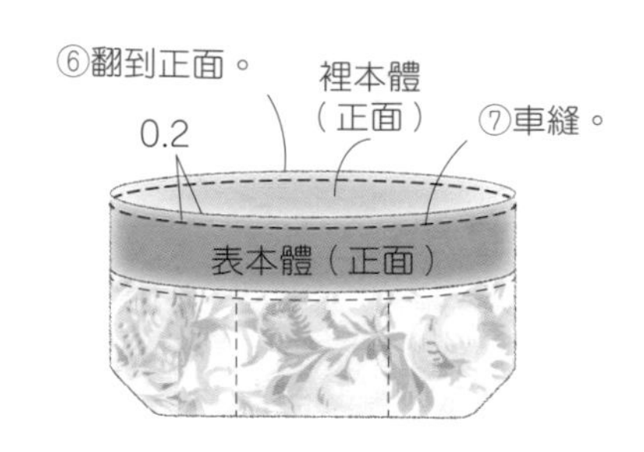

⑥翻到正面。
裡本體（正面）
0.2
⑦車縫。
表本體（正面）

3. 放入底板

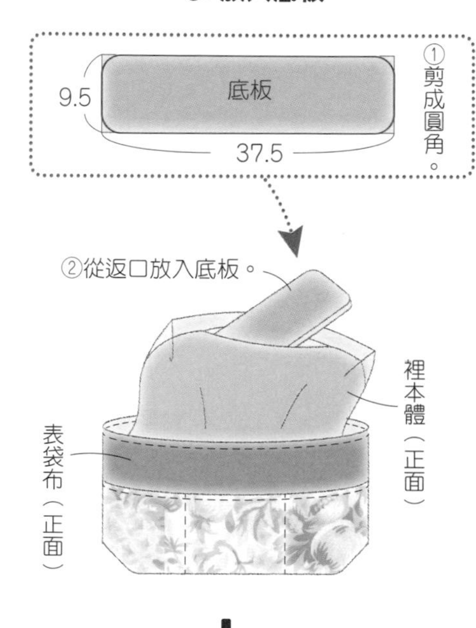

9.5
底板
37.5
①剪成圓角。
②從返口放入底板。
裡本體（正面）
表袋布（正面）

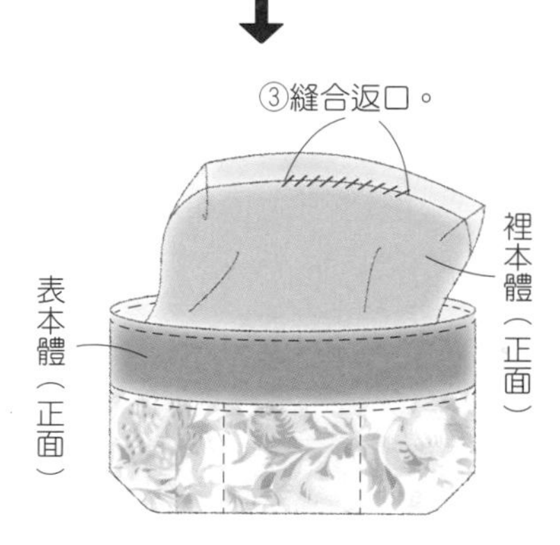

③縫合返口。
表本體（正面）
裡本體（正面）

4. 接縫提把

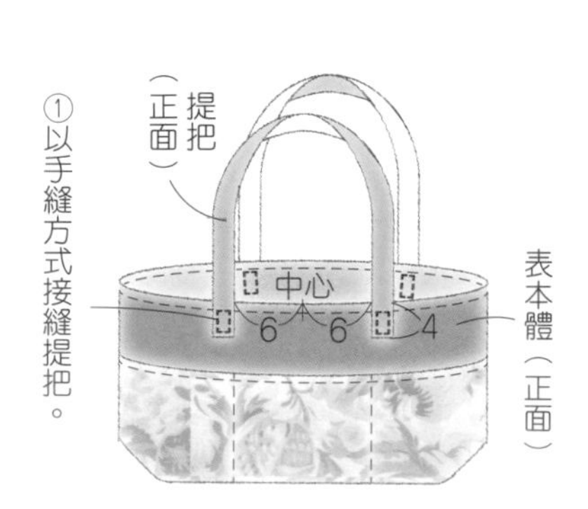

提把（正面）
中心
6
6
4
①以手縫方式接縫提把。
表本體（正面）

完成尺寸

寬21×長30×側身10cm

原寸紙型

D面

材料

表布（進口布）125cm×40cm
配布（棉布）105cm×15cm／**裡布**（棉布）135cm×40cm
接著襯（軟）92cm×40cm
附問號鉤肩帶（寬1.5cm 長120cm）1條
鋁管口金（寬21cm）1個／**D型環** 15mm 2個

P.37_ NO.46 鋁管口金豆豆包

掃QR Code 看作法影片！

https://youtu.be/meKF2HTQoeE

裁布圖

※口布無原寸紙型，請依標示尺寸（已含縫份）直接裁剪。
※▭處需於背面燙貼接著襯。

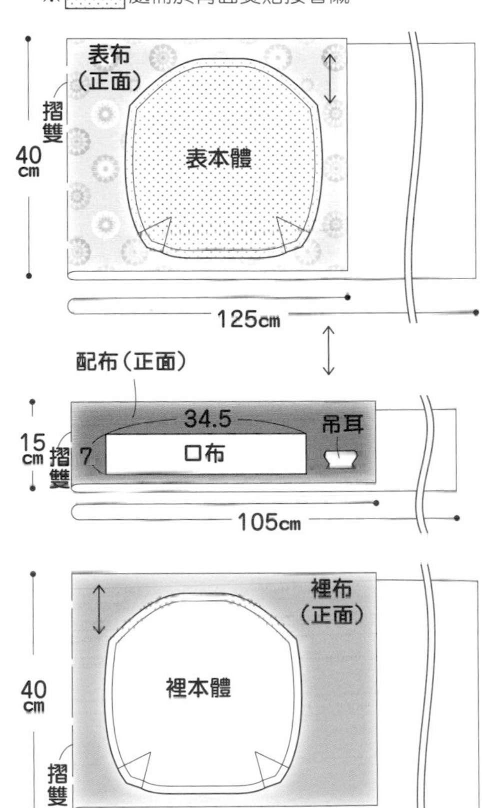

表布
(正面)
摺雙
40cm
表本體
125cm
配布(正面)
15cm
摺雙
7
34.5
口布
吊耳
105cm
裡布
(正面)
40cm
裡本體
摺雙
135cm

1. 接縫吊耳

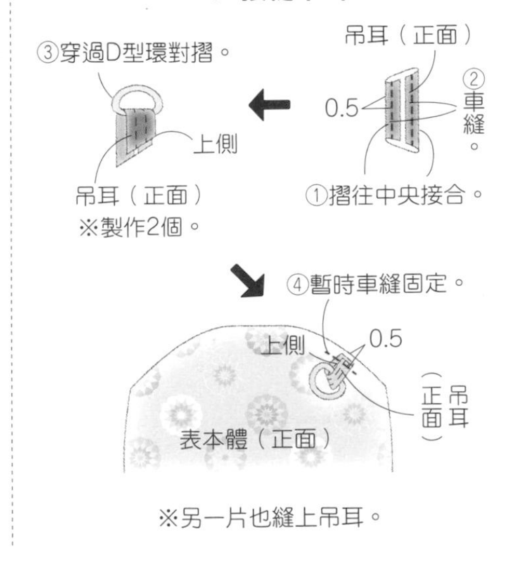

③穿過D型環對摺。
吊耳（正面）
0.5
②車縫。
上側
吊耳（正面）
※製作2個。
①摺往中央接合。
④暫時車縫固定。
上側
0.5
吊耳（正面）
表本體（正面）

※另一片也縫上吊耳。

2. 製作本體

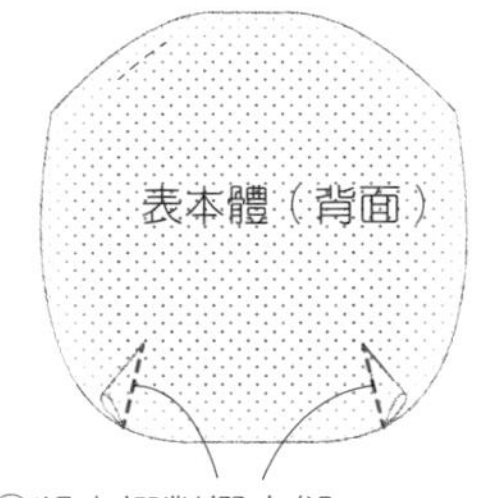

表本體（背面）

①將尖褶對摺車縫。
※另一片＆裡本體作法亦同。

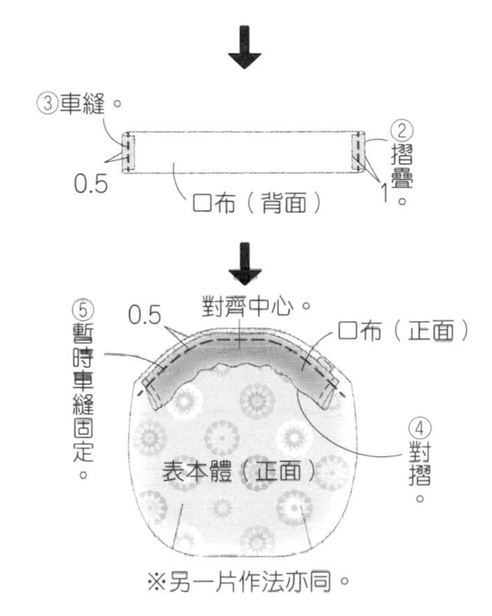

③車縫。
②摺疊。
0.5
1
口布（背面）
0.5
對齊中心。
口布（正面）
⑤暫時車縫固定。
④對摺。
表本體（正面）

※另一片作法亦同。

3. 套疊表本體＆裡本體

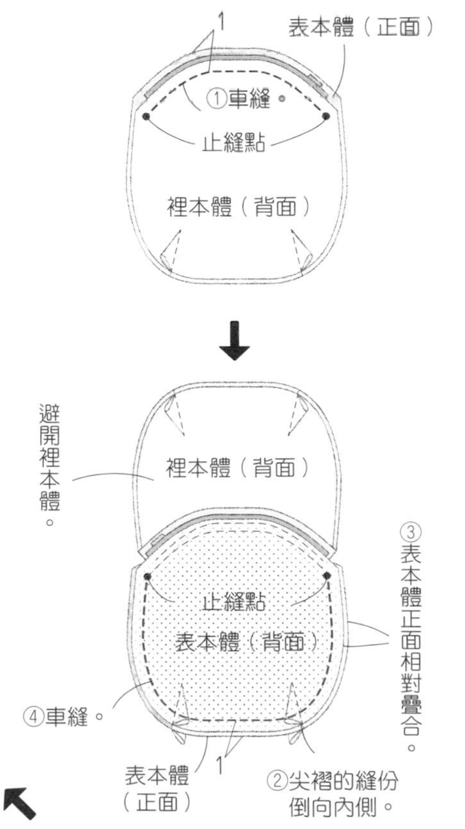

1
表本體（正面）
①車縫。
止縫點
裡本體（背面）
避開裡本體。
裡本體（背面）
止縫點
表本體（背面）
③表本體正面相對疊合。
④車縫。
表本體
（正面）
1
②尖褶的縫份倒向內側。

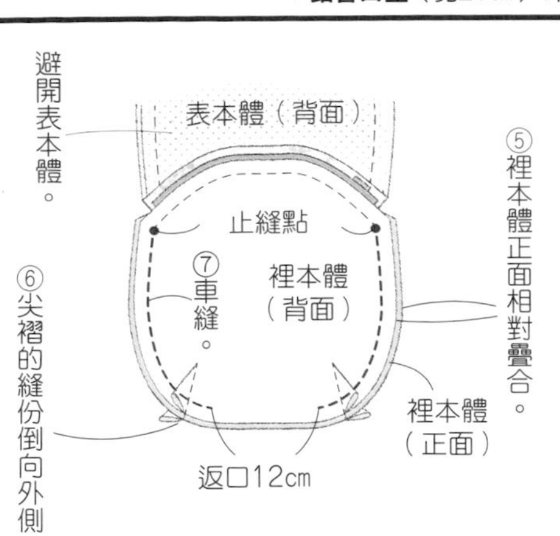

避開表本體。
表本體（背面）
⑤裡本體正面相對疊合。
止縫點
⑦車縫。
裡本體
（背面）
⑥尖褶的縫份倒向外側。
裡本體
（正面）
返口12cm

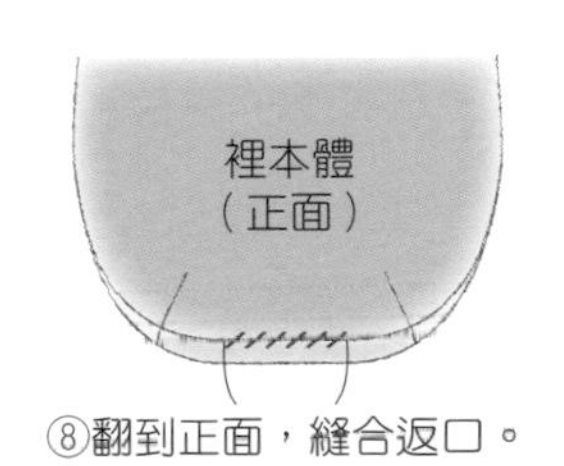

裡本體
（正面）

⑧翻到正面，縫合返口。

4. 裝上口金・肩帶

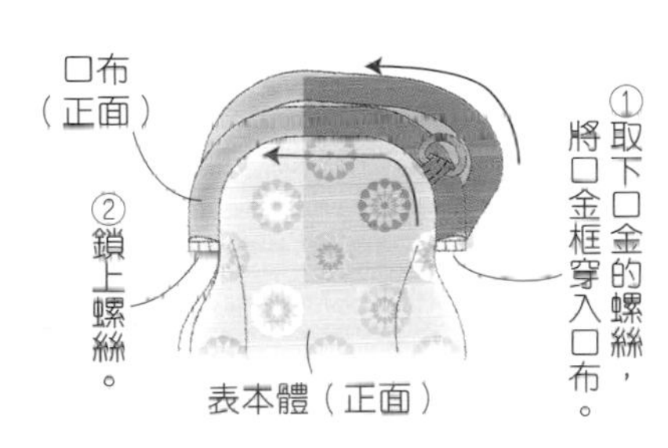

口布
（正面）
②鎖上螺絲。
①取下口金的螺絲，將口金框穿入口布。
表本體（正面）

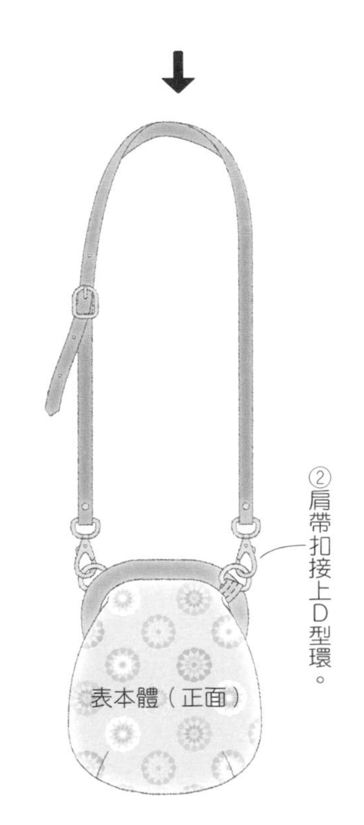

②肩帶扣接上D型環。
表本體（正面）

完成尺寸

包包：寬23×長8.6×側身9cm
收納盒：寬13.7×長4.3×側身8.7cm

原寸紙型

B面

材料

表布（8號帆布）96cm×30cm
裡布（棉厚織79號）112cm×40cm
接著襯（中厚）110cm×30cm
雙開尼龍拉鍊 60cm（布帶寬3.2cm）1條

P.41_ No.47 裁縫手提包

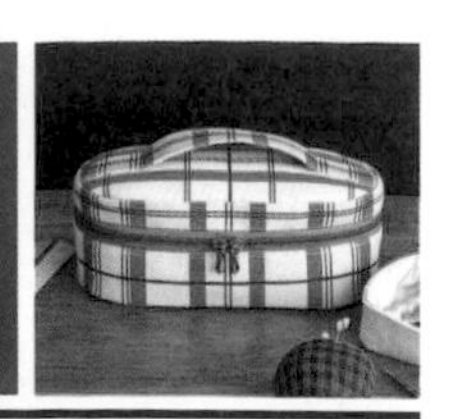

裁布圖

※除了表・裡蓋、表・裡底、內口袋、收納盒表・裡底之外皆無原寸紙型，請依標示尺寸（已含縫份）直接裁剪。
※▭處需於背面燙貼接著襯。
※｜處需作上合印記號。

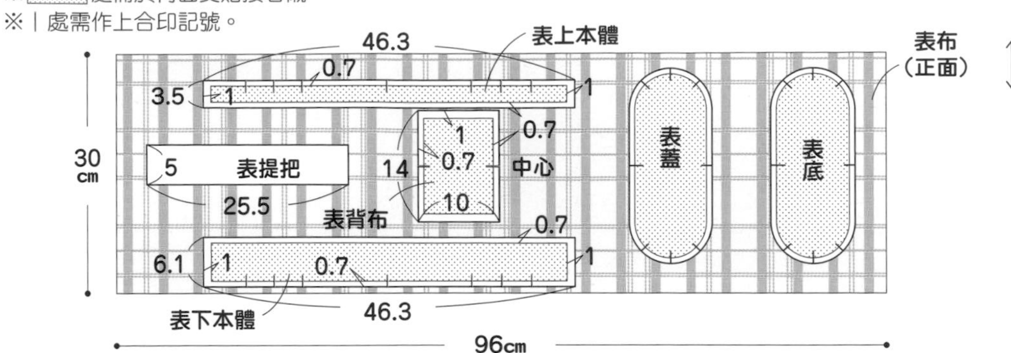

46.3
表上本體
表布（正面）
0.7
3.5
1
30cm
5
表提把
14
0.7
中心
10
25.5
表背布
表蓋
表底
6.1
表下本體
46.3
96cm

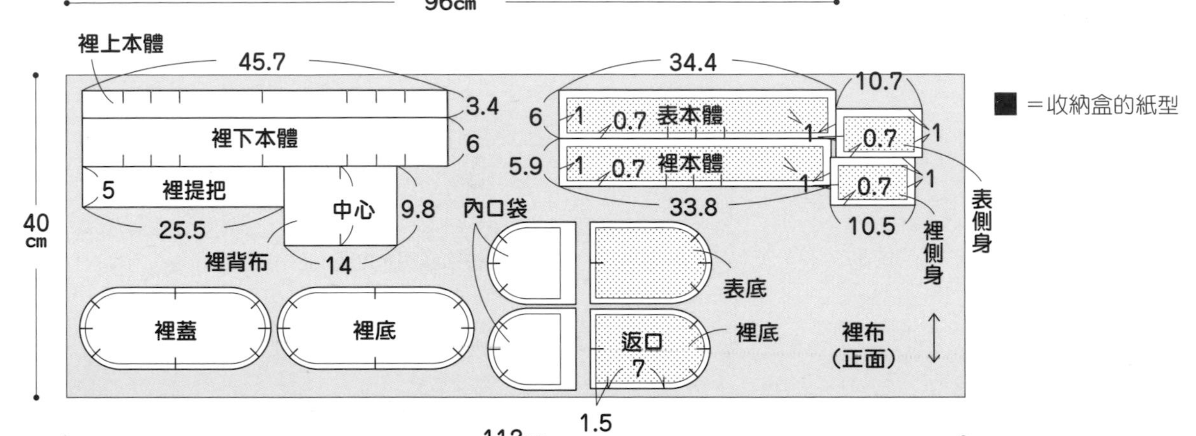

裡上本體
45.7
34.4
10.7
3.4
6
表本體
■＝收納盒的紙型
裡下本體
5.9
裡本體
裡提把
中心
9.8
33.8
10.5
表側身
裡側身
40cm
25.5
內口袋
裡背布
14
表底
裡蓋
裡底
返口
7
裡底
裡布（正面）
1.5
112cm

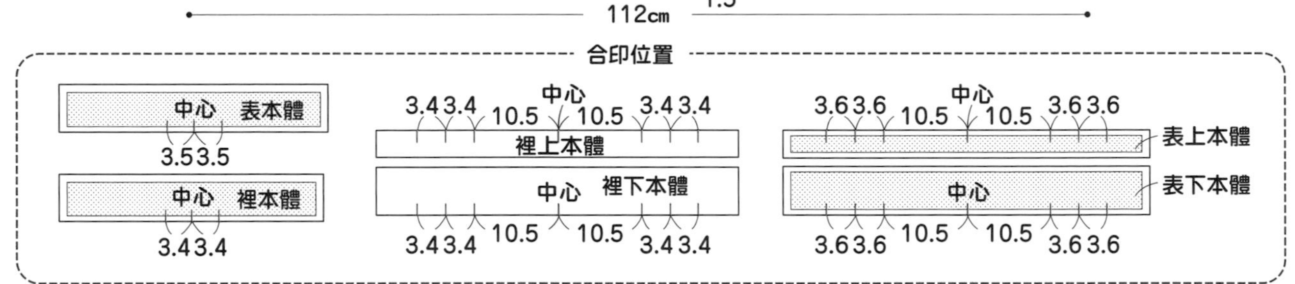

合印位置
中心 表本體
3.5 3.5
中心 裡本體
3.4 3.4
3.4 3.4 10.5 中心 10.5 3.4 3.4
裡上本體
中心 裡下本體
3.4 3.4 10.5 10.5 3.4 3.4
3.6 3.6 10.5 中心 10.5 3.6 3.6
表上本體
中心
表下本體
3.6 3.6 10.5 10.5 3.6 3.6

1. 接縫提把

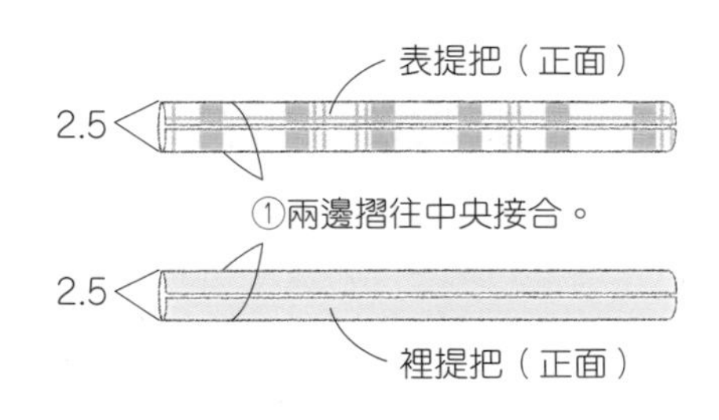

表提把（正面）
2.5
①兩邊摺往中央接合。
2.5
裡提把（正面）

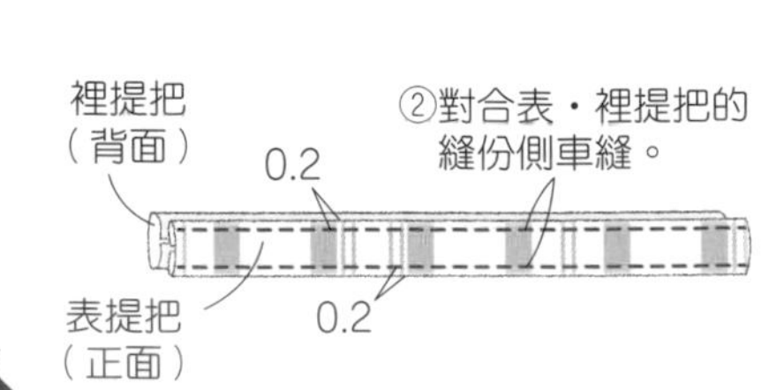

裡提把（背面）
②對合表・裡提把的縫份側車縫。
0.2
表提把（正面）
0.2

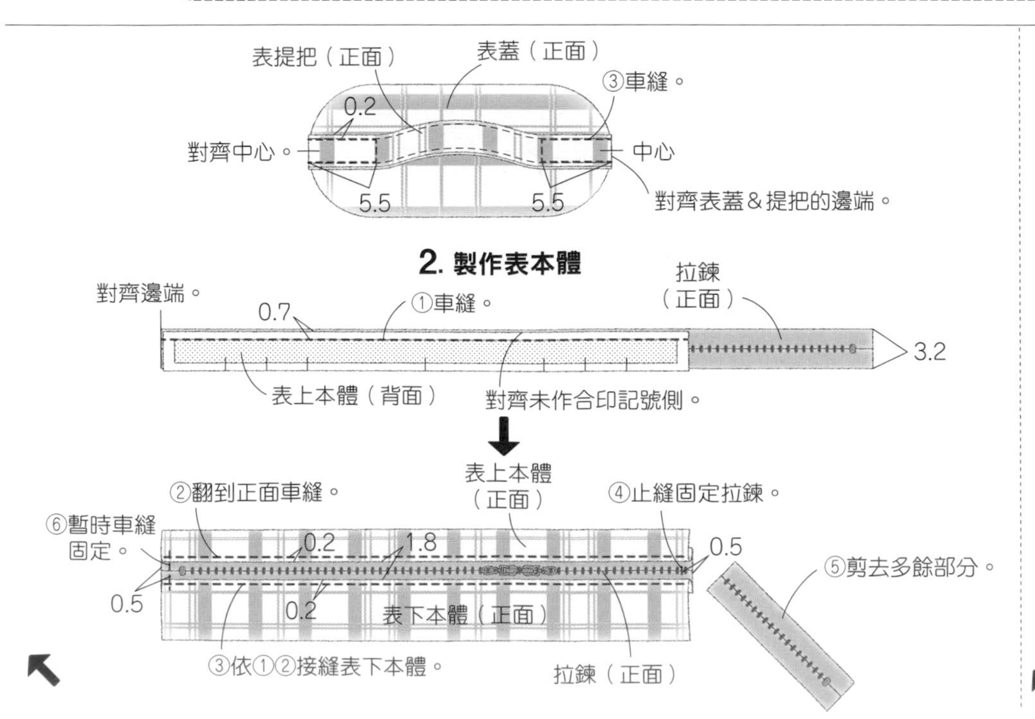

表提把（正面）
表蓋（正面）
③車縫。
0.2
對齊中心。
中心
5.5
5.5
對齊表蓋＆提把的邊端。
2. 製作表本體
對齊邊端。
拉鍊（正面）
0.7
①車縫。
3.2
表上本體（背面）
對齊未作合印記號側。
表上本體（正面）
②翻到正面車縫。
④止縫固定拉鍊。
⑥暫時車縫固定。
0.2
1.8
0.5
0.5
0.2
表下本體（正面）
⑤剪去多餘部分。
③依①②接縫表下本體。
拉鍊（正面）

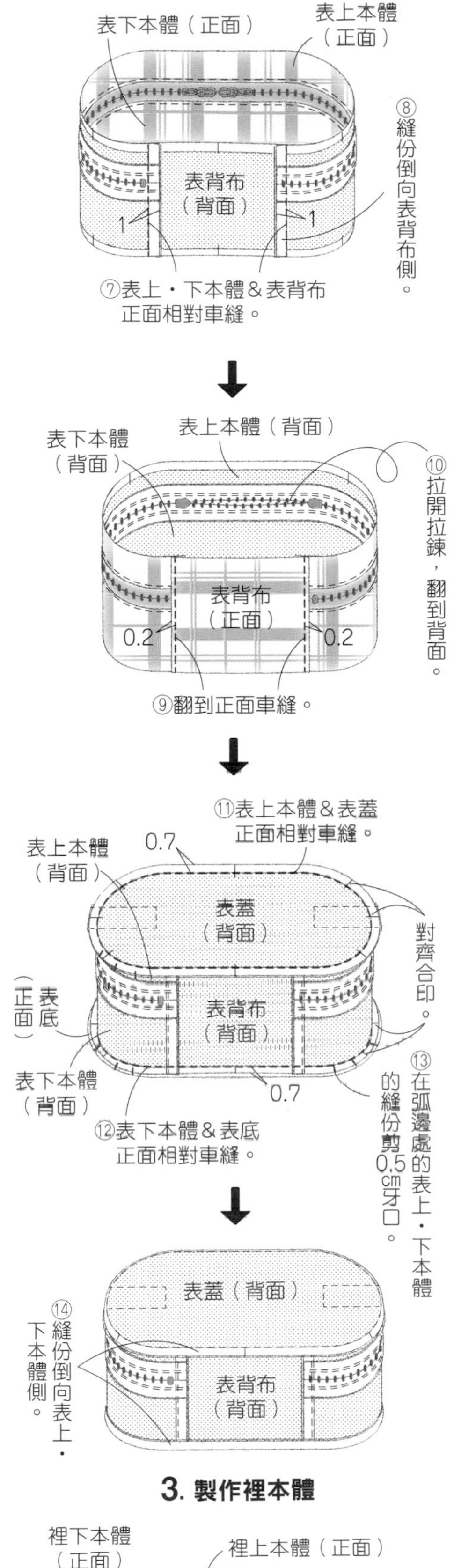

表下本體（正面）
表上本體（正面）
⑧縫份倒向表背布側。
表背布（背面）
1
1
⑦表上・下本體&表背布正面相對車縫。
表下本體（背面）
表上本體（背面）
⑩拉開拉鍊，翻到背面。
表背布（正面）
0.2
0.2
⑨翻到正面車縫。
⑪表上本體&表蓋正面相對車縫。
表上本體（背面）
0.7
表蓋（背面）
對齊合印。
表底（正面）
表背布（背面）
表下本體（背面）
0.7
⑫表下本體&表底正面相對車縫。
⑬在弧邊處的表上・下本體的縫份剪0.5cm牙口。
表蓋（背面）
⑭縫份倒向表上・下本體側。
表背布（背面）

3. 製作裡本體

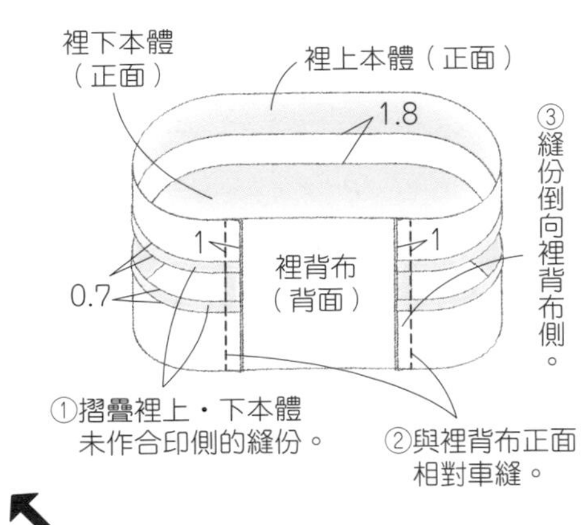

裡下本體（正面）
裡上本體（正面）
1.8
③縫份倒向裡背布側。
1
1
裡背布（背面）
0.7
①摺疊裡上・下本體未作合印側的縫份。
②與裡背布正面相對車縫。

↖

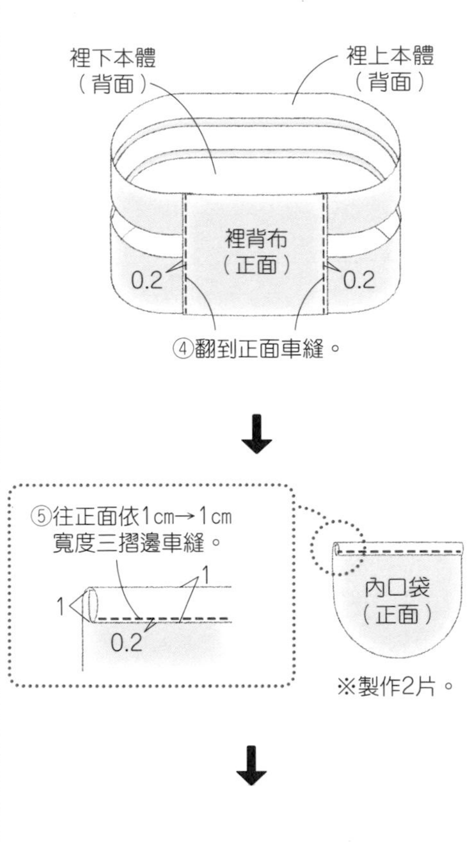

裡下本體（背面）
裡上本體（背面）
裡背布（正面）
0.2
0.2
④翻到正面車縫。
⑤往正面依1cm→1cm寬度三摺邊車縫。
1
1
0.2
內口袋（正面）
※製作2片。

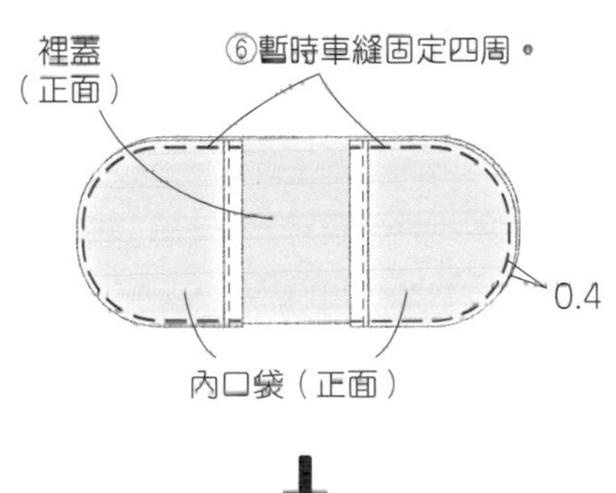

裡蓋（正面）
⑥暫時車縫固定四周。
0.4
內口袋（正面）

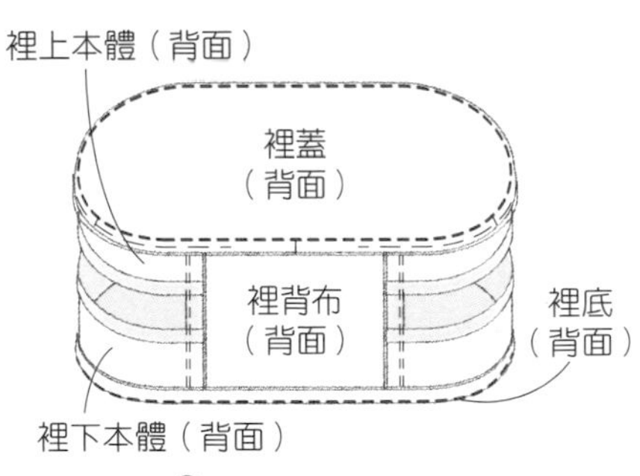

裡上本體（背面）
裡蓋（背面）
裡背布（背面）
裡底（背面）
裡下本體（背面）

⑦依2.-⑪至⑭相同作法縫製。

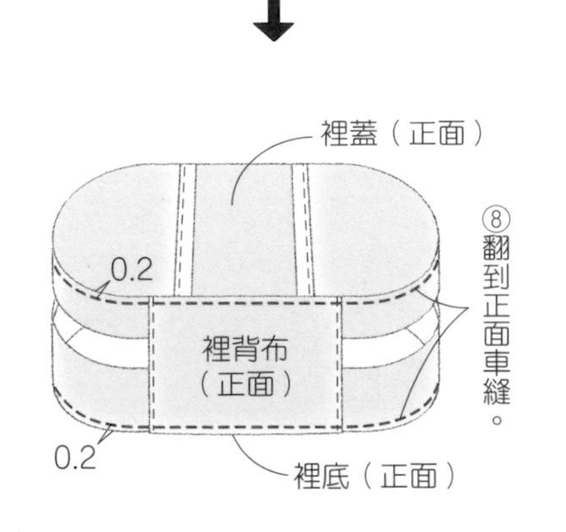

裡蓋（正面）
0.2
⑧翻到正面車縫。
裡背布（正面）
0.2
裡底（正面）

4. 疊合表本體&裡本體

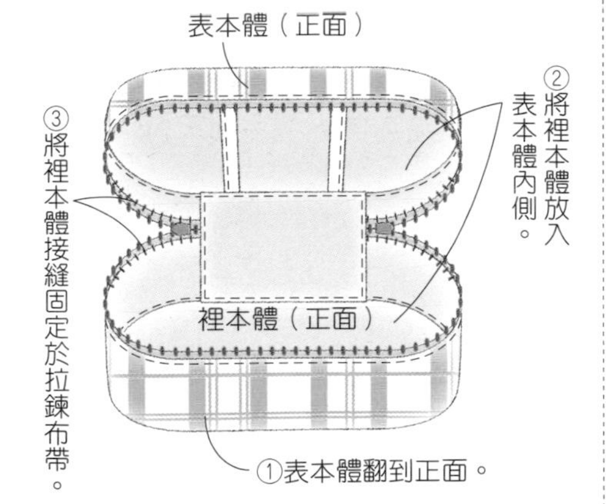

表本體（正面）
②將裡本體放入表本體內側。
③將裡本體接縫固定於拉鍊布帶。
裡本體（正面）
①表本體翻到正面。

5. 製作收納盒

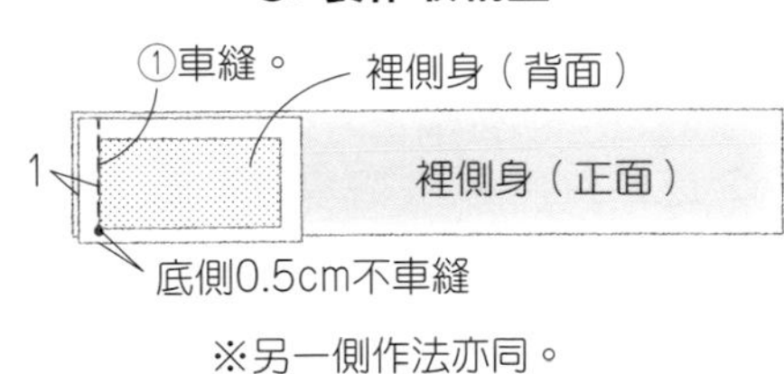

①車縫。
裡側身（背面）
1
裡側身（正面）
底側0.5cm不車縫

※另一側作法亦同。

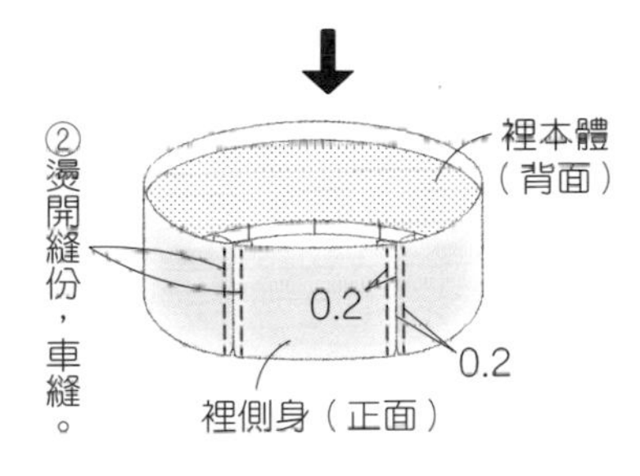

②燙開縫份，車縫。
裡本體（背面）
0.2
0.2
裡側身（正面）

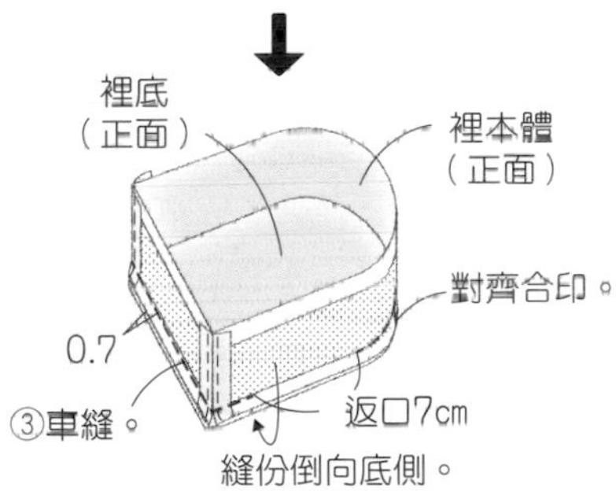

裡底（正面）
裡本體（正面）
對齊合印。
0.7
③車縫。
返口7cm
縫份倒向底側。

※表本體作法亦同，但不留返口。

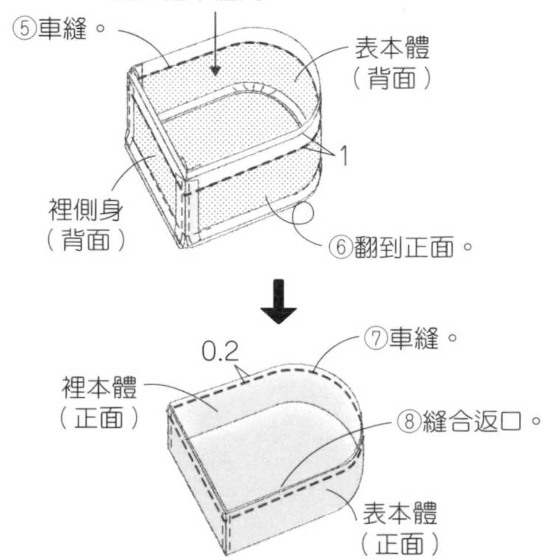

④表本體翻到正面，套入裡本體內。
⑤車縫。
表本體（背面）
1
裡側身（背面）
⑥翻到正面。
0.2
⑦車縫。
裡本體（正面）
⑧縫合返口。
表本體（正面）

完成尺寸

寬25×長22×側身8cm
（提把47cm）

原寸紙型

D面

材料

表布A（麂皮11號帆布）30cm×30cm
表布B（亞麻棉布）35cm×30cm
裡布（棉厚織布79號）95cm×35cm／**配布**（皮革）60cm×20cm
接著襯（厚不織布）75cm×30cm
芯材 厚0.8mm 25cm×10cm
金屬拉鍊 12cm 1條／**固定釦**（頭9mm 腳9mm）4組
磁釦 12mm 1組／**壓克力纖帶** 寬25mm 47cm

P.42_ No.48
單柄包

※除了內口袋、表・裡底之外皆無原寸紙型，請依標示尺寸（已含縫份）直接裁剪。
※▒處需於背面燙貼接著襯。

裁布圖

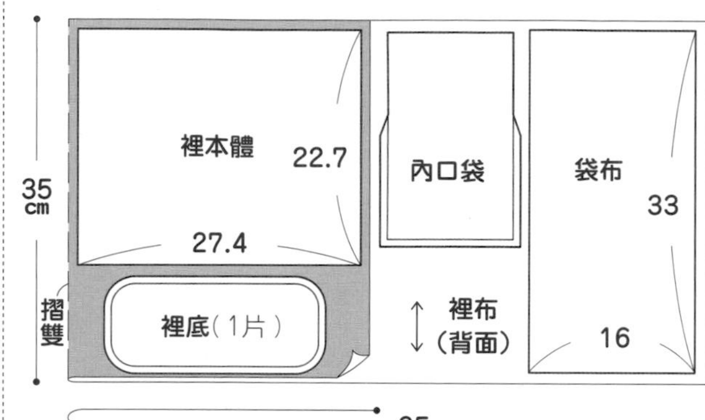
35cm
裡本體
22.7
27.4
摺雙
裡底（1片）
內口袋
袋布
33
16
裡布（背面）
95cm

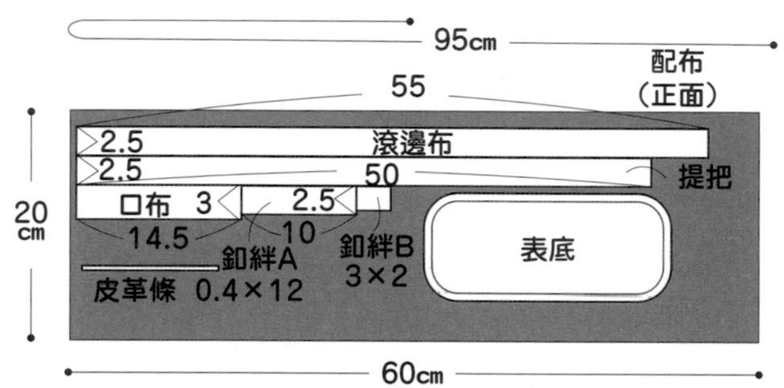
配布（正面）
55
2.5
滾邊布
2.5
50
提把
口布 3
2.5
10
14.5
釦絆A
釦絆B 3×2
表底
皮革條 0.4×12
20cm
60cm

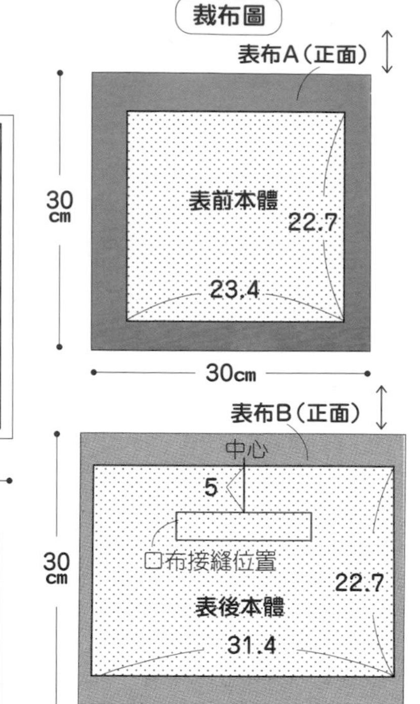
表布A（正面）
30cm
表前本體
22.7
23.4
30cm
表布B（正面）
中心
5
口布接縫位置
22.7
表後本體
31.4
30cm
35cm

1. 製作裡本體

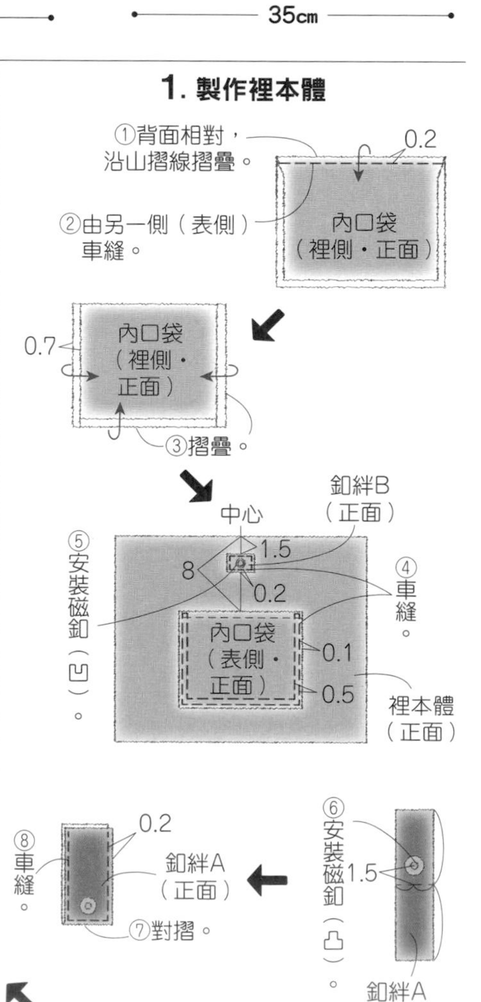
①背面相對，沿山摺線摺疊。
0.2
②由另一側（表側）車縫。
內口袋（裡側・正面）
0.7
③摺疊。
釦絆B（正面）
中心
1.5
8
0.2
⑤安裝磁釦（凹）。
④車縫。
0.1
0.5
裡本體（正面）
⑥安裝磁釦（凸）。
1.5
釦絆A（正面）
0.2
⑧車縫。
⑦對摺。

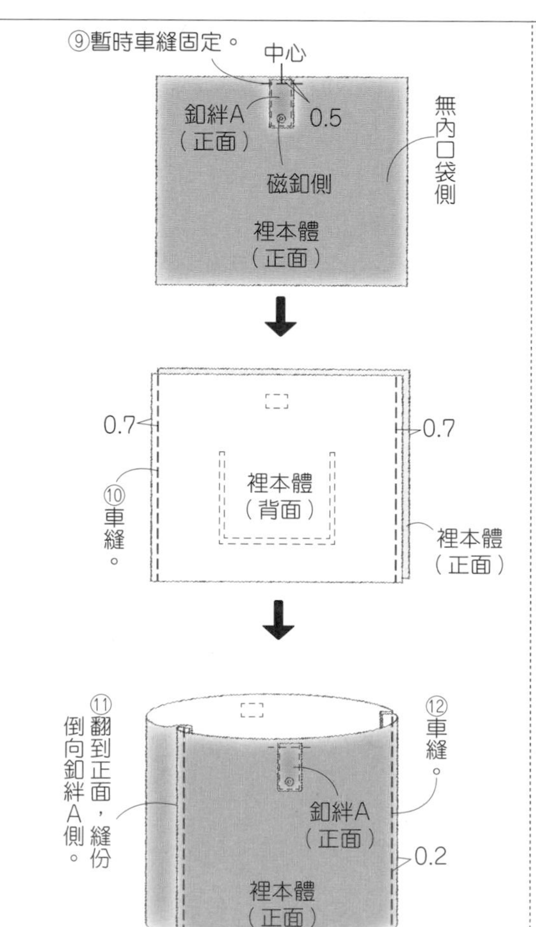
⑨暫時車縫固定。
中心
釦絆A（正面）
0.5
磁釦側
無內口袋側
裡本體（正面）
0.7
0.7
⑩車縫。
裡本體（背面）
裡本體（正面）
⑪翻到正面，縫份倒向釦絆A側。
⑫車縫。
釦絆A（正面）
0.2

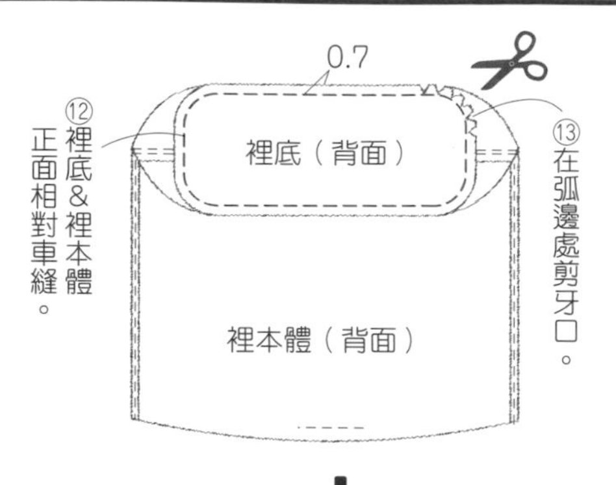
0.7
⑫裡底＆裡本體正面相對車縫。
裡底（背面）
⑬在弧邊處剪牙口。
裡本體（背面）

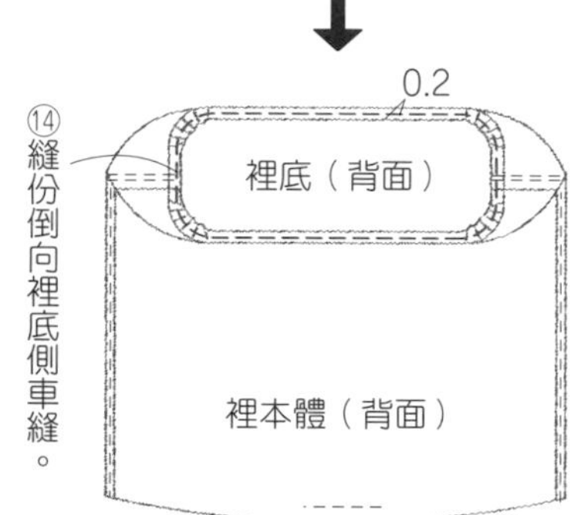
0.2
⑭縫份倒向裡底側車縫。
裡底（背面）
裡本體（背面）

2. 製作外口袋

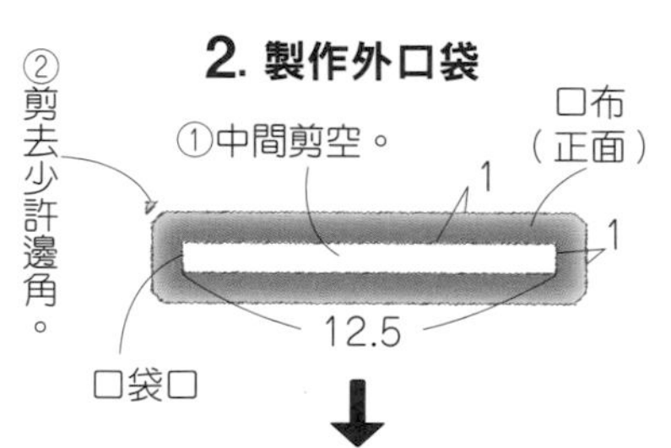
②剪去少許邊角。
①中間剪空。
口布（正面）
1
1
12.5
口袋口

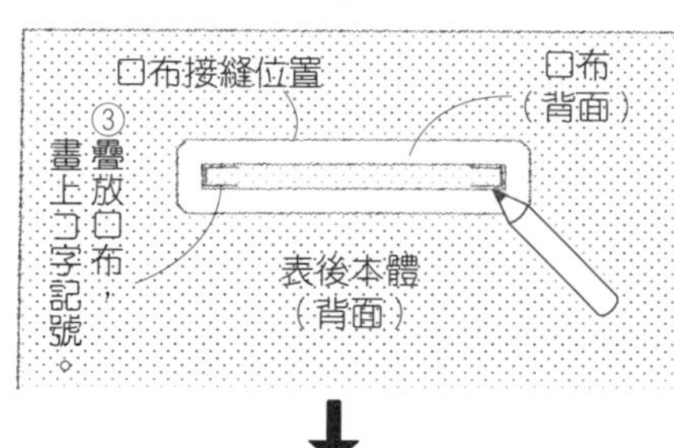
口布接縫位置
口布（背面）
③疊放口布，畫上ㄇ字記號。
表後本體（背面）

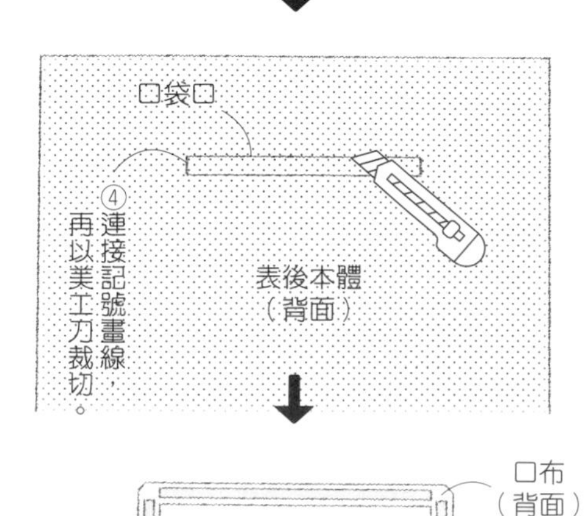
口袋口
④連接記號畫線，再以美工刀裁切。
表後本體（背面）
口布（背面）
⑤貼上雙面膠。

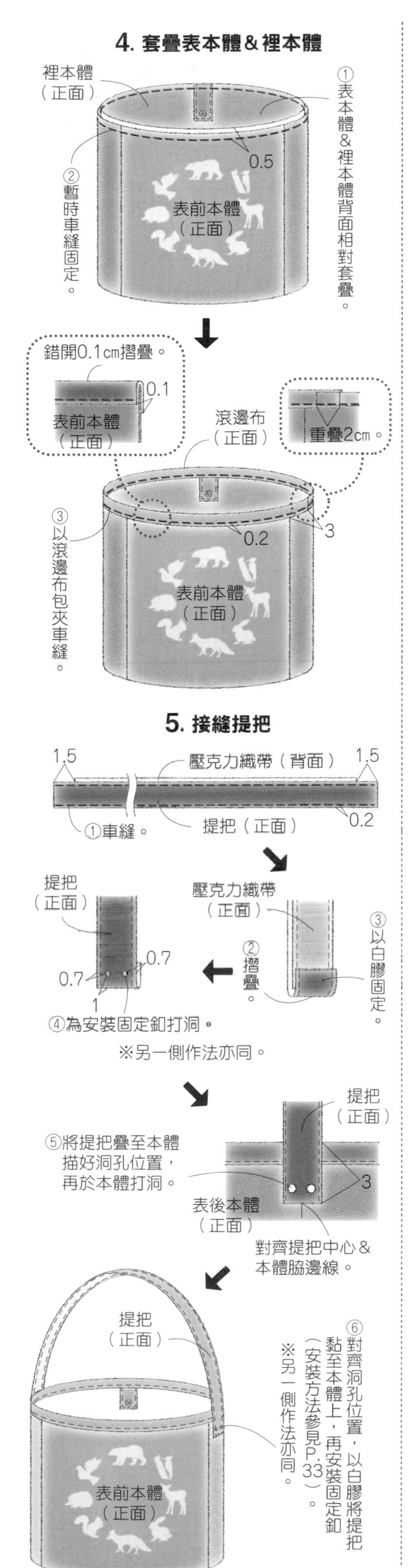
4. 套疊表本體&裡本體
裡本體（正面）
①表本體&裡本體背面相對套疊。
②暫時車縫固定。
0.5
表前本體（正面）
錯開0.1cm摺疊。
0.1
表前本體（正面）
滾邊布（正面）
重疊2cm。
③以滾邊布包夾車縫。
0.2
3
表前本體（正面）
5. 接縫提把
1.5
壓克力織帶（背面）
1.5
①車縫。
提把（正面）
0.2
提把（正面）
壓克力織帶（正面）
③以白膠固定。
②摺疊。
0.7
0.7
1
④為安裝固定釦打洞。
※另一側作法亦同。
提把（正面）
⑤將提把疊至本體描好洞孔位置，再於本體打洞。
3
表後本體（正面）
對齊提把中心&本體脇邊線。
提把（正面）
⑥對齊洞孔位置，以白膠將提把黏至本體上，再安裝固定釦（安裝方法參見P.33）。
※另一側作法亦同。
表前本體（正面）

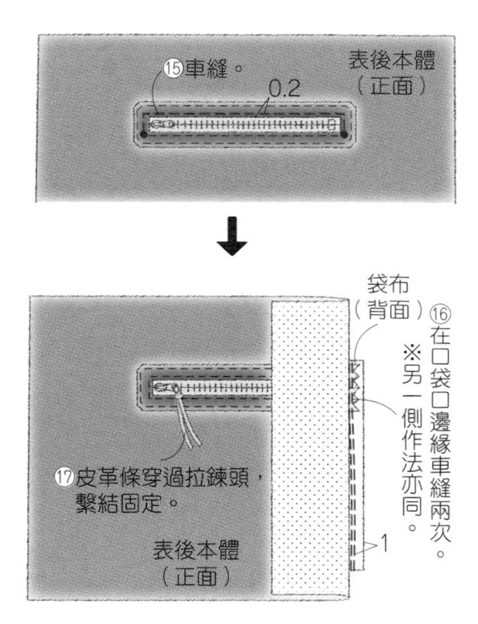
⑮車縫。
0.2
表後本體（正面）
袋布（背面）
⑯在口袋口邊緣車縫兩次。
※另一側作法亦同。
⑰皮革條穿過拉鍊頭，繫結固定。
表後本體（正面）
1

3. 製作表本體

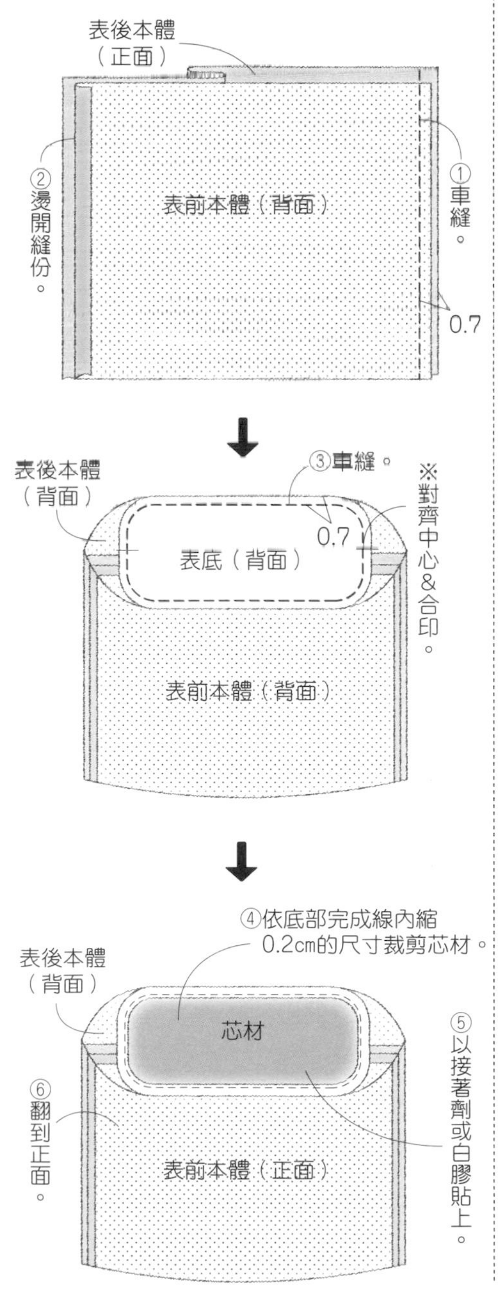
表後本體（正面）
①車縫。
②邊開縫份。
表前本體（背面）
0.7
表後本體（背面）
③車縫。
※對齊中心&合印。
0.7
表底（背面）
表前本體（背面）
④依底部完成線內縮0.2cm的尺寸裁剪芯材。
表後本體（背面）
芯材
⑤以接著劑或白膠貼上。
⑥翻到正面。
表前本體（正面）

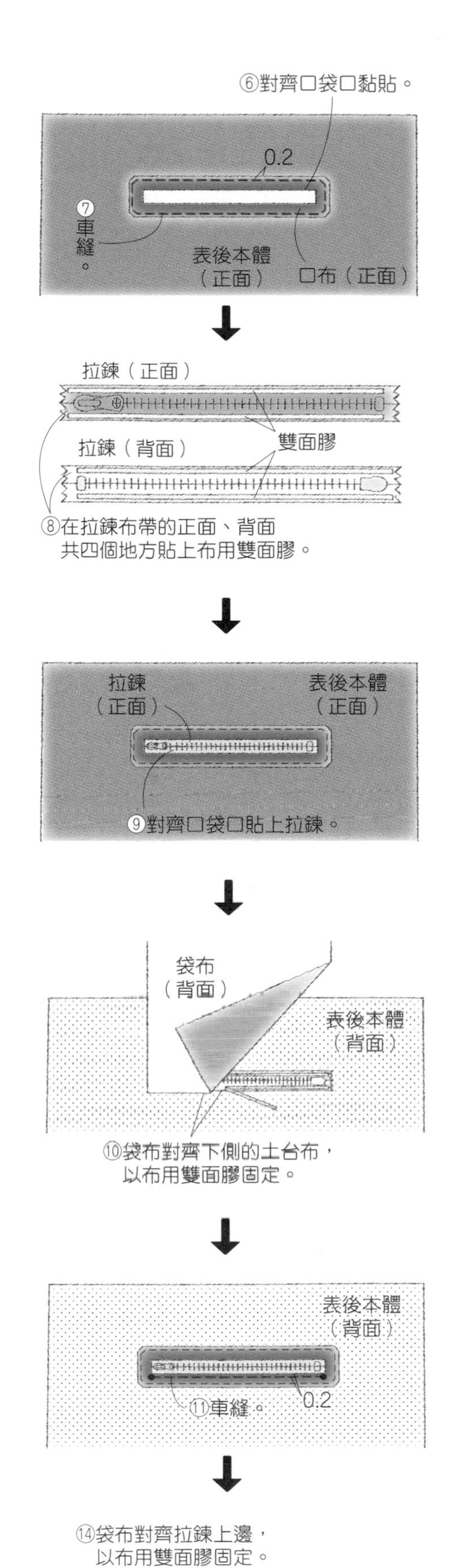
⑥對齊□袋□黏貼。
0.2
⑦車縫。
表後本體（正面）
□布（正面）
拉鍊（正面）
雙面膠
拉鍊（背面）
⑧在拉鍊布帶的正面、背面共四個地方貼上布用雙面膠。
拉鍊（正面）
表後本體（正面）
⑨對齊□袋□貼上拉鍊。
袋布（背面）
表後本體（背面）
⑩袋布對齊下側的土台布，以布用雙面膠固定。
表後本體（背面）
⑪車縫。
0.2
⑭袋布對齊拉鍊上邊，以布用雙面膠固定。
表後本體（背面）
⑫袋布沿著針腳往下摺。
袋布（背面）
⑬摺疊。

完成尺寸

寬19×長17cm
（不含提把）

原寸紙型

D面

材料

表布A（漆皮布）60cm×20cm
表布B（漆皮布）15m×5cm
表布C（網眼紗）110cm×15cm
裡布（棉布）45cm×20cm／**金屬拉鍊** 16cm 1條
棉珍珠 直徑14mm 1顆／**金蔥線** 適量
珠寶 2cm×1.3cm 1顆／**緞帶** 寬0.5mm 15cm

P.48_ No.50

黑貓波奇包

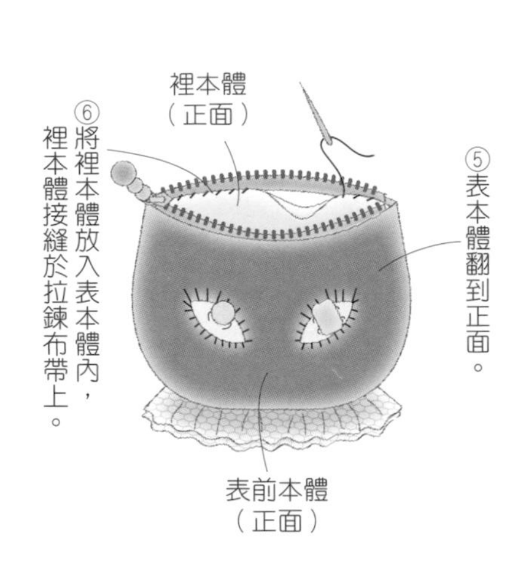

裡本體
（正面）
⑥將裡本體放入表本體內，裡本體接縫於拉鍊布帶上。
⑤表本體翻到正面。
表前本體
（正面）

4. 接縫耳朵

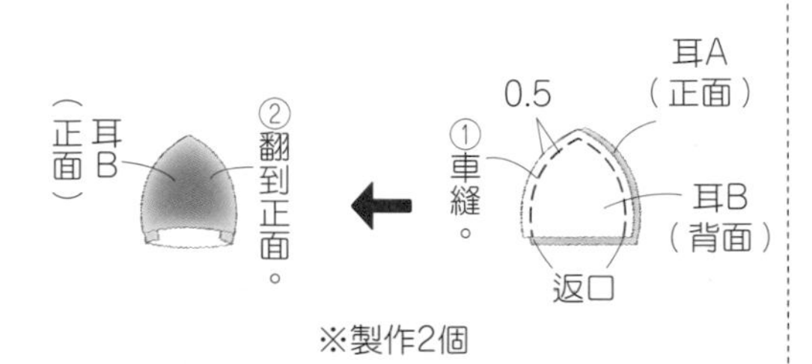

耳A
（正面）
0.5
①車縫。
耳B
（背面）
返口
②翻到正面。
耳B
（正面）

※製作2個

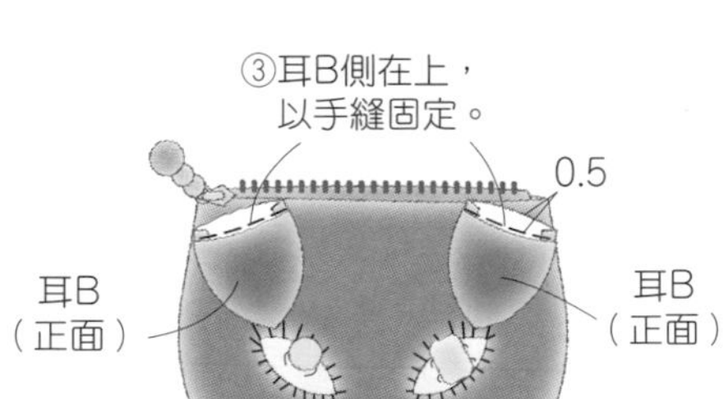

③耳B側在上，以手縫固定。
0.5
耳B
（正面）
耳B
（正面）

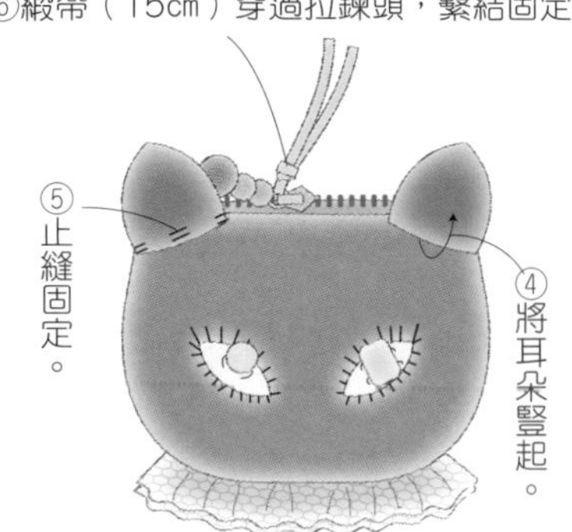

⑥緞帶（15cm）穿過拉鍊頭，繫結固定。
⑤止縫固定。
④將耳朵豎起。

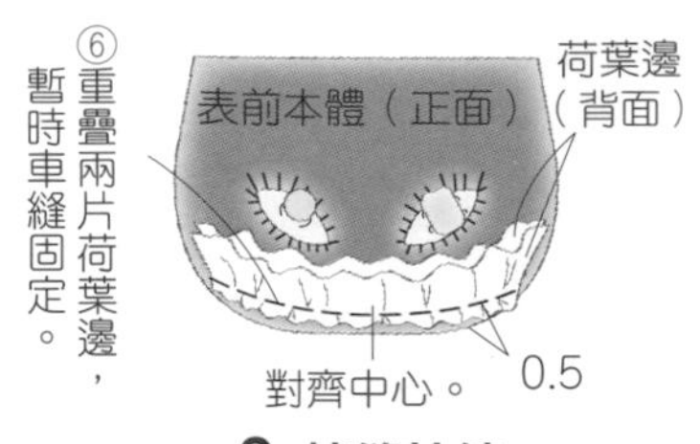

⑥重疊兩片荷葉邊，暫時車縫固定。
表前本體（正面）
荷葉邊
（背面）
對齊中心。
0.5

2. 接縫拉鍊

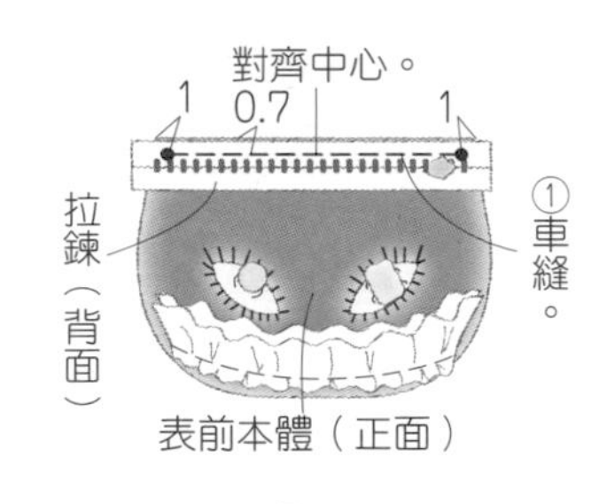

對齊中心。
1
0.7
1
①車縫。
拉鍊（背面）
表前本體（正面）

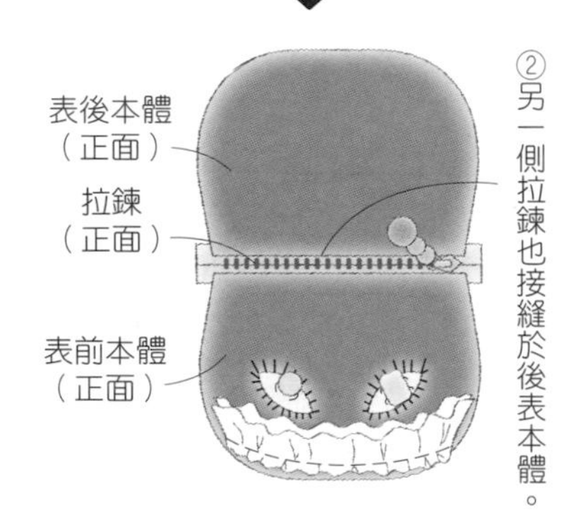

表後本體
（正面）
拉鍊
（正面）
表前本體
（正面）
②另一側拉鍊也接縫於後表本體。

3. 套疊表本體＆裡本體

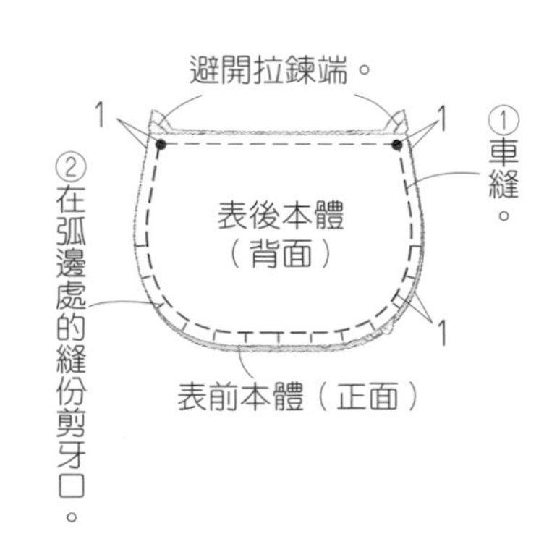

避開拉鍊端。
1
1
①車縫。
表後本體
（背面）
②在弧邊處的縫份剪牙口。
1
表前本體（正面）

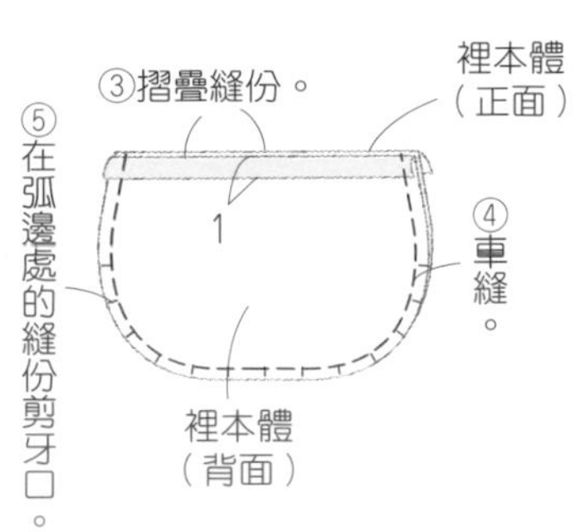

③摺疊縫份。
裡本體
（正面）
⑤在弧邊處的縫份剪牙口。
1
④車縫。
裡本體
（背面）

裁布圖

※眼睛＆荷葉邊無原寸紙型，請依標示尺寸（已含縫份）直接裁剪。

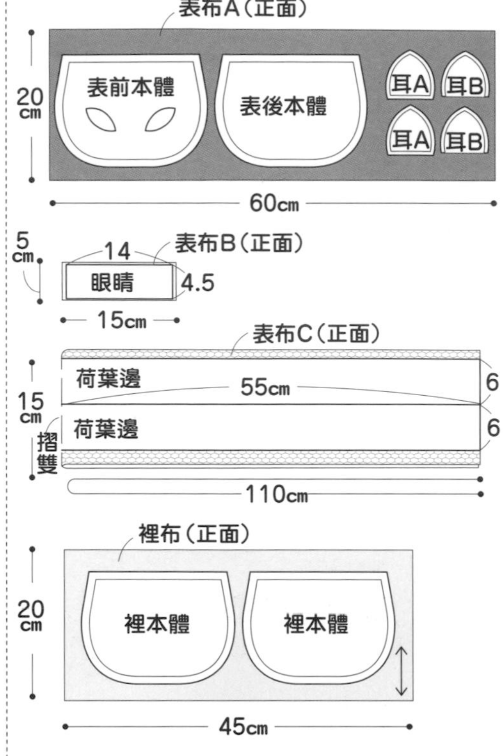

表布A（正面）
20cm
表前本體
表後本體
耳A
耳B
耳A
耳B
60cm
5cm
14
表布B（正面）
眼睛
4.5
15cm
表布C（正面）
荷葉邊
55cm
6
15cm
荷葉邊
6
摺雙
110cm
裡布（正面）
20cm
裡本體
裡本體
45cm

1. 製作表前本體

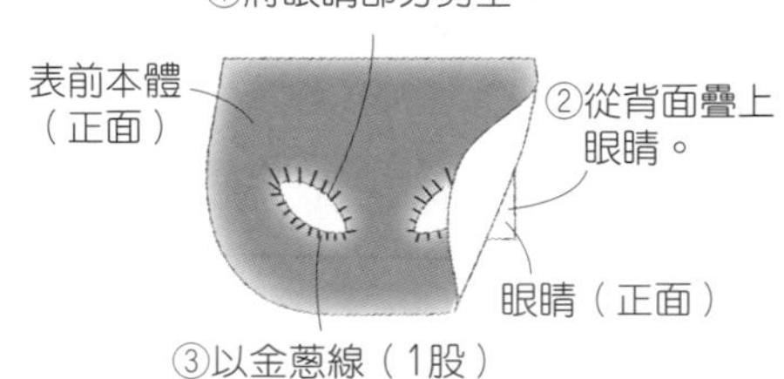

①將眼睛部分剪空。
表前本體
（正面）
②從背面疊上眼睛。
眼睛（正面）
③以金蔥線（1股）止縫固定眼睛。

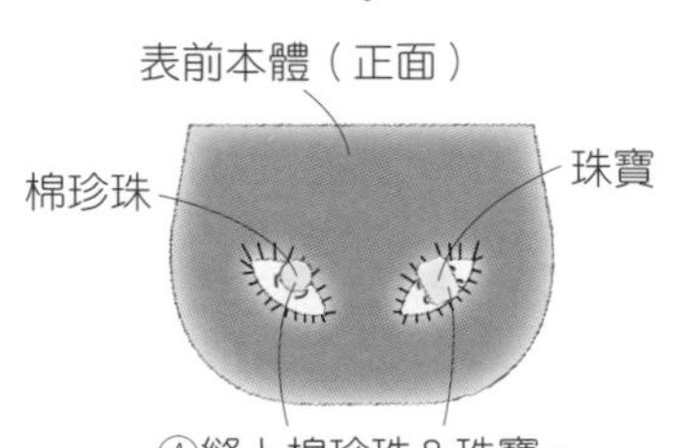

表前本體（正面）
棉珍珠
珠寶
④縫上棉珍珠＆珠寶。

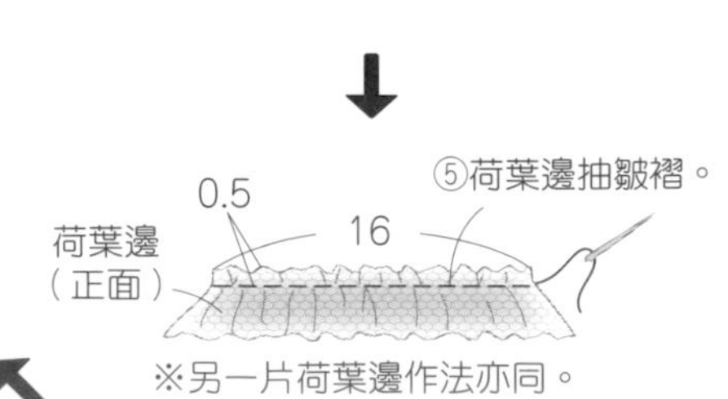

⑤荷葉邊抽皺褶。
0.5
16
荷葉邊
（正面）

※另一片荷葉邊作法亦同。

完成尺寸

S…直徑約7cm

M…直徑約9.5cm

原寸紙型

D面

材料（■…S・■…M・■…通用）

表布（棉細平布）15cm×10cm・20cm×15cm 各7片

配布（亞麻布）10cm×10cm・15cm×10cm

羊毛 適量

P.49_ No.52

南瓜針插M・S

1. 製作蒂頭

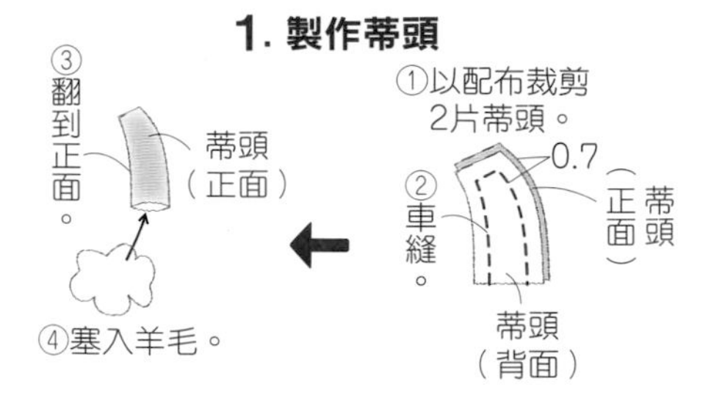

①以配布裁剪2片蒂頭。
0.7
帶頭（正面）
②車縫。
蒂頭（背面）
③翻到正面。
蒂頭（正面）
④塞入羊毛。

2. 製作本體

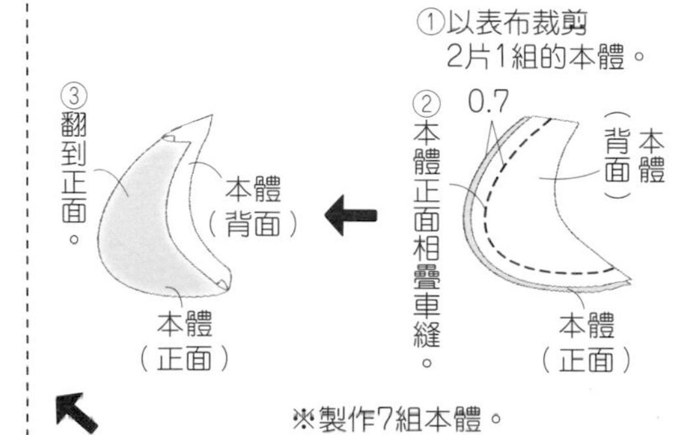

①以表布裁剪2片1組的本體。
0.7
本體（背面）
②本體正面相疊車縫。
本體（正面）
③翻到正面。
本體（背面）
本體（正面）

※製作7組本體。

本體（正面）
0.7
上側
④各組本體彼此正面相對縫合。
底側
⑤同樣正面相對，對齊邊端縫成輪狀。

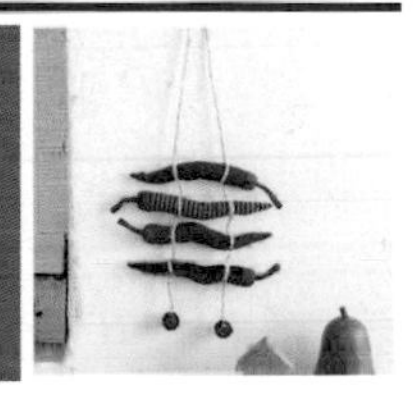

〈底側〉
⑥在底部渡線，閉合開口。（不要留下孔洞）
本體（正面）

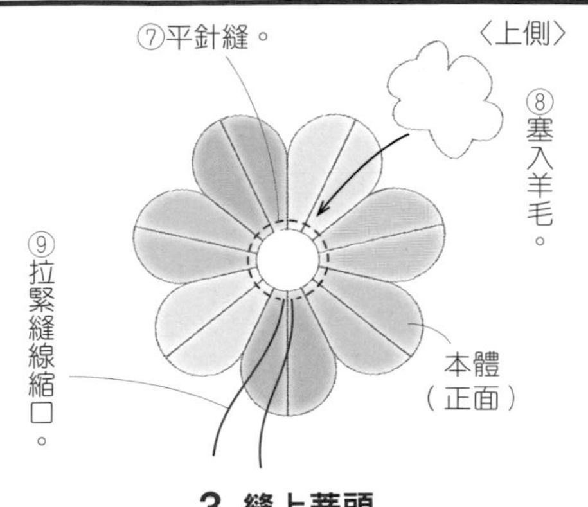

⑦平針縫。
〈上側〉
⑧塞入羊毛。
⑨拉緊縫線縮口。
本體（正面）

3. 縫上蒂頭

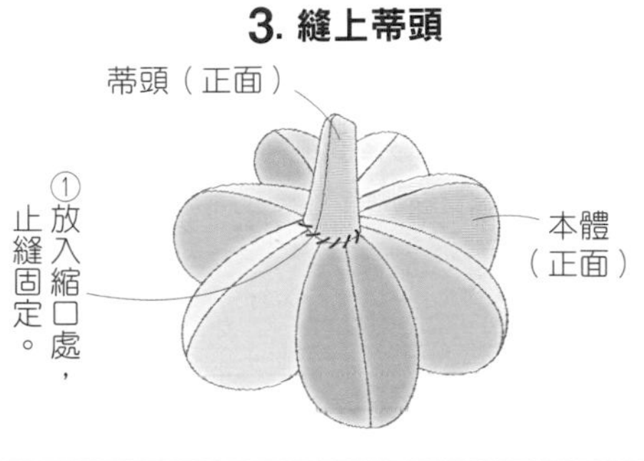

蒂頭（正面）
①放入縮口處，止縫固定。
本體（正面）

完成尺寸

寬約15×長約28cm

原寸紙型

D面

材料

A布（棉布）6cm×13cm 4片

B布（棉布）11cm×2.5cm 4片

鐵絲 粗0.1cm 120cm／**麻繩** 100cm

鐵絲球 直徑1.5cm 2個／**填充棉** 適量

P.50_ No.54

辣椒掛飾

1. 製作莖

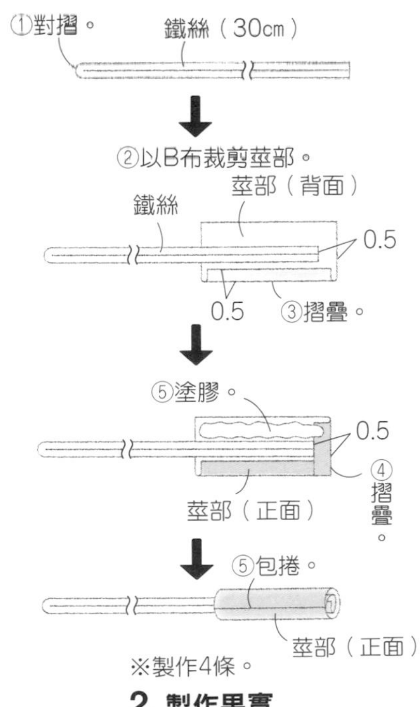

①對摺。
鐵絲（30cm）
②以B布裁剪莖部。
莖部（背面）
鐵絲
0.5
0.5
③摺疊。
⑤塗膠。
0.5
④摺疊。
莖部（正面）
⑤包捲。
莖部（正面）

※製作4條。

2. 製作果實

①以B布裁剪蒂頭，A布裁剪果實。

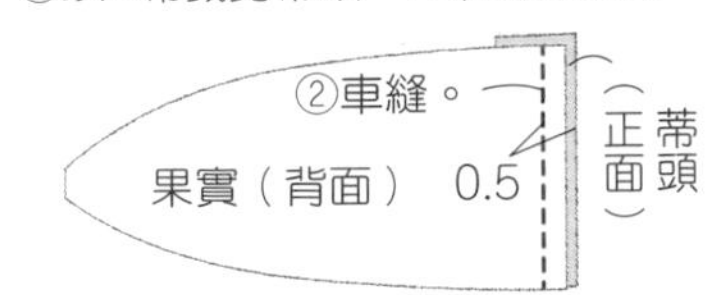

②車縫。
蒂頭（正面）
果實（背面）
0.5

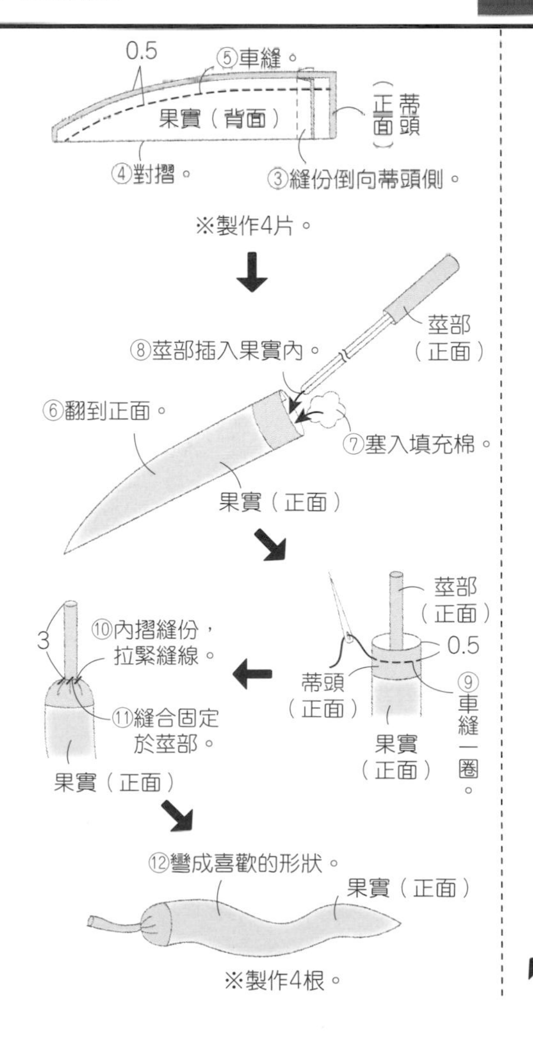

0.5
⑤車縫。
蒂頭（正面）
果實（背面）
④對摺。
③縫份倒向蒂頭側。
※製作4片。
⑧莖部插入果實內。
莖部（正面）
⑥翻到正面。
⑦塞入填充棉。
果實（正面）
莖部（正面）
0.5
蒂頭（正面）
⑨車縫一圈。
果實（正面）
3
⑩內摺縫份，拉緊縫線。
⑪縫合固定於莖部。
果實（正面）
⑫彎成喜歡的形狀。
果實（正面）

※製作4根。

3. 縫至麻繩上

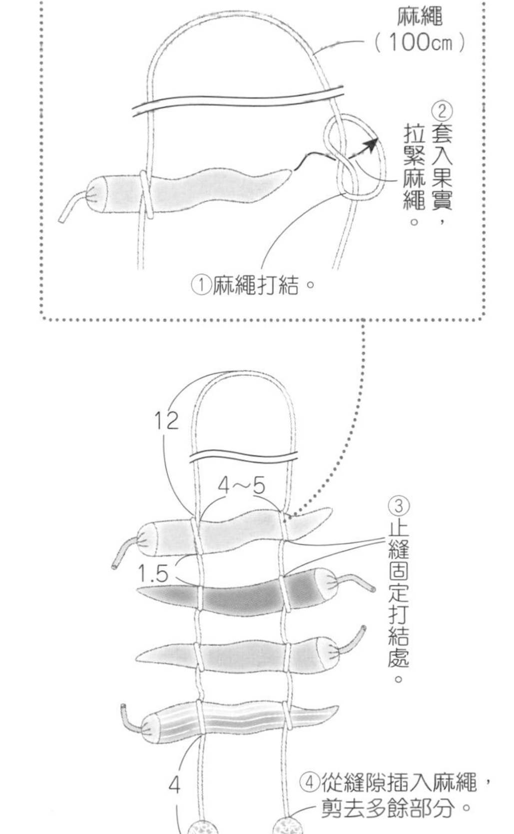

麻繩（100cm）
②套入果實，拉緊麻繩。
①麻繩打結。
12
4～5
1.5
③止縫固定打結處。
4
④從縫隙插入麻繩，剪去多餘部分。
鐵絲球

完成尺寸

寬20×長35cm

原寸紙型

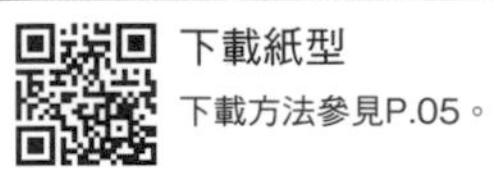
下載紙型
下載方法參見P.05。
https://cfpshop.stores.jp/

材料

表布（正絹）23cm×4.5cm
吸管 粗1cm 20cm
紐繩 粗0.1cm 150cm
和紙 適量
※各配件材料參見以下標示。

P.50_ No.55 秋季風物掛飾

【柿子】
表布A（正絹）10cm×10cm
表布B（正絹）10cm×5cm
填充棉 適量

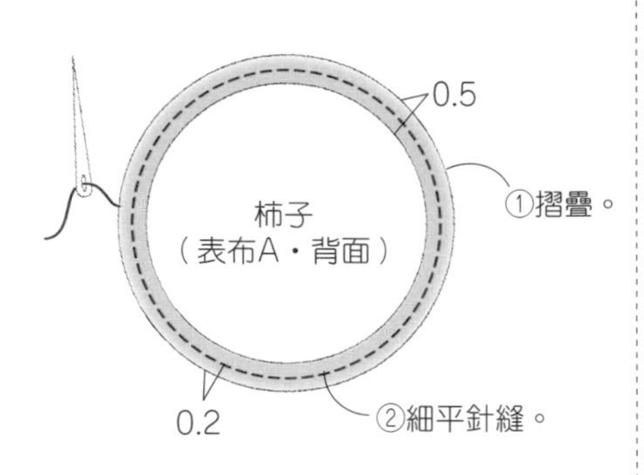

0.5
①摺疊。
柿子
（表布A・背面）
0.2
②細平針縫。

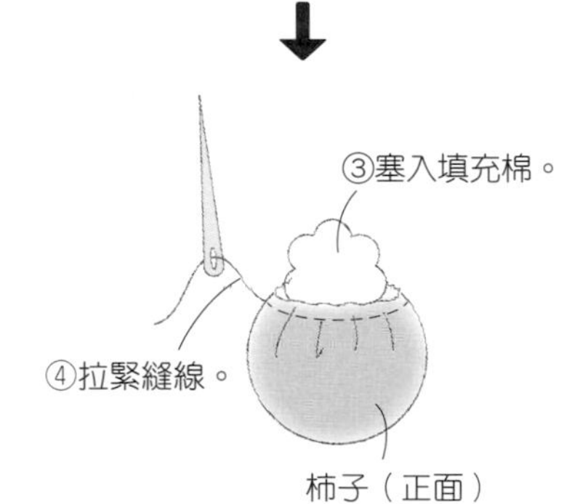

③塞入填充棉。
④拉緊縫線。
柿子（正面）

葉子（正面）

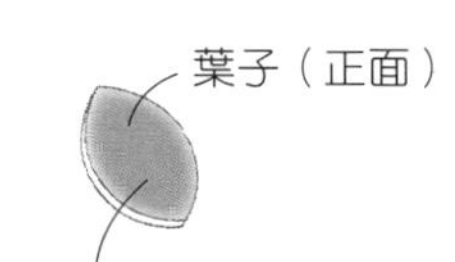

⑤依【葡萄】⑧至⑨，
以表布B裁剪葉子。

※製作2片。

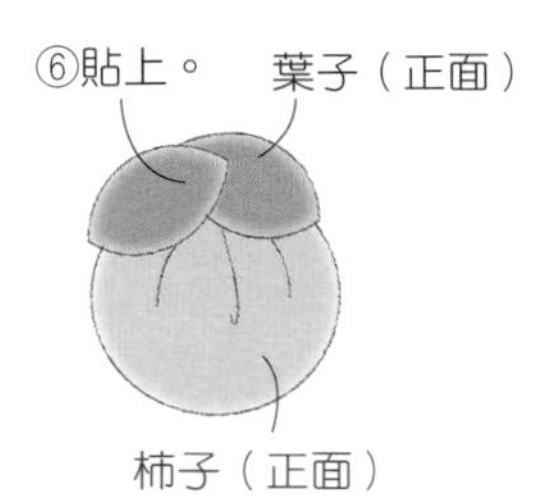

⑥貼上。
葉子（正面）
柿子（正面）

【栗子】
表布A・B（棉布）5cm×5cm 各1片
鋪棉・厚紙 各5cm×5cm
紐繩 粗0.1cm 5cm
線 適量

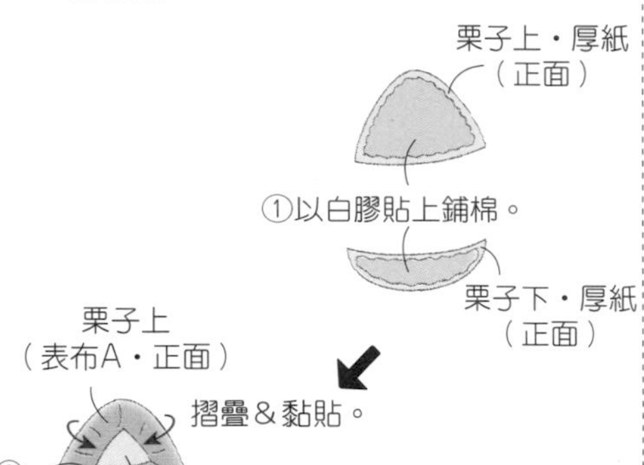

栗子上・厚紙
（正面）
①以白膠貼上鋪棉。
栗子下・厚紙
（正面）

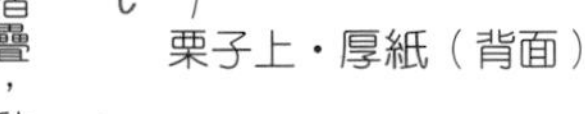

栗子上
（表布A・正面）
摺疊＆黏貼。
②摺疊，黏貼。
栗子上・厚紙（背面）
栗子下・厚紙
栗子下（表布B・正面）

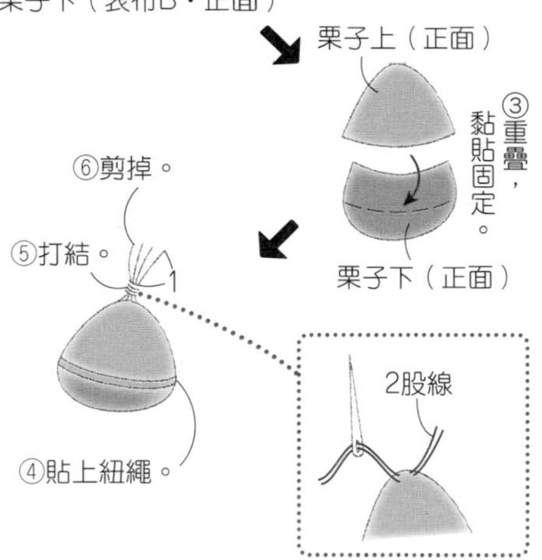

栗子上（正面）
③重疊，黏貼固定。
栗子下（正面）
⑥剪掉。
⑤打結。
1
④貼上紐繩。
2股線

【銀杏】
表布（縮緬）10cm×10cm
紐繩 粗0.1cm 10cm

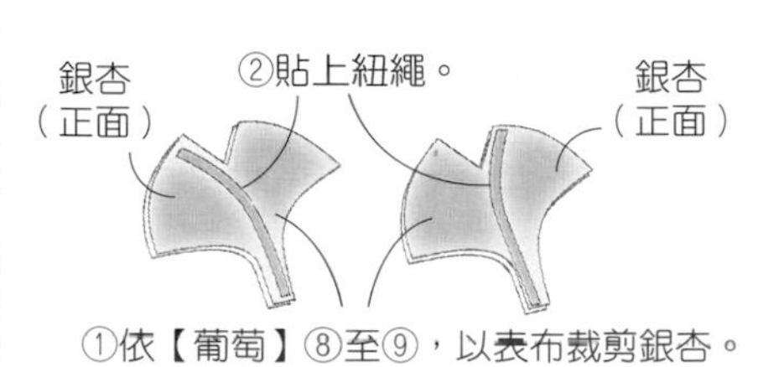

銀杏
（正面）
②貼上紐繩。
銀杏
（正面）
①依【葡萄】⑧至⑨，以表布裁剪銀杏。

1. 製作配件

【葡萄】
表布A（縮緬・正絹）5cm×5cm 8片
表布B（縮緬）10cm×5cm
表布C（縮緬）5cm×10cm
保麗龍球 直徑1.2cm 8顆
厚紙 5cm×5cm
包紙鐵絲（＃26・粗約0.45mm）20cm

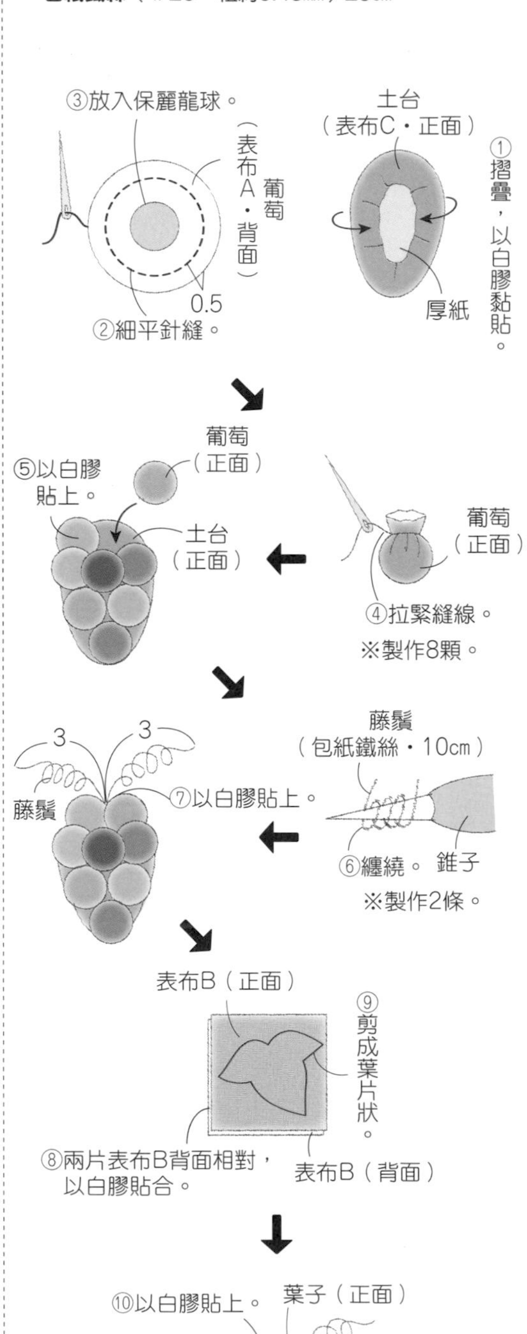

③放入保麗龍球。
葡萄（表布A・背面）
0.5
②細平針縫。
土台
（表布C・正面）
①摺疊，以白膠黏貼。
厚紙
⑤以白膠貼上。
葡萄
（正面）
土台
（正面）
葡萄
（正面）
④拉緊縫線。
※製作8顆。
3
3
藤鬚
⑦以白膠貼上。
藤鬚
（包紙鐵絲・10cm）
⑥纏繞。
錐子
※製作2條。
表布B（正面）
⑨剪成葉片狀。
⑧兩片表布B背面相對，
以白膠貼合。
表布B（背面）
⑩以白膠貼上。
葉子（正面）
藤鬚
葡萄（正面）

【紅葉】
表布（正絹）10cm×5cm

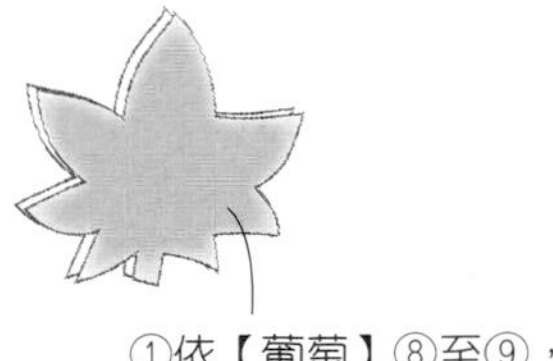
①依【葡萄】⑧至⑨，
以表布B裁剪紅葉。

2. 組裝各配件

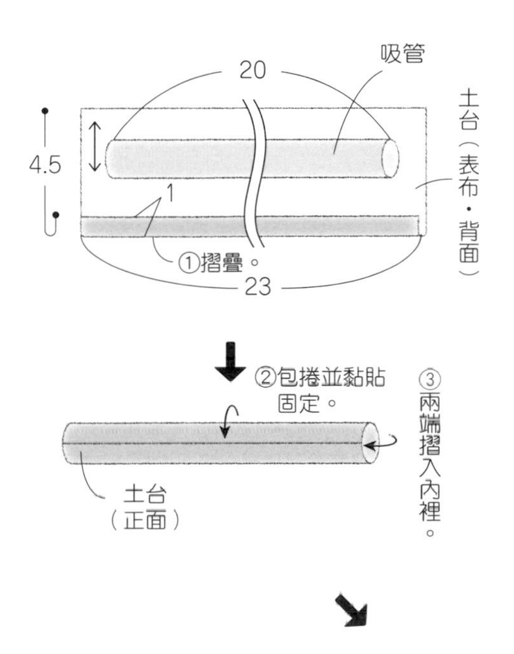
20
吸管
4.5
1
土台（表布・背面）
①摺疊。
23
②包捲並黏貼固定。
③兩端摺入內裡。
土台（正面）

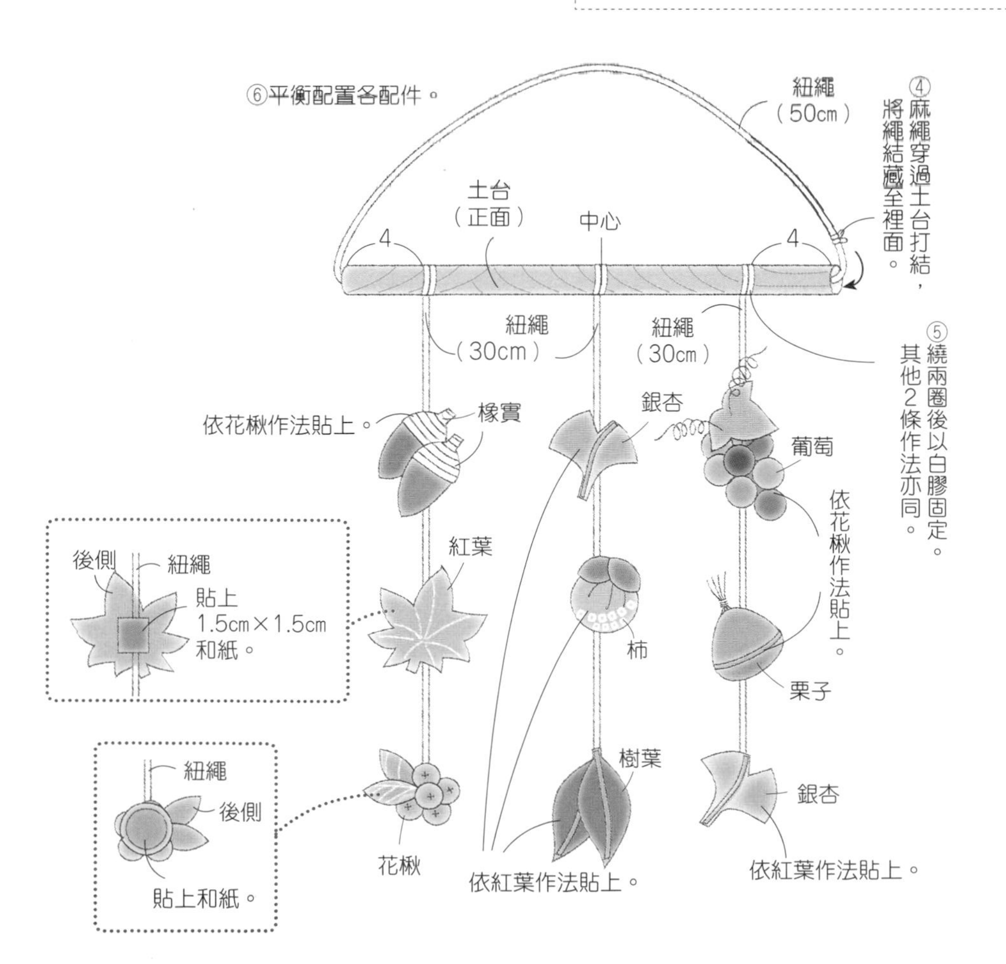
⑥平衡配置各配件。
紐繩（50cm）
④麻繩穿過土台打結，將繩結藏至裡面。
土台（正面）
中心
4
4
紐繩（30cm）
紐繩（30cm）
⑤繞兩圈後以白膠固定。其他2條作法亦同。
依花楸作法貼上。
橡實
銀杏
葡萄
依花楸作法貼上。
後側
紐繩
貼上1.5cm×1.5cm和紙。
紅葉
柿
栗子
紐繩
後側
貼上和紙。
樹葉
銀杏
花楸
依紅葉作法貼上。
依紅葉作法貼上。

【樹葉】
表布（（正絹）10cm×5cm
紐繩 粗0.1cm 10cm

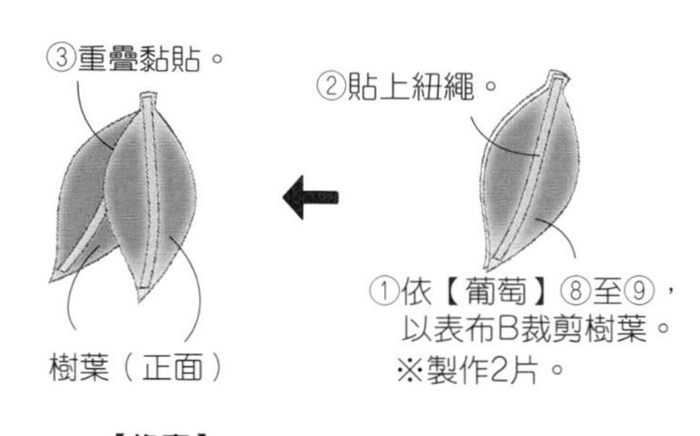
③重疊黏貼。
②貼上紐繩。
①依【葡萄】⑧至⑨，
以表布B裁剪樹葉。
※製作2片。
樹葉（正面）

【橡實】
表布（棉布）5cm×5cm 2片
鋪棉 5cm×5cm
麻繩 30cm／**厚紙** 5cm×5cm

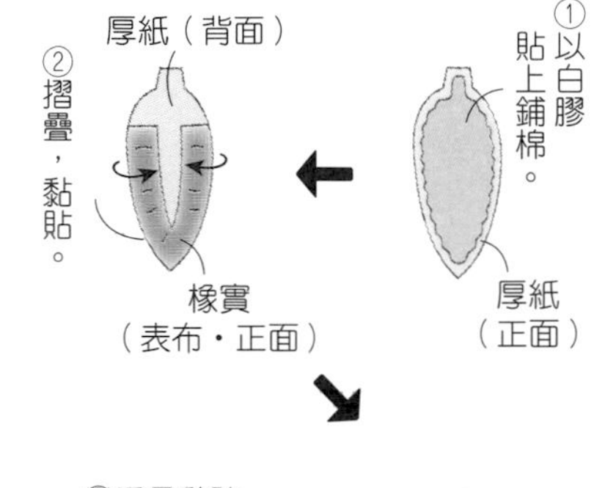
厚紙（背面）
②摺疊，黏貼。
①以白膠貼上鋪棉。
橡實（表布・正面）
厚紙（正面）

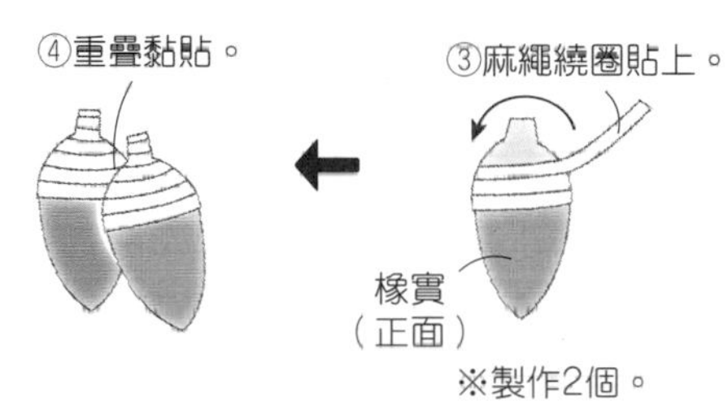
④重疊黏貼。
③麻繩繞圈貼上。
橡實（正面）
※製作2個。

【花楸】
表布A（縮緬）15cm×10cm
表布B（正絹）10cm×5cm
保麗龍球 直徑1cm 5顆
厚紙 2cm×2cm
25號繡線（深茶色）適量

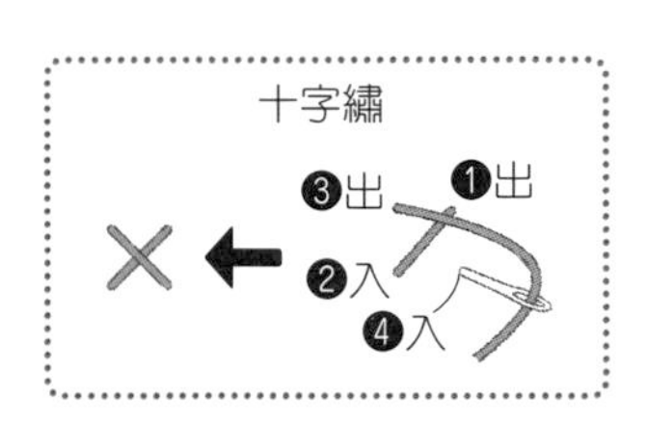
①十字繡（25號繡線1股）。
果實（表布A・正面）
0.5
②細平針縫。
十字繡
❸出
❶出
❷入
❹入

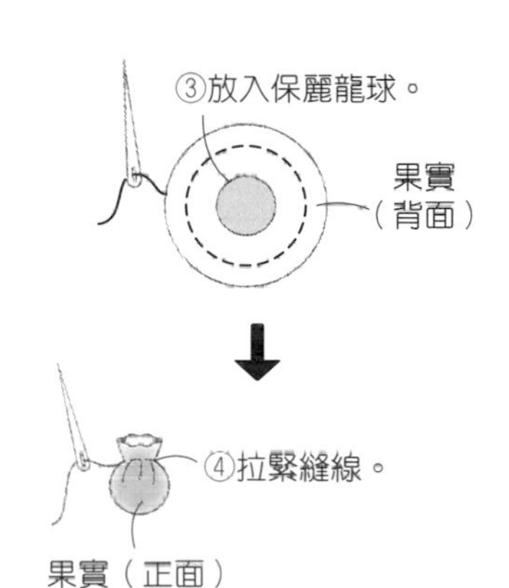
③放入保麗龍球。
果實（背面）
④拉緊縫線。
果實（正面）
※製作5顆。

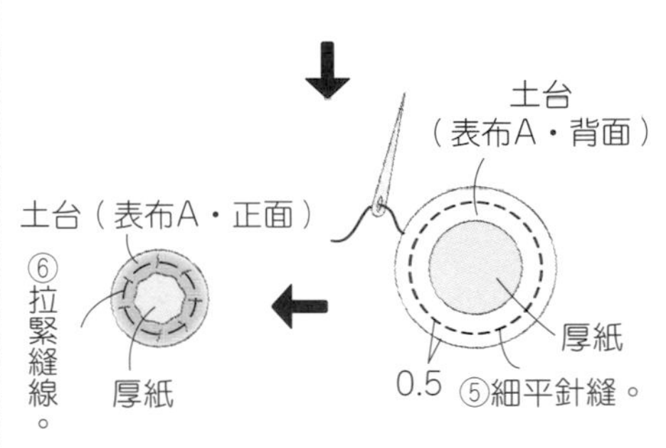
土台（表布A・背面）
土台（表布A・正面）
⑥拉緊縫線。
厚紙
厚紙
0.5
⑤細平針縫。

⑦依【葡萄】⑧至⑨，
以表布B裁剪葉子。
※製作2片。
葉子（正面）

⑧貼上。
葉子（正面）
土台（正面）
2
果實（正面）
⑨果實貼至土台。

完成尺寸

寬16×長15×側身6cm

原寸紙型

D面

材料

表布A（棉布）50cm×20cm／**表布B**（棉布）55cm×35cm
表布C（棉布）20cm×15cm／**蕾絲帶A** 寬0.6cm 55cm
蕾絲帶B 寬0.6cm 35cm／**緞帶** 寬0.6cm 55cm
水兵帶 寬0.8cm 35cm／**織帶** 寬0.8cm 115cm
25號繡線（黑色）適量

P.48_ No.51 南瓜束口包

裁布圖

※除了表・裡底之外皆無原寸紙型，
請依標示尺寸（已含縫份）直接裁剪。

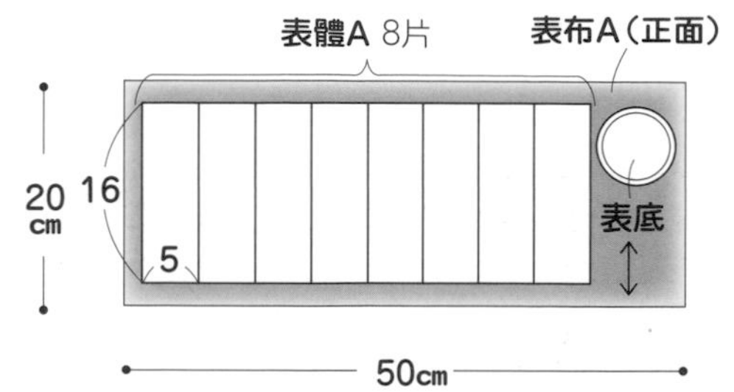

表體A 8片
表布A（正面）
20cm
16
5
表底
50cm

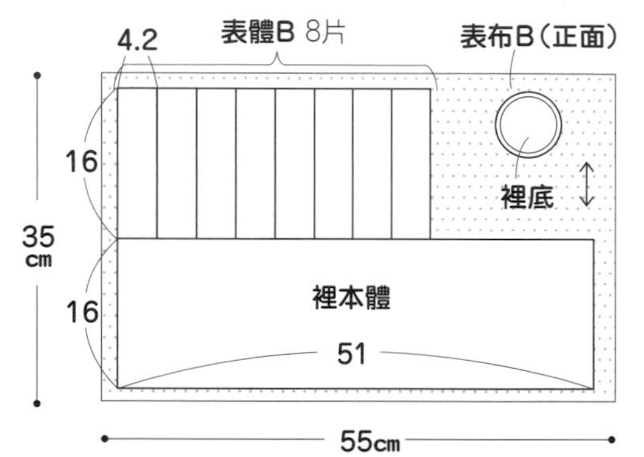

4.2
表體B 8片
表布B（正面）
16
裡底
35cm
16
裡本體
51
55cm

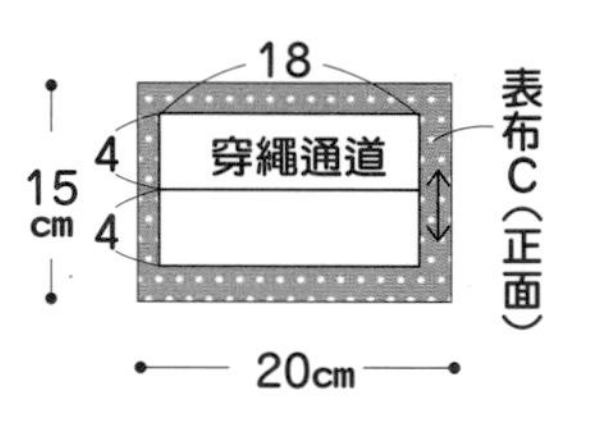

18
4
穿繩通道
15cm
4
表布C（正面）
20cm

1. 製作表本體

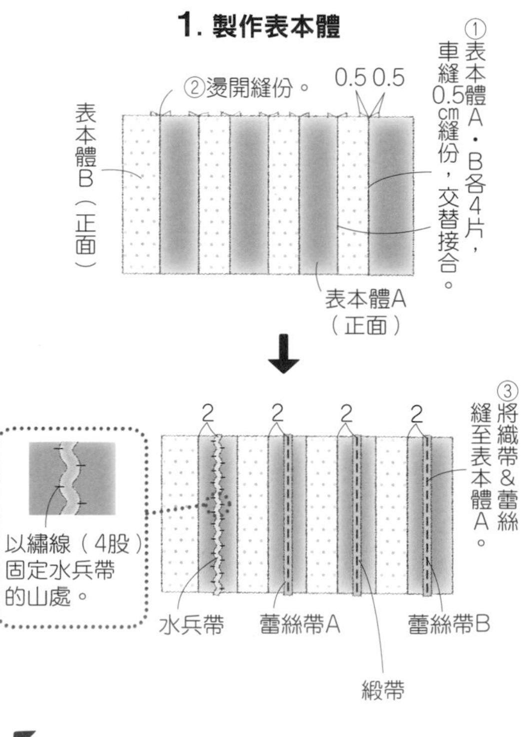

①表本體A・B各4片，車縫0.5cm縫份，交替接合。
②燙開縫份。
0.5 0.5
表本體B（正面）
表本體A（正面）
③將織帶&蕾絲縫至表本體A。
2
2
2
2
以繡線（4股）固定水兵帶的山處。
水兵帶
蕾絲帶A
蕾絲帶B
緞帶

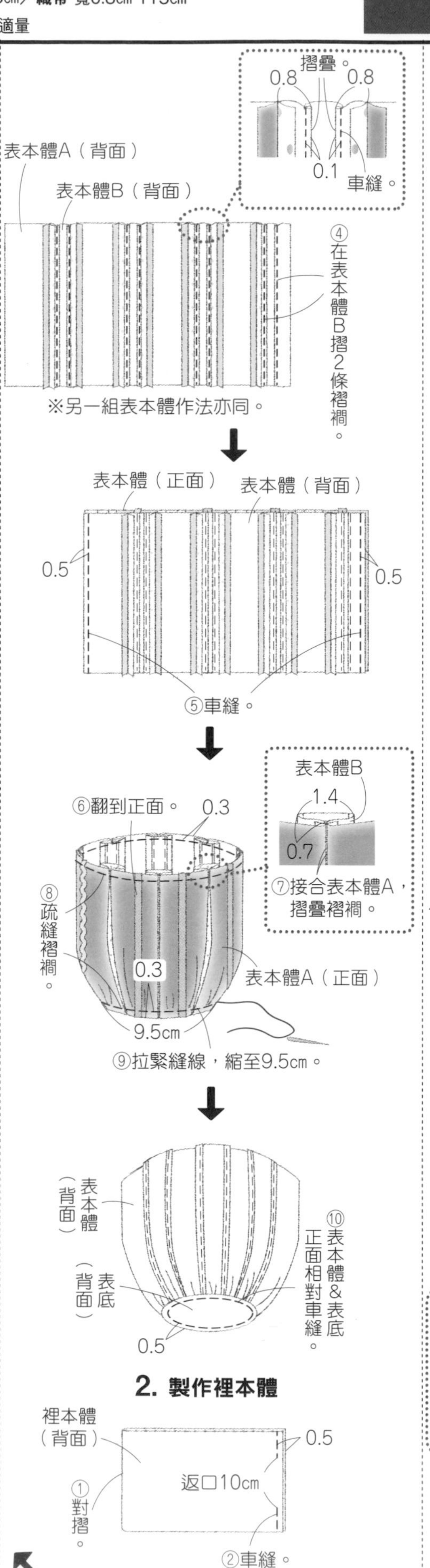

摺疊。
0.8
0.8
0.1
車縫。
表本體A（背面）
表本體B（背面）
④在表本體B摺2條褶襉。
※另一組表本體作法亦同。
表本體（正面）
表本體（背面）
0.5
0.5
⑤車縫。
⑥翻到正面。
0.3
表本體B
1.4
0.7
⑦接合表本體A，摺疊褶襉。
⑧疏縫褶襉。
0.3
表本體A（正面）
9.5cm
⑨拉緊縫線，縮至9.5cm。
表本體（背面）
表底（背面）
⑩表本體&表底正面相對車縫。
0.5

2. 製作裡本體

裡本體（背面）
0.5
返口10cm
①對摺。
②車縫。

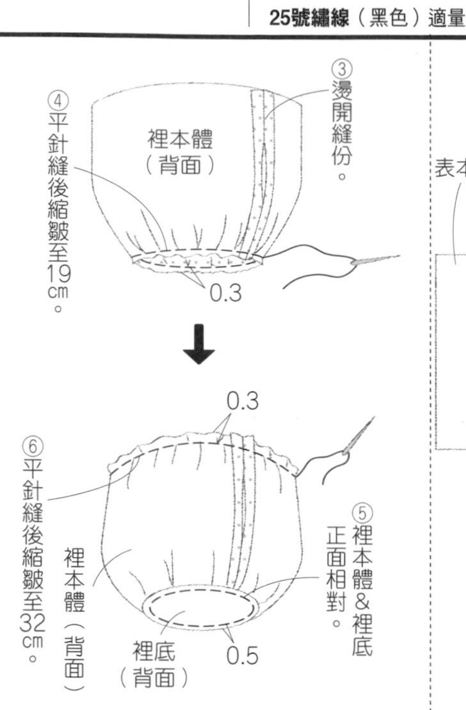

③燙開縫份。
裡本體（背面）
④平針縫後縮皺至19cm。
0.3
0.3
⑥平針縫後縮皺至32cm。
裡本體（背面）
⑤裡本體&裡底正面相對。
裡底（背面）
0.5

3. 套疊表本體&裡本體

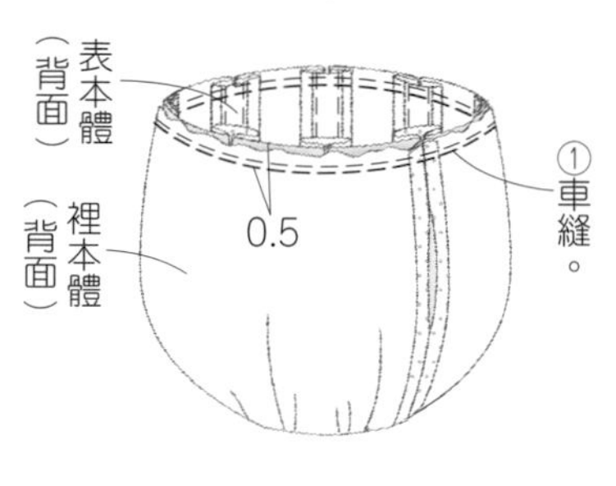

表本體（背面）
裡本體（背面）
0.5
①車縫。

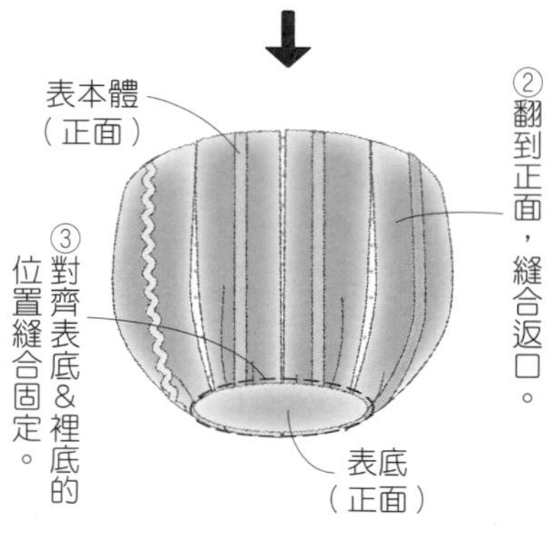

表本體（正面）
②翻到正面，縫合返口。
③對齊表底&裡底的位置縫合固定。
表底（正面）

4. 接縫穿繩通道

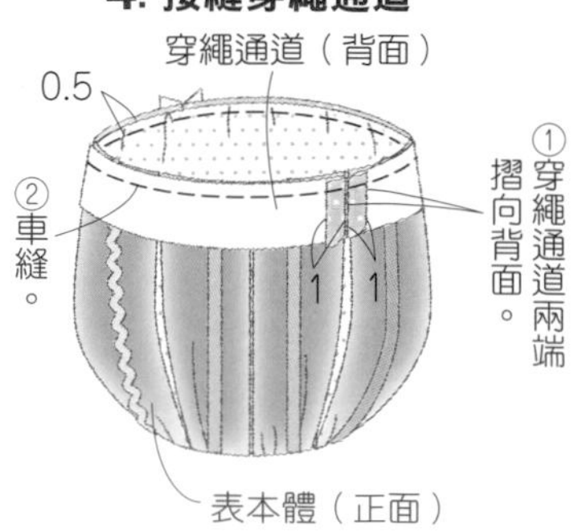

穿繩通道（背面）
0.5
①穿繩通道兩端摺向背面。
②車縫。
1
1
表本體（正面）

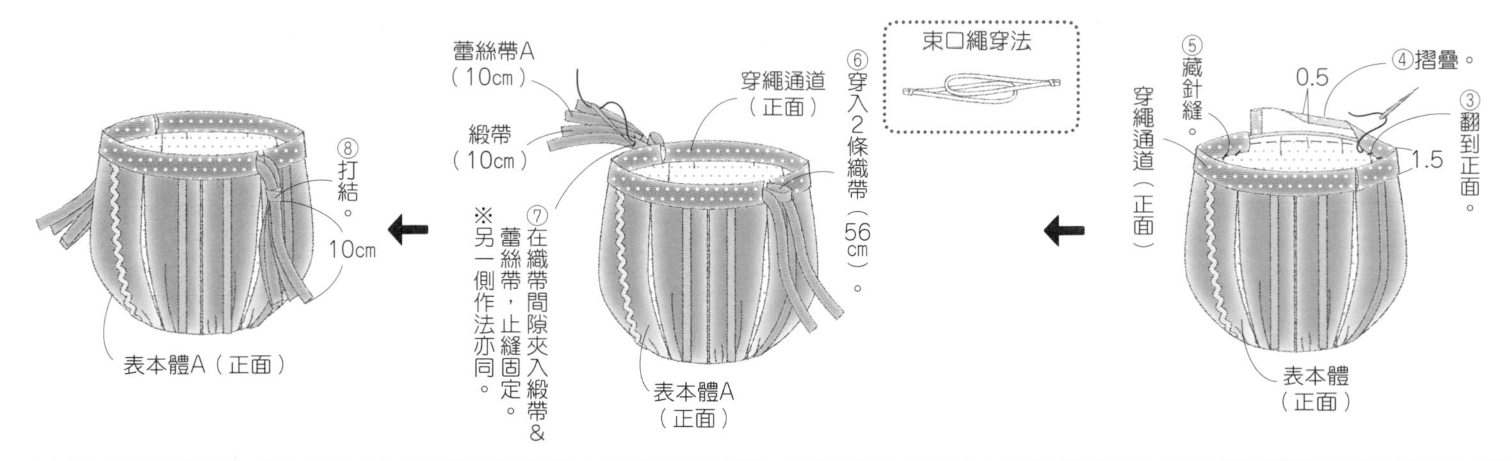
蕾絲帶A（10cm）
緞帶（10cm）
⑧打結。
10cm
表本體A（正面）
穿繩通道（正面）
⑥穿入2條織帶（56cm）。
⑦在織帶間隙夾入緞帶&蕾絲帶，止縫固定。
※另一側作法亦同。
表本體A（正面）
束口繩穿法
⑤藏針縫。
④摺疊。
0.5
③翻到正面。
1.5
穿繩通道（正面）
表本體（正面）

完成尺寸
寬31×長43.5cm

原寸紙型
A面

材料
舊牛仔褲 1條
裡布（棉布）50cm×70cm

P.07_ NO.06 牛仔圓滾包

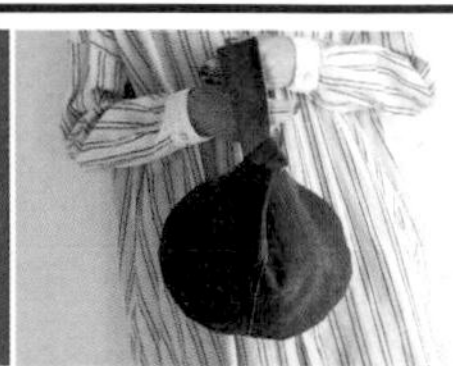

裁布圖

※表本體是取牛仔褲喜好的區塊裁下，尺寸與裡本體相同。

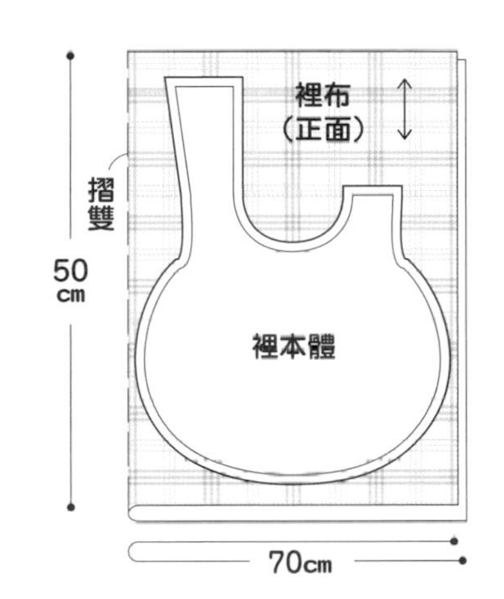
裡布（正面）
摺雙
50cm
裡本體
70cm

1. 製作提把

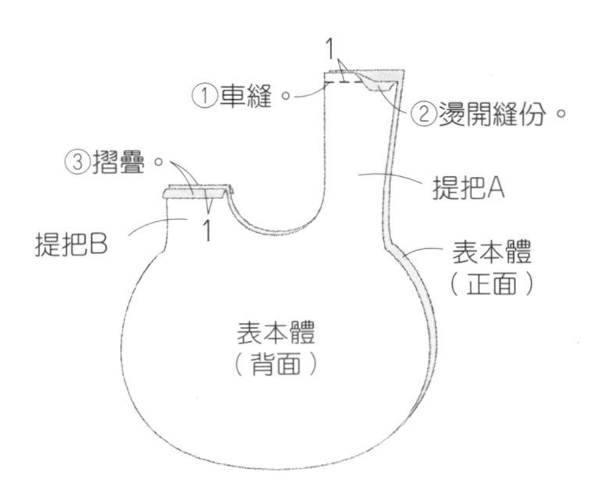
1
①車縫。
②燙開縫份。
③摺疊。
提把A
提把B
1
表本體（正面）
表本體（背面）

※裡本體作法亦同。

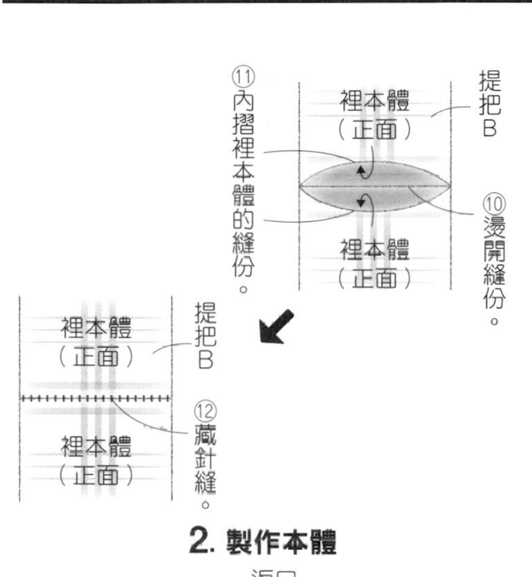
⑪內摺裡本體的縫份。
裡本體（正面）
提把B
⑩燙開縫份。
裡本體（正面）
裡本體（正面）
提把B
⑫藏針縫。
裡本體（正面）

2. 製作本體

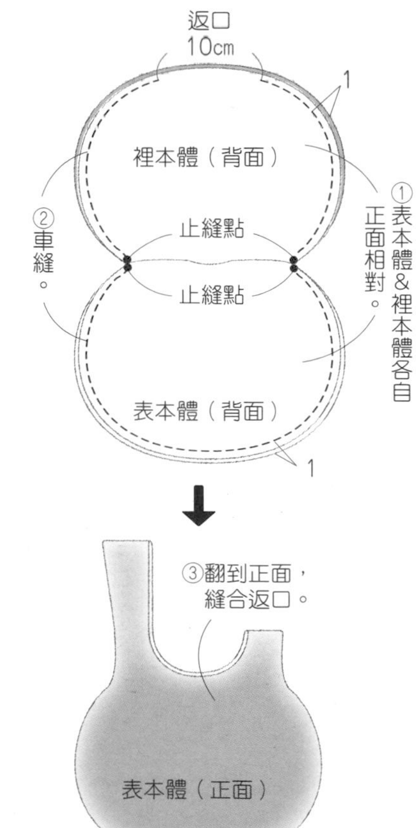
返口10cm
1
裡本體（背面）
①表本體&裡本體各自正面相對。
②車縫。
止縫點
止縫點
表本體（背面）
1
③翻到正面，縫合返口。
表本體（正面）

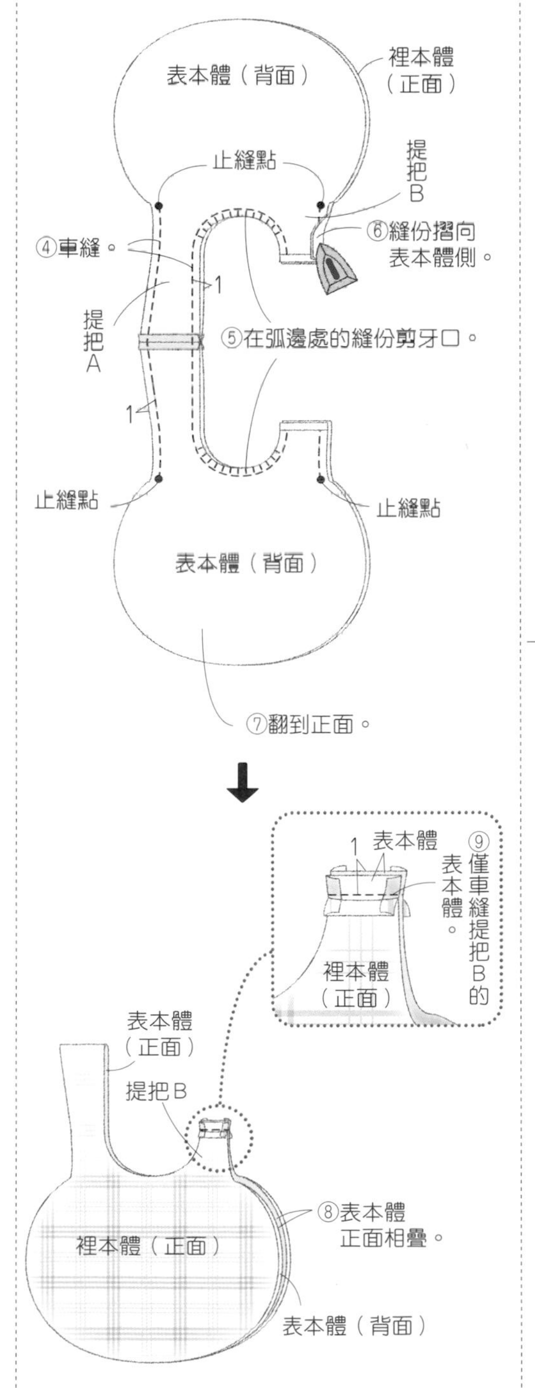
表本體（背面）
裡本體（正面）
止縫點
提把B
⑥縫份摺向表本體側。
④車縫。
1
提把A
⑤在弧邊處的縫份剪牙口。
1
止縫點
止縫點
表本體（背面）
⑦翻到正面。
1 表本體
⑨僅車縫提把B的表本體。
裡本體（正面）
表本體（正面）
提把B
裡本體（正面）
⑧表本體正面相疊。
表本體（背面）

SEE YOU
NEXT
EDITION!

雅書堂 搜尋
www.elegantbooks.com.tw

Cotton friend 手作誌 Autumn Edition 2022 vol.58

秋高氣爽的好chill手作計畫
衣物織品改造術&打造溫馨生活感的布作大小事

授權	BOUTIQUE-SHA
譯者	周欣芃・瞿中蓮・黃鏡蒨
社長	詹慶和
執行編輯	陳姿伶
編輯	蔡毓玲・劉蕙寧・黃璟安
美術編輯	陳麗娜・周盈汝・韓欣恬
內頁排版	陳麗娜・造極彩色印刷
出版者	雅書堂文化事業有限公司
發行者	雅書堂文化事業有限公司
郵政劃撥帳號	18225950
郵政劃撥戶名	雅書堂文化事業有限公司
地址	新北市板橋區板新路 206 號 3 樓
網址	www.elegantbooks.com.tw
電子郵件	elegant.books@msa.hinet.net
電話	(02)8952-4078
傳真	(02)8952-4084

2022 年 10 月初版一刷　定價／420 元（手作誌 58 ＋別冊）

經銷／易可數位行銷股份有限公司
地址／新北市新店區寶橋路 235 巷 6 弄 3 號 5 樓
電話／ (02)8911-0825
傳真／ (02)8911-0801

國家圖書館出版品預行編目 (CIP) 資料

秋高氣爽的好 chill 手作計畫：衣物織品改造術 & 打造溫馨生活感的布作大小事 / BOUTIQUE-SHA 授權；周欣芃，瞿中蓮，黃鏡蒨譯. -- 初版. -- 新北市：雅書堂文化事業有限公司，2022.10
面；　公分. -- (Cotton friend 手作誌；58)
ISBN 978-986-302-643-3(平裝)

1.CST: 手工藝

426.7　　111016023

STAFF 日文原書製作團隊

編輯長	根本さやか
編輯	渡辺千帆里　川島順子　濱口亜沙子
編輯協力	浅沼かおり
攝影	回里純子　腰塚良彦　藤田律子　白井由香里
造型	西森 萌
妝髮	タニジュンコ
視覺&排版	みうらしゅう子　牧 陽子　和田充美
繪圖	爲季法子　三島恵子　飯沼千晶 星野喜久代　中村有里　澤井清絵 松尾容巳子　宮路睦子　諸橋雅子
紙型製作	山科文子
校對	澤井清絵
摹寫	長浜恭子